実際の設計選書

差別化戦略のための生産システム

プロセス技術と設備技術の融合

実際の設計研究会——監修
石村和彦——編著

日刊工業新聞社

監修者のことば

　本書では"強い製造業とはどのようなものか"から説き起こし，強い製造業であるためには"差別化された生産システム"が非常に重要であることを示している．そして，生まれて初めて生産システムを構築する場面に直面した若い技術者が，いったいどのようなことを，どのように考え，決めながら設計すればよいか，またそのためはどのような基礎知識が必要かを，まったくのゼロから説き起こすものである．

　1993年に本書の前身である『生産システムのFA化設計』が石村和彦氏によって出版された．この本は生産システムを設計するための教科書として高等専門学校や大学で用いられた．また企業の生産技術者向けの教科書としても使われ，2017年の8刷りまで長く出版されてきた．既刊が出版された1993年当時の製造業には製品を速く安く供給するために，生産設備に量産性や自動化による効率化が強く求められていた．バブル崩壊後の失われた20年を経過した製造業を取り巻く状況は1993年当時とは大きく異なってきており，生産技術者が果たすべき役割や仕事の進め方も大きく変化してきている．

　一方，石村和彦氏および監修者らはこの10年，日本（または日本の製造業）がこれから生きていく道を探して日本や諸外国の生産現場に赴き，現地・現物・現人（げんにん）を実行してきた．そこで見つけてきたことはこれからの日本の製造業は"お手本"のない世界に出てゆき，世の中が求めているもの・コトを実現する道に進まねばならないということだった．1993年当時の自動化・効率化すれば勝ち残っていける時代から大きく変化してきたといえる．

　この世の中の求めている変化に対応するためにどうすればいいのかの答えの例を示すために既刊の全面改訂がなされた．それが本書である．技術の世界に携わり，社会の求めを実現するには競争力のある生産システムを構築し，それを成長させ続けなければならないと本書の著者は主張する．

監修者のことば

　また，社会が求める品質のものを，求められるときに，求められる価格で，求められる量だけを供給する能力を持つ企業が強い製造業であり，そのためには"差別化された生産システム"が必要であると筆者らは考えている．このような差別化された生産システムを構築するにあたっては，性能を含めた品質，提供する価格を左右するコスト，提供時期を左右する納期の視点から，過去の経験を参考にしながら徹底的に検討し，企画して実行することが求められる．

　本書はこのような考えから，実例を取り上げて，もの作り技術の企画・立案・構築・実行・評価・伝達までを行って得られた知識を記述したものである．実例として取り上げたのは自動車用フロントガラスの製造システムの構築である．3次元曲面形状を持つ強化ガラスに紫外線遮蔽特性を持たせるという課題をどう考え・決め・実行したかを取り扱っている．このような実在の技術課題を取り上げることは通常は困難である．これが実現したのは自らが考えることと生産の技術の生産現場での共有こそがこれからの製造業が生き続ける道だという著者らの考えにAGC株式会社が深く共鳴してくれたお陰であり，深く感謝する次第である．

　著者代表の石村和彦氏および監修者らは「実際の設計研究会」というグループを30数年前に立ち上げて，機械設計において設計をどう考えるかを研究し続けてきた．1988年に『実際の設計』を出版して以来，研究会の成果を「実際の設計選書」として出版してきた．既刊もこのシリーズ4作目として出版された．本書ももちろん「実際の設計選書」の中の「実践編」の1冊であり，第28作となる．ただし今回は，石村和彦氏以外にAGC株式会社で生産技術を担当している現役の技術者が著者に加わって，最新の生産システム開発の手法や実際の生産設備の具体例も取り込んで執筆が行われ，既刊に比べてより具体的で実際的な内容になっている．

　本書が加わることで30年以上にわたって活動し続けてきた"実際の設計研究会"の活動がさらに社会に貢献できることに感謝している．

2019年3月

監修者代表　畑村洋太郎

は じ め に

　筆者は機械工学を専攻して修士課程を1979年に修了した後，直ちに旭硝子株式会社（現社名はAGC株式会社）に入社した．機械工学といっても生産技術の研究室を卒業したので，機械を使って物を作る仕事に就きたいと思って旭硝子に入社した．しかし，配属されたのは関西工場施設部工作課で，ガラスを生産する部署ではなく，生産設備の設計，建設，整備や故障修理等を担当する部署であった．当時，CADなどはまだない時代で，事務所にはドラフターがずらりと並んでいた．就職面接のとき，旭硝子の人事の担当者は大部分の設備は外部から購入してきているので自社で設計することはほとんどないと言っていたが，大嘘であった（現在はこのような誤解はなくなっている）．

　このときから筆者の苦闘が始まった．大学時代には，畑村洋太郎先生の研究室で機械設計の基本は一応勉強していたが，生産設備の設計などは習ったことがなかった．しかし，必要性とは恐ろしいもので，懸命に努力し，30歳のころには新入社員を教育する立場になっていた．ところが，いざ教育しようとしても，まともな教育資料もなく，困っていた．そこで，畑村先生の研究室で使っていた手作りの学生向けの教育資料をベースにして機械設計の本を書こうと提案したところ，実際の設計研究会が発足し，1988年に『実際の設計』が出版された．筆者も一部を執筆し，社内でも教育資料として使うことができた．しかしこの本は一般的な設計に関する本で，生産設備についての特別な記述はなかった．そこで，一念発起し，自ら生産システムの本を執筆して，自社の新人教育に使える教科書を作ろうと既刊の『生産システムのFA化設計』の執筆を始めた．4年ほど格闘して1993年にやっと既刊が出版された．

　当時は設備を自動化することが事業の差別化につながると考えていたが，その後様々な経験を重ねるうちに，それほど単純ではないということがわかってきた．特に2008年に旭硝子の社長に就任して以来，強い製造業とはどのような

はじめに

会社なのか，特別な興味を持って真剣に考えるようになった．

2008年以来，様々な機会を通じて40社以上の製造業とコンタクトし，生産システムについて様々な議論をした．また，実際に見学させていただいた工場は海外も含めて50カ所以上になった．AGC(株)の工場も入れるとこの8年余りの間に130カ所以上の工場を見学したことになる．

これらの議論や見学を通じて自ら考えた結果，後に示すような私なりの結論に至った．

この結論は既刊の『生産システムのFA化設計』では抜けていた概念であり，是非，既刊を全面的に改定したいと考えていた．また，既刊の技術的な記述も世の中の進歩に対応していないところもあり，改定する必要性を感じていた．そんなときに日刊工業新聞社の天野さんから既刊の改定の話をいただき，まさに絶好の機会と考えて全面的に改定することにした．以下に本書の概要について述べる．

本書では製造業において，強い事業を築くためには何が必要であるかから考える．後の章で詳しく述べるが，筆者の結論は**差別化された価値を持った製品とその製品を生産するための差別化された生産システム（生産プロセスと生産設備が一体となったもの）を有する企業こそが最強の製造業である**という考え方である（図0.1 参照）．「差別化された」とは他と比べて優位である，他にはない優れた特徴を持つ，オンリーワン，などの意味合いがある．

強い事業を築くにはまずは**差別化された製品**が重要である．しかし製品がい

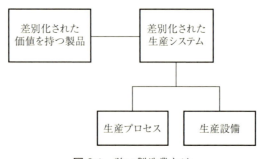

図0.1 強い製造業とは

ったん世の中に出まわれば，比較的，早期に似たような製品を競合他社が発売し，価格競争にさらされて十分な収益のある事業を継続できないことが非常に多い．したがって多くの場合，製品だけで差別化された製造業では長期的に強い事業を維持することが難しい．

そこで重要なのが**製品に付加価値をつける工程の生産システムを差別化することである**．そうすれば，**かなり長期にわたって優位な事業環境を継続できることが多い**．これは，生産システムの場合は特許で開示したとしても現物をクローズドにすることができるので，差別性を維持しやすいからだと考えている．

本書では，この生産システムに着目して，どのような考え方で生産システムを構築すれば，製造業において差別化された生産システムを実現できるのかについて述べ，その方向性を示したい．また，概念的な設計の考え方だけでなく，具体的に生産システムを構築するために必要な基本的な知識について解説する．

そして，本書は初めて，実際の生産システムの構築に取り組んだときに，実際にどのような手順で進めれば，新しい生産システムが作れるかについても解説する．できるだけ，学術的な詳細の話は避け，実際的かつ具体的な方法を記述した．具体的には以下の内容と構成になっている（図 0.2 参照）．

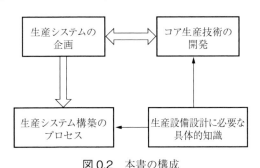

図 0.2　本書の構成

第 1 章　生産システムの重要性

強い製造業になるためには生産システムの差別化がいかに重要であるかについて述べる．

第 2 章　差別化された生産システムを企画する

はじめに

製品特性や品質，価格（生産コスト），製品の納期の3つの要素のうち顧客が最も価値を置く要素を差別化することができる生産システムが差別化された生産システムである．また，すべての生産工程を差別化する必要はなく，**製品に付加価値をつける工程を上記の観点から差別化することが重要**であることを述べる．また，**生産プロセスと生産設備を一体で考え**，この一体となった生産システムを企画するポイントについて述べる．

第3章　コア生産技術を開発する手順と実例

差別化された生産システムを企画するためには自社の技術蓄積が重要である．ここではこの自社の技術蓄積の根幹となる**コア生産技術を開発する考え方や手順**について実例をまじえながら述べる．

第4章　生産設備の実現

2章で述べた生産システムの企画で決定した基本諸元に基づいて生産設備を具体的に構築していく手順について述べる．

第5章　差別化された生産システムを構築する具体例

2章で述べた生産システムの基本諸元，4章で述べた設計企画書，基本設計書，基本仕様書，FS判断（実現可能性の最終判断），設計計算実例，設備設計検証リストなどの具体例を述べる．資料の書き方，外部に対しての依頼方法が具体的に示してあるので書式に従って作成すれば，ある程度，抜けのない資料や依頼書が作成できるように工夫してある．

第6章　生産設備設計に必要な具体的知識

4章で述べた各段階で決定すべき内容を実際に決めるために必要な具体的な知識について述べる．本書以外の実際の設計シリーズで解説してある内容については参照するべき点を示すにとどめ，生産システムの構築に特に必要な知識に特化して述べる．

第7章　生産システム構築の周辺

製造業が向かうべき方向性，強い製造業に必要な要素，生産システムに対する考え方，などについて，実際の設計研究会のメンバーやAGC(株)の識者の方々に，生産技術者の視点以外からも執筆いただいた．

はじめに

　本書の内容は学問的に正確であるよりも，実際の仕事ですぐに使えることに重点を置いた．また本シリーズの特徴である"中らずといえど遠からず"の精神を重視した．

　本書の執筆にあたってはプロセス技術者と設備設計者だけでなく，これらの技術者を教育する立場の技術者，さらに生産設備に投資しようとしている技術者，管理者，経営者を読者として想定した．

　本書の読み方は読者諸氏の目的によって異なってくるであろうが，例えば次のような方法が考えられる．

・初心のプロセス技術者，設備技術者：第1章から順に読む．
・いきなり生産システム構築の仕事にあたる人：とりあえず2，4，5章を読む．
・生産システムを考えたい管理者，経営者：1，2，3，7章の順に読む．
・生産技術者を教育する人：1，2，3，4，7章は必須．

　本書の作成にあたってはAGC(株)の中に筆者および生産技術を担当する技術者を中心としたメンバーからなるチームを構成し，生産システム構築について議論を繰り返しながら，執筆を行った．また，上記のチームでの議論に加え，実際の設計研究会でも生産システム構築について議論を行い，その意見も取り入れて本書を執筆した．

　実際の設計研究会のメンバー諸氏からは貴重な意見をいただき，感謝している．特に米山氏（金沢大学工学部教授）には原稿のすべてにわたって詳細にチェックしていただき貴重なご意見をいただいた．また，畑村洋太郎先生には貴重なご意見をいただいただけでなく監修者の言葉までいただいた．両氏には深く感謝する．

はじめに

執筆に加わったAGC(株)のメンバーは以下の通りである.

石村和彦　取締役会長

宮下純一　生産技術部　設備技術G　マネージャー　　　　　　　機械技術者

渡辺逸郎　同部　基盤技術G ICT チームリーダー　　　　　　　機械技術者

成毛功　　AGCテクノロジーソリューションズ(株)　代表取締役社長　電気技術者

有富晃彦　先端技術研究所　革新技術G　プロフェッショナル　　電気技術者

加藤保真　生産技術部　プロセス技術G　シニアマネージャー　　プロセス技術者

大坪望　　同部　事業推進G　マネージャー　　　　　　　　　　機械技術者

久保岳　　同部　企画管理G　リーダー　　　　　　　　　　　　機械技術者

生田康成　オートモーティブカンパニー　マネージャー　　　　　機械技術者

三河崇志　生産技術部　基盤技術G　マネージャー　　　　　　　電気技術者

前原輝敬　同部　プロセス技術G　マネージャー　　　　　　　　プロセス技術者

渡部知也　同部　設備技術G　マネージャー　　　　　　　　　　機械技術者

谷口雅彦　同部　設備技術G　マネージャー　　　　　　　　　　機械技術者

宇惠野章　同部　プロセス技術G　マネージャー　　　　　　　　プロセス技術者

(上記Gはグループを表す)

　なお,第7章の"生産システム構築の周辺"について下記の方々に様々な立場から執筆いただいた.御多忙中にもかかわらず協力していただいたことに深く感謝する次第である.

〈第7章執筆者〉

実際の設計研究会

　　畑村洋太郎,米山猛,淵上正朗,藤田和彦,一木克則,藤岡聡太
　　安河内正也

AGC(株)

　　平井良典,倉田英之,井上滋邦,峯伸也

　本書では生産システムの例などを会社の実名を上げて紹介している.それらの記述はそれぞれの会社がホームページ等で既に外部に発表している公知の情

報を基に筆者らが独自に解釈したうえで，作成したものであり，個々の会社の秘密情報は一切使用していないことを申し述べておく．

2019 年 3 月

筆者代表　石村　和彦

目　　次

監修者のことば………………………………………………………………… i
はじめに………………………………………………………………………… iii

第 1 章　生産システムの重要性
1.1　強い製造業とは ………………………………………………………… 1
1.2　製造業における生産システム ………………………………………… 7
1.3　生産システム構築の流れ ……………………………………………… 10

第 2 章　差別化された生産システムを企画する
2.1　差別化に必要とされる要素 …………………………………………… 16
　2.1.1　製品の特性や品質で差別化する ………………………………… 16
　2.1.2　生産コストで差別化する ………………………………………… 20
　2.1.3　納期で差別化する ………………………………………………… 26
2.2　差別化された生産システムを考える ………………………………… 31
　2.2.1　差別化された生産システムの企画 ……………………………… 31
　2.2.2　差別化の企画の失敗に学ぶ ……………………………………… 40
　2.2.3　プロセス技術者，設備技術者の役割と使命 …………………… 43
2.3　差別化された生産システムの実例 …………………………………… 46
　2.3.1　村田製作所 ………………………………………………………… 46
　2.3.2　YKK ………………………………………………………………… 49
　2.3.3　セーレン …………………………………………………………… 52

第3章　コア生産技術を開発する手順と実例

- 3.1　コア生産技術の開発 ………………………………………………… 55
  - 3.1.1　思考展開 …………………………………………………… 58
  - 3.1.2　技術調査 …………………………………………………… 69
  - 3.1.3　原理確認 …………………………………………………… 74
  - 3.1.4　量産性検証 ………………………………………………… 81
  - 3.1.5　解決困難な課題への取り組み ……………………………… 85
- 3.2　原理確認や量産性確認で失敗する場合 ……………………………… 88
- 3.3　コアとなる生産技術開発のまとめ方 ………………………………… 91

第4章　生産設備の実現

- 4.1　設計企画 ………………………………………………………………… 98
  - 4.1.1　生産設備実現のための3つの目標と役割分担 …………… 98
  - 4.1.2　設計企画内容の実現可能性判断 …………………………… 106
- 4.2　基本設計 ………………………………………………………………… 107
  - 4.2.1　単体設備の基本設計 ………………………………………… 108
  - 4.2.2　ライン化設備の基本設計 …………………………………… 124
- 4.3　詳細設計 ………………………………………………………………… 137
  - 4.3.1　単体設備 ……………………………………………………… 137
  - 4.3.2　ライン化した場合 …………………………………………… 147
  - 4.3.3　詳細設計における差別化＋α ……………………………… 155
- 4.4　設備設計検証 …………………………………………………………… 159

第5章　差別化された生産システム構築の具体例

- 5.1　生産システムの基本諸元と設計企画書 ……………………………… 170
- 5.2　基本設計書と基本仕様書 ……………………………………………… 176
- 5.3　FS判断（Feasibility Study，実現可能性の最終判断）……………… 187

5.4　設計計算事例 ·· 191
5.5　設備の設計検証リスト ·· 197

第6章　生産設備設計に必要な具体的知識

6.1　駆動系を設計する ·· 202
　6.1.1　駆動機構のモデル化と負荷の見積もり方 ······················· 203
　6.1.2　慣性モーメント I ··· 208
　6.1.3　モータの選定 ··· 209
　6.1.4　回生の意味と計算 ·· 211
　6.1.5　駆動系におけるセンサ ·· 212
6.2　機械要素や機器を選定する ··· 216
　6.2.1　チェーンとベルト ·· 216
　6.2.2　駆動ねじ ··· 216
　6.2.3　直動ガイド ·· 219
　6.2.4　ラック・アンド・ピニオン ······································· 221
　6.2.5　軸　受 ·· 221
　6.2.6　軸継手（カップリング） ··· 221
　6.2.7　歯車・減速機 ··· 225
6.3　熱を制御する ·· 229
　6.3.1　工業的に熱を取り扱ううえでの基礎知識 ······················ 230
　6.3.2　熱を制御するためのツール ······································· 233
　6.3.3　生産技術者として熱を扱う際のポイント ······················ 235
6.4　機械構成部材の選定と構造設計 ··· 239
　6.4.1　材料力学利用の基本形 ·· 240
　6.4.2　はりの曲げ ·· 240
　6.4.3　軸のねじり ·· 244
　6.4.4　代表的な金属材料の物性値 ······································· 247
6.5　流体機械や配管を選定する ··· 249

6.5.1　流体機械や配管の選定手順 249
　6.5.2　送風機と圧縮機 255
　6.5.3　ポンプ 256
　6.5.4　真空ポンプ 258
6.6　機械設計時に電気・システム設計も考慮する 260
　6.6.1　制御盤 260
　6.6.2　電線・ケーブル 262
　6.6.3　配線敷設における注意点 263
　6.6.4　制御システムのソフトウェアについて 265
　6.6.5　生産システム周りの情報システムについて 266

第7章　生産システム構築の周辺

7.1　これが日本の生きる道　Y. H 269
7.2　材料づくりと形づくり　T. Y 271
7.3　経験不足による苦い経験　M. F 273
7.4　差別化された生産システムを短期間で実現させた事例　S. I 276
7.5　ソフトウェアの生産システム　K. F 278
7.6　実際の異物対策　M. Y 280
7.7　生産技術者の心得
　　　～生産システム開発を成功させるために～　S. M 282
7.8　ITシステムによる生産技術情報の蓄積と活用の考え方　S. F 284
　7.8.1　機能・性能軸で技術情報を蓄積・活用しよう 284
　7.8.2　物理現象モデルの視点で失敗知識を蓄積・活用しよう 287
7.9　化学屋から見た生産技術　H. K 288
7.10　DRAMの事例に学ぶ差別化ポイント決定の重要性　K. I 290
7.11　今後の製品開発とモノづくり　Y. H 293

おわりに 297
索引 301

第1章 生産システムの重要性

　本章ではまず，いくつかの強い製造業のパターンを示し，どのようにすれば強い製造業になれるのかについて述べる．そのなかでも特に差別化された価値を持った製品とその製品を生産するための差別化された**生産システム（生産プロセスと生産設備が一体となったもの）** を有する製造業こそが強い製造業であるということを述べる．

1.1　強い製造業とは

　原材料を加工して付加価値をつけて製品を生産して販売するビジネスが製造業である．
　筆者らは，結果として以下のような特徴を持っている会社を強い製造業と考えている．
・高い販売シェアを持っており，それを維持し続けることができる．
・高い営業利益率を持っており，それを維持し続けることができる．
・高い資産効率を持っている．
どのようにすれば，上記のような企業になれるのであろうか？　以下に示す(1)〜(6)の成功パターンがある（図1.1 参照）．
　（1）　強い製品を持っていること
　世の中の多くの人がほしかったものを世界に先駆けて開発し，その製品を特許等によって権利化することに成功した企業．
　例えば，化学調味料を発明した味の素株式会社は特許の有効期限が切れるま

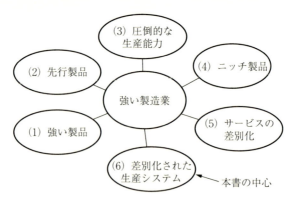

図 1.1　強い製造業の成功パターン

ではほぼ独占的に化学調味料を販売し，高い利益率を確保できた．アスピリンを発明したバイエル社は現在も高い利益率を誇っている．しかし，製品のみで差別化して強いビジネスを展開していくことはだんだんと難しくなってきている．現在では製薬会社は新薬の開発のために膨大な投資をすることが必要になってきており，新薬開発に成功してもかつてほどの利益率確保は難しくなってきている．

また，最近の消費財や耐久消費財を見渡してみたとき，1社しか供給していないものは非常に少なくなってきている．パソコン，携帯電話，スマートフォン，いずれも我々にとって非常に便利な道具で偉大な発明であると思うが，どの会社が発明したのかよくわからない．また，特許で保護されているとはもはや思えない．

AGCはかつてプラズマディスプレイ用の特殊なガラスを発明し，特許で権利化することに成功した．通常のガラスよりも歪点温度（この温度以下ではガラスが粘性流動しない温度）が高く，プラズマディスプレイを生産する工程で生産性が上がるので，この用途のガラスとしてデファクトスタンダードとなった．当初は一社独占で販売することができ，高い利益率を確保することができた．しかし，数年も経ないうちに，他社がAGCの特許を回避して類似品を開発し，新規に参入してきた．こうなると価格競争が始まり，高い利益率の維持

が難しくなってしまった．

　差別化された強い製品を継続的に持っているということは強いビジネスを展開するうえで非常に効果的である．また，このような強い製品を持って強いビジネスをしたいものだと経営者は強く願っている．

　しかし，上述した例のようになかなか難しいのが現実である．

（2）　人よりも早く顧客の望む製品を出す

　(1)で述べた製品ほど独自性（特許性）がない製品でも，競合より早く顧客が要求する製品を開発して販売すると，一定の期間はある程度高い利益率を確保できる．

　このようにビジネスを展開するためには，どのような製品を開発すれば，顧客の要求にマッチするのかを見極める能力が必要である．また，迅速に開発を行う体制（体制以上に風土が重要かもしれない）が必要である．いずれ，競合他社が類似品を出してくるが，常に一歩先を行っていれば，高利益率を維持し続けることができる可能性がある．

　例えば，液晶パネルに使われる偏光膜で圧倒的なシェアを持っている日東電工株式会社は顧客に言われたことはどんなことであっても「はい，やります」と答えて検討に入る．こうすることによって顧客の要求を早期に掴むことができると考えていると推察される．事実，日東電工は電子分野で常に高い利益率を維持し続けている．花王株式会社も顧客の真の要求を探求し続けて顧客がほしいと思っていたような製品を出し続けている．花王では顧客からのクレームがあれば，必ず現場（多くの場合一般家庭）に出向き，現物を確認するだけでなく，顧客から話を聞く．しかもこのアクションを営業のメンバーだけでなく，製造，開発のメンバーを引き連れて行うそうである．こうすることによって，現行の製品の問題点を把握するだけでなく，顧客が製品に何を期待しているのか，実際にどのように製品を使っているのか，さらには顧客の潜在的な要求までも知ることができる可能性がある．この行為は新製品開発のヒントを得る手段として非常に重要であると考えているようである．日東電工と花王はBtoBビジネスとBtoCビジネスでビジネスの形態は全く異なるが，顧客との関係と

いう点では非常に似ていると思われる．

　(1)で述べた，他社が作ることができないような特許性の高い大型製品を開発することは非常に難しいが，(2)を目指すことは(1)ほどハードルは高くない．しかし，多くの企業で，なかなかうまくいっていない．花王や日東電工のようになるためには，企業風土を根本から変革して，このような仕事のやり方を全社員がやり続ける必要がある．そういう意味ではこれもかなりハードルの高い仕事といえよう．

(3) 他社を圧倒する大量の生産能力を持つ

　生産能力を需要の増加に合わせて段階的に増強するという考え方が，リスクを最小化するという観点からは一般的で常識的である．

　一方，強いビジネスを構築するためにあえて他社に先駆けて，一気に大型投資をして大量の生産能力を確保して市場を独占してしまうという考え方がある．もちろん将来の需要が右肩上がりであるという前提が必要であるが，こうすることによって他社の参入を防ぎ，強いビジネスを展開するという考え方である．

　液晶パネルのビジネスは1990年代までは日本企業の独壇場であった．しかし，2000年以降台湾，韓国において日本企業の投資規模をはるかに上回る設備投資が行われ，台湾，韓国が圧倒的な生産能力を持つようになり，日本の多くの企業が一気にこのビジネスから撤退していった．さらに2010年以降は中国において，さらに大きな投資が行われるようになり，世界の液晶パネルの生産基地は中国に移りつつある．

　しかし，この考え方は大きなリスクを伴う．超大型投資をするので，もし製品が売れなければ，会社倒産の可能性もある．また，他社も大型投資をする可能性があり，そうなると供給能力が需要を大きく上回り，価格が大きく下落する可能性もある．したがってこの方式はリスクの高い方式であると考えられる．

(4) 誰もがやらないようなニッチ領域でビジネスを展開

　需要がそれほど大きくなく売上規模をあまり期待できないような領域でビジネスを展開すると，競争相手はなかなか進出してこない場合が多く，強いビジネスを継続できる可能性がある．

（3）で述べた方法は大量の需要が期待できる領域での一つの戦略であるのに対し，（4）の方法は大きな売上は期待できないが，（3）程リスクは高くない．ただし，当初は独占でビジネスを展開していても，この領域でのビジネスで利益が出そうだとなると，ニッチ領域といえども新規に参入してくる会社が出てきて，魅力的なビジネスでなくなる場合もある．

また，当初は多くの会社が参入していたが，少ない需要を皆で奪い合う激しい競争の結果，多くが撤退し，結果的に独占になるような場合がある．この場合，残存者利益を取ることができると思うが，激しい競争を勝ち抜くための何らかの差別化要素が必要である．

（5） 生産物だけでなくサービスも販売する

生産された製品だけで差別化することが難しいので販売やアフターサービスも含めて差別化してビジネスを強くしようとする考え方もある．特に最近は情報通信技術の発達が著しく，この技術との組み合わせで新しいビジネスモデルを構築しようとする流れが加速している．

例えば，コマツが建設機械にGPSを組み込んで，アフターサービスのビジネスを強化した例は有名である．コマツの例は他社が気付いていないときにIoTを導入し，非常にうまくいった例である．

現在，ほぼすべての人がIoTを意識しており，今からみんなと同じことをして差別化するのはなかなか難しいと思われる．また，この方法またはこれに類似した方法でビジネスを差別化しようとする考え方については，すでに多くの情報が世に出ているので本書では扱わないことにする．

（6） 差別化された生産システムを持っていること

他社にないような優れた生産システムを持つことで，製品特性，品質，価格，（生産コスト）納期等で他社と差別化することができれば，強いビジネスを展開できる可能性がある（図1.2参照）．

（1）〜（5）で述べたタイプの強い製造業を目指すには，事業の方向性を中長期にわたって先見し，資源の配分を決めていく必要がある．会社全体の風土改

第1章　生産システムの重要性

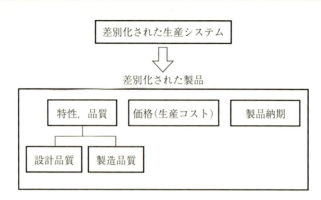

図1.2　差別化された生産システムによる差別化製品

革も場合によっては必要である．そのため，経営者自身が強いリーダーシップを発揮しなければならない．ボトムアップ型で改革を進めることはなかなか難しいのが現実だ．しかしこの (6) のタイプの強い製造業の構築は生産技術者（プロセス技術者と設備技術者の両方）自身が推し進めることができる．もちろん相当な努力が必要であり，ハードルは低くはないが，生産技術者自身が改革を進める場合，(1)～(5) のタイプを目指すよりはハードルが低い．

　強い製造業には (1)～(6) のタイプがあると述べた．どのタイプも単独でもかなり強い事業を営めると思うが，複数の特性を持ったビジネスはより強い製造業だといえる．(1)，(6) を持ちながら (5) も目指せば，最強かもしれない．(2)，(6) の組み合わせも長期にわたって強力なビジネスを展開できそうである．いずれも経営者の理想とするタイプである．
　本書では (6) のタイプを中心に述べる．
　本書の趣旨を理解し，是非皆さん自身が，自社を強い製造業に変革させるリーダーになっていただきたい．

1.2　製造業における生産システム

ここまで，「生産システム」という言葉を厳密に定義することなく使用してきた．ここで，**製造業における生産システム**について述べる．

筆者らは**生産のプロセスと生産設備が一体となったもの**を生産システムと呼んでいる．

まず，どのような方法で製品を作るか，すなわち製品を作る工程，または製品を加工する方法が生産プロセスである．また，その生産プロセスを具現化した装置が生産設備である．もちろん生産設備には目に見える機械装置だけではなく，その機械を動かす電気装置，また全体を制御する制御装置，制御装置を動かすソフトウエアも含んでいる．

例えば，ある金属製品を生産する工程において，金属を溶かして型に入れて生産する方式（鋳造法）は生産プロセスであり，その生産プロセスを実現するための装置（鋳造装置）は生産設備である．

鉄鋼業で鋼を生産する過程の実例を挙げながら，生産プロセスと，生産設備をもう少し詳しく説明する（図 1.3 参照）．

現在のように鋼を大量生産することができる技術が開発されるまでは，炭と砂鉄から鋼を製造していた．現在でも鳥取県の安来ではたたら製鉄[1]で玉鋼を作り，日本刀などを製造している．たたら製鉄では地下構造も含めたたら炉と送風機構が主な生産設備である．一方，炭の置き方，炭および砂鉄の投入の仕方，鞴(ふいご)による送風の仕方，等々が製品の品質や生産量を決定する要素で，まさに生産プロセス技術である．このようにたたら製鉄においては，生産プロセスと生産設備が一体となった生産システム全体が製品の品質や生産性を支配していると考えられるが現代の鉄鋼業に比べ，生産プロセスがより重きをなしていると考えられる．

一方，現代の鉄鋼業では鋼を生産する最初の工程である溶鉱炉では鉄鉱石をコークスで還元することによって銑鉄が作られている．原料の混合比率や温度

7

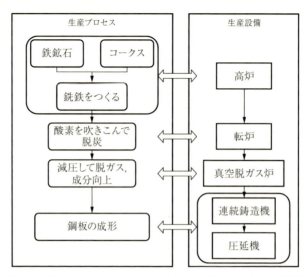

図 1.3 鋼の生産システムにおける生産プロセスと生産設備

設定など，この化学反応をうまく行わせるためには高度の生産プロセス技術が必要である．しかし，種々の制御因子を理想的に管理するために溶鉱炉の構造設計や制御因子の管理技術等の設備技術が不可欠である．また，溶鉱炉の寿命も非常に重要な事項であるが，これにもプロセス技術だけでなく，耐熱構造等の設備技術も不可欠である．まさに現在の溶鉱炉の工程はプロセス技術と設備技術が融合した生産システムとして成立しているといえる．

さらに溶鉱炉で生産された銑鉄（非常に炭素量が多くまだ鋼にはなっていない）から炭素を減らして鋼にする転炉の工程でもプロセス技術と設備技術の融合は不可欠である．

転炉の中で酸素を吹き込んで，強制的に炭素を二酸化炭素にして気化させて銑鉄から炭素を減らす方法が一般的であるが，精密な鋼の生産はこれだけでは難しい．現在では溶けた銑鉄を真空槽の中で強制的に減圧することを併用して成分の精度を上げるプロセスが採用されている．これはまさにプロセス技術である．しかし，非常に高温の銑鉄をいかにして減圧下で保持しておくのか，またそのときの成分分析や制御をいかにして行うのか，この問題を解決するのが

設備技術である．

　転炉内で成分調整され溶けた鋼になったものが，連続鋳造され，さらに圧延工程に送られて鋼板が生産される．いずれの工程もプロセス技術と設備技術が融合し，優れた生産システムになっていると考えられる．

　現在，1200［MPa］を超える引張強度を持っている最先端の高張力鋼板が開発されている．筆者が機械科の学生の40数年前は500［MPa］位が最高強度であった記憶がある．まさに，隔世の感がある．もちろん，このような特性を持った成分を見出すことも非常に重要であるが，この鋼を生産できる生産システムの開発がよりいっそう重要であると思われる．材料そのものは成分分析すればどのような成分のものかは簡単にわかる．しかし上述した生産プロセス技術と設備技術が融合した生産システムがなければ，成分はわかっていても実際に生産することは難しい．日本の鉄鋼会社の一部はこのような高度な特性を持った鋼を安定的に生産できる生産システムの開発に成功している．このおかげで日本の鉄鋼会社は自動車用の高張力鋼板の分野で世界をリードすることができている．

　しかし鉄鋼会社は，今後さらなる難題に取り組まなければならなくなる可能性がある．現在の非常に生産性の高い鉄鋼生産システムではコークスで鉄鉱石を還元するプロセスが採用されているので大量の二酸化炭素が排出される．地球温暖化防止の観点から，将来このプロセスが採用できなくなる可能性があるからである．今後はコークスを用いない還元プロセスの開発やそのための設備開発が重要になってくるだろう．いずれにしても問題を解決するためには，差別化されたプロセス技術と設備技術を融合させて優位性のある生産システムを構築する必要がある．進化を止めることは許されない．

　ここまで，差別化された生産システムとは差別化された生産プロセスとそれを実現できる差別化された生産設備とが融合したものであるということを述べてきた．しかしこのような生産システムを実現していくことは，それほど容易ではない．一般的な製造業では**生産プロセスを考えるプロセス技術者**と**生産設備を設計する設備技術者**は別々に存在していて，組織的にも別になっているこ

とが多い．このような状態ではなかなか今まで述べてきたような差別化された生産システムを構築することは難しい．30年前のAGCはこのような状態であった．プロセス技術部門が考案した工程を設備技術部門が引き継いで実際の生産設備を設計していたが，プロセス技術者の要求通りに実際の設備を設計することが設備技術的に不可能なことがよくあった．また，プロセス技術者の意図が反映されていない設備ができあがることもよくあった．これは**プロセス技術と設備技術との擦り合わせ**ができていなかったために起こっていたのだ．この問題を解決して，真に**プロセス技術と設備技術を融合**させなければ，差別化された生産システムの実現は難しい．プロセス技術者がプロセスの設計をして，そのプロセス設計に従って設備技術者が設備を設計するという手順では，真に差別化された生産システムの構築は難しいと考えられる．この問題を解決したプロセス技術者と設備技術者の仕事の進め方や組織の在り方については，2章で詳しく述べる．また，プロセス技術者と設備技術者が一体となってコアとなる生産技術を開発していく方法について3章で述べる．

1.3　生産システム構築の流れ

生産システムをどのようにして構築していくのかについて次章以降で詳しく述べるが，その前に全体の仕事の流れが俯瞰できるように一連の流れを説明しておく．図1.4は一連の仕事の流れと各段階でのアウトプットとをまとめたもので，図中の数字はその部分を述べている節や項を示している．

まず，最初の段階は「**差別化された生産システムの企画**」である．この段階では，顧客の要求や製品企画の情報をもとに生産システムを何で差別化するのかを決め，この「**差別化ポイント**」を実現させる生産システムを決定する．この段階でのアウトプットは「**生産システムの基本諸元**」で，ここに至る過程を2章で詳しく述べる．

2章の「**差別化された生産システムの企画**」を進める過程では活用できる「**自社の蓄積技術**」や世の中にある汎用技術を参照する必要がある．もし，そ

のような技術がない場合には新たに開発する必要がある．差別化に必要な生産技術を独自で保有していることは大きな差別化につながり，これを「**コア生産技術**」と呼んでいる．この「**コア生産技術の開発**」の進め方について3章で詳しく述べる．

図1.4では，この「**コア生産技術の開発**」の過程と「**差別化された生産システムの企画**」は同時に進んでいるように見えるが，必要なことがわかってから「**コア生産技術の開発**」に着手したのでは遅い場合が多い．したがって将来の必要性を予見して「コア生産技術」の開発を待ち伏せ的に実施して，独自の生産技術として自社に蓄積しておく必要がある．

「**差別化された生産システムの企画**」のアウトプットである「**生産システムの基本諸元**」をもとに実際の生産設備を構築していく過程が次の段階であり，4章で詳しく述べる．まず，基本諸元を実現するための**生産設備としての目標値**を決めて「**設計企画書**」を作成する．この段階が「**設計企画**」であり4.1で詳しく述べる．

次に「**設計企画書**」をもとに「**基本設計**」を行う．この段階で生産設備について具体的な10項目を決める．この結果をまとめたものが「**基本設計書**」である．「**基本設計書**」ができれば，設備費用を見積もることができ，これらを用いて事業としての「**FS判断（実現可能性の最終判断）**」を行う．「**基本設計**」からここまでの一連の内容を4.2で述べる．ここで実現可能と判断できれば次の「**詳細設計**」以降に進むことになる．これらは4.3, 4.4で述べる．

[参考文献]
1)『実際の設計 第6巻 技術を伝える』，実際の設計研究会，日刊工業新聞社，2006

第1章　生産システムの重要性

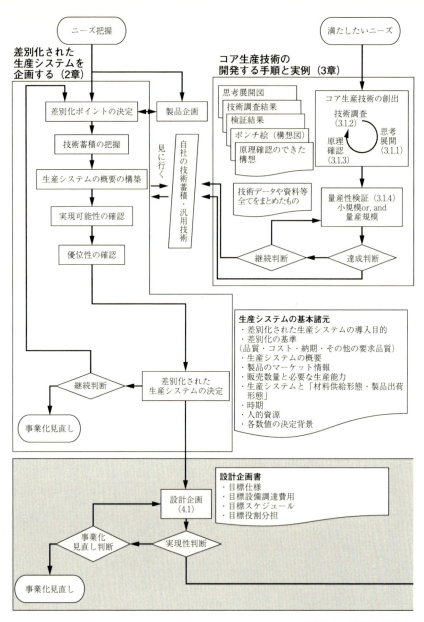

図 1.4　差別化された

1.3 生産システム構築の流れ

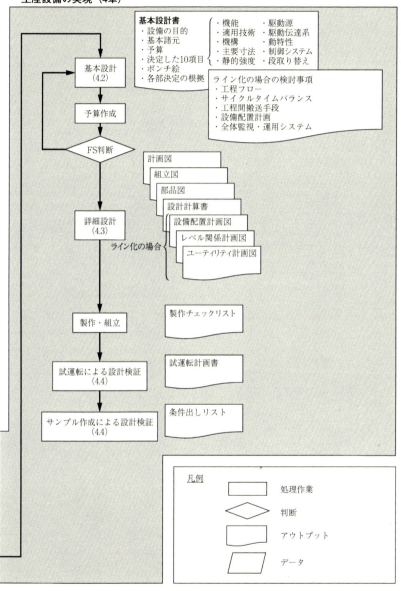

生産システム構築の流れ

第2章 差別化された生産システムを企画する

1章では**他社にはないような優れた生産システムを持つこと**で，製品の特性や品質，価格，納期等で他社と差別化することができれば，強い製造業となれる可能性が高いことを述べた．そして，この優れた生産システムを差別化された生産システムと名付けた．

2章では，この差別化された生産システムについて，検討するべき視点と実際に企画していく方法について述べる．

製造業では，①製品の特性や品質，②生産コスト力，③製品の納期，という3つの要素が重要視されている．②の生産コスト力は価格において他社品より優位に立つには生産コストを低く抑えることが必要であるという意味である．③の納期は単に製品をお客様に収める期限を示すのではなく，お客様の希望に応えるために，製品の納入に関する諸条件（例えば，納入までの期間の長短や要望通りの日程に製品を納入する等）を高度に制御するデリバリー方法を示している．

したがって，**製品の特性や品質**，**生産コスト力**，**製品の納期**の3点を意識して生産システムを考えていけば，差別化された生産システムの構築が可能だと考えられる．

まず2.1では注目する3つの要素 ①製品の特性や品質，②生産コスト力，③製品の納期，について解説する．

次に2.2では2.1で述べた3つの要素の視点での差別化を具現化する生産システムを企画する過程について述べる．生産システム構築の全過程の中で最も初期の段階であるが，生産システムの成否はこの段階で70％程度決まってしま

うといっても過言ではない程，重要な過程である．

またここでは，生産システム構築に対してどのような技術者がどのように関与していくべきか（特に企画段階），またその体制はどうあるべきか，さらに生産技術の蓄積をどのように行っておくべきか等についても述べる．

最後に 2.3 では差別化された生産システムを実現して，強いビジネスを実際に展開している製造業の実例をいくつか解説する．

2.1 差別化に必要とされる要素

先に述べた通り，①製品の特性や品質，②価格（生産コスト力），③製品の納期，という 3 つの要素が製造業では重要である．これらの要素について他社よりも優位性を持っている製品を生産することのできる差別化された生産システムの構築が非常に重要である．

この差別化された生産システムを持っていれば，競合他社に比べて，良い品質，安い価格の製品を速かに顧客の手元に届けることができ，強い製造業になれる可能性がある．

以下に続く項では，これら 3 つの要素を別々に解説する．各々の要素の基本的な概念について説明し，そして，どのように差別化と結びつくのかを説明する．

2.1.1 製品の特性や品質で差別化する

ここまで，製品の特性や品質という言葉を，その概念を正確に説明せずに用いてきた．ここでいう特性とは製品が持っている機能や特徴または能力のようなものである．また，品質とは一般的にはその製品の出来，不出来を表すものである．これらをもう少し専門的に表現すると前者の特性は「設計品質」，後者の品質は「製造品質」となる．今後はこの「設計品質」「製造品質」を用いて説明していく．

「設計品質」とは，上述のようにその製品または部品が有する機能や特徴，

能力であり，製品の特性である．顧客の要望を実現するための特性を有した製品を製造するための品質とも表現できる．一言で言うと「狙いの品質」である．正常に使用できる温度範囲が広い，強度が圧倒的に高い，防水性能が高く水中でも使える，などが代表的な「設計品質」である．また，優れた新製品も究極の「設計品質」といえる．

「製造品質」とは，その製品または部品が設計仕様通りに製造できているかどうかを示すものである．一言で言うと「出来映え」である．部品や組立の精度が良いこと，汚れやバリがないこと，隙間管理がしっかりされていてガタがないこと，製品毎のばらつきがないこと，などが代表的な「製造品質」である．図 2.1 に「設計品質」「製造品質」の例を示す．

会社が勝ち残っていくためには，自社の製品が高い値段でたくさん買われることが必要であり，これには競合他社の製品と自社の製品とを「設計品質」または「製造品質」の点において差別化することが決め手となる．さらにはこの差別化がしっかりと顧客に伝わることが重要である．

これら 2 つの品質は，生産活動における要であり，事業の成否を左右する生命線でもある．また，製品の価格設定にも大きく影響する．製造業各社は，自社の品質と競合他社の品質との違いの把握はもちろんのこと，顧客から現在求められている品質や将来求められる品質について調査および研究を続け，自社の製品が他社よりも優位性を持ち得るように，目標を設定して懸命に取り組んでいる．

ここからは「設計品質」「製造品質」に関しての差別化について具体的な例

設計品質の例	製造品質の例
・機能が優れている ・使い勝手が良い ・使用温度範囲が広い ・圧倒的な強度 ・防水性能が高い ・意匠が良い	・部品精度が高い ・組立精度が高い ・汚れやバリがない ・ガタがない ・製品ごとのばらつきがない

図 2.1 設計品質と製造品質

を挙げて述べていく．

（1） 従来不可能だった性能や仕様を生み出すことによる差別化……「設計品質」の例

　従来にはなかった魅力的な製品を作り出すことはとても重要である．このような製品は，極めて高いレベルの斬新な「設計品質」を持つ．「設計品質」を追求することにより，製品の機能・特性の改良に留まらず，究極的には新製品そのものが誕生する．これらは，一般的に考えるとこれまでになかったような新規性を持つ製品，実現が難しい仕様の製品，または従来の技術では実現不可能な製品である．例えば，現在のスマートフォンは，30年前に固定電話を使用していた人にとっては未知のものであり，15年前に携帯電話を使用していた人にとっても，とても魅力的な製品である．そして，30年前，15年前では実現できない極めて高いレベルの「設計品質」を有する．

　このような高い設計品質を有する製品が実現できた場合，強い差別化が可能となる．多くの資源を投入して，このような製品の実現を目指すことはとても重要である．一方，このような差別化できた製品についても，競合他社は製品の「設計品質」を分析するので，多くは，しばらくして競合他社から同等の製品を出される可能性がある．製品特許を取得すればある程度防御できるが，万全ではない．

　1章でも述べたが，AGC(株)でも過去に例がある．それはプラズマディスプレイ用のガラスである．歪点温度（この温度以下ではガラスが粘性流動しない温度）が高いことが特徴でプラズマディスプレイ生産工程において割れにくいガラスであり，業界のデファクトスタンダードとなった．製品特許を取得し，しばらくの間は一社独占で収益の高いビジネスを続けることができた．しかし，AGC(株)の特許を回避し，同等の特性を持つ製品を発売してくる競合他社が現れ，価格競争に突入した．この例のように製品特許だけで収益の高いビジネスを続けることは難しいことが多い．

　筆者の経験から，従来の方法で生産することが困難であり，**生産プロセス，生産設備を新たに開発することで，初めて「設計品質」を実現できるような場**

合には，他社を遥かに凌駕する差別化が可能である．この場合，生産プロセスや生産設備は特許化して公表したとしても，実物を外部に対して見せなければ，それらを完全に模倣されることはない．これによって差別化ができた製品を自社のみで長期間生産することができるので，とても強いビジネス環境を構築することができる．

まとめると，優れた「設計品質」の製品を追求することで，強い差別化の可能性を手に入れることが期待できる．しかしながら，このような製品は生み出そうと努力しても簡単に生み出せるものではなく，系統だった技術の蓄積と技術者の秀でた感性や担当者の高いマーケティング能力が必要である．そして製品開発の段階から成功を長続きさせる戦略を立てて進めていくことがとても大切である．

（２）　顧客の要求を超えるレベルで要求仕様を満たし続けることによる差別化……「製造品質」の例

顧客から要求される仕様をしっかり満たすことは当然必要である．さらに要求を超えた高い「製造品質」の製品を供給していければ顧客からの信用が大きく上がり差別化を実現できる可能性がある．高い「製造品質」の例を挙げると以下のようになる．

①納入時において，要求されている製品仕様を満たしている（必ず守る項目）．

　自動車用ガラスを例にすれば，寸法精度（形状，厚み），強度，透過率，比重，透視歪み，傷，欠点の大きさ，等々が仕様公差内に入っている．

②大量の同じ製品を納入する場合に，製品ごとのばらつきが小さい．

③初期の性能が長期間維持できる．

　長く使っていても初期の性能が変化しない，故障しない，つぶれない，長寿命．例えば，自動車のように製品寿命が長い製品ではこの特性が重要．

④上記①の仕様を高いレベルで満たす．

　例えば，欠点の大きさを満たしているだけでなく欠点の大きさが１ケタ小さい，寸法バラツキが測定限界に近いほど揃っている，等．

このうち①と②は顧客から明示的に要求されることが多い項目である．

③は顧客から明示的に要求される場合もあるし，具体的に要求されない場合もある．しかしながら，顧客は潜在的にこの要求を持っているので，製品の品質が"良い／悪い"の判断につながることが多い．例えばトヨタ製自動車の品質が良いとされるのはこの点が優れていることも大きい理由の一つである．

そして，④は要求される仕様を過剰に超えるものであり，実現する必要はない．しかし，顧客側は供給者側が実現できる可能性が低いと判断して，要求する仕様を低くしている場合もあるので，大きな差別化につながる可能性を秘めている．

差別化の度合いについて，①の実現では競合他社と差別化することは難しく，これだけでは価格競争に陥ることになる．②や③の実現であれば差別化できる可能性はあるが，顧客にこの価値を認めてもらうことが難しい．単純な営業活動を超えてこの価値を認めてもらう活動が必要で，顧客側が享受する利益を訴える説明や交渉が大切となる．また，④の実現の場合は要求された仕様を超えた品質を追求するのでコストが高くなる恐れもあるが，顧客が困難だと思っていた場合には，顧客満足度が大きく上がり差別化できる可能性がある．

まとめると，「製造品質」の高さでは，なかなか圧倒的な差別化にはならないことが多い．しかし，顧客と会話を重ねながら潜在的ニーズを探り品質に反映することで大きな差別化になるよう，常に努力していくことが必要である．また，「製造品質」の良い製品を作っている会社への評価は，1つの製品だけの良し悪しだけではなく，その会社全体の信頼やイメージとして積み重なっていく効果があり，このことはとても重要である．したがって長い時間軸で「製造品質」の向上とそれを維持していく努力を行い，贔屓(ひいき)にしてもらえる顧客を増やしていくことが大切である．

2.1.2　生産コストで差別化する

製品を作る場合に他社に比べて生産コストが低いということは，当然ながら強い優位性があるといえる．本項では，**差別化された生産コスト**を実現する生

産システムについて説明する.

2億円の生産設備で製品を1,000個/月生産できる生産システムと,1億円の生産設備で製品を1,000個/月生産できる生産システムとを比較した場合,一見,初期投資額の少ない後者の方が生産コストが低いようだが,必ずしもそうではない.例えば,前者は作業員なしで生産可能だが,後者は100人の作業者で生産している場合,後者の方が前者よりもコストが高くなる可能性がある.

生産コストは,設備や建物などの設備投資費用だけではなく,生産や運営全般に要する人件費,広告宣伝費,営業費,直接生産に関わる人件費,設備の維持管理費,原材料費,燃料費,輸送費等に加えて,生産システムの時間当たりの処理能力,稼働率,歩留等から算出される.このように,生産コストは様々な因子から成り立ち,相互に関係することが多く,生産コストで差別化された生産システムを設計するには**生産コストの理解**が必要である.

(1) 低い生産コストによる差別化

生産コストはあくまで生産者の概念であって,**顧客の立場からは製品の価格が重要な要素**である.製品価格と生産コストの関係を整理すると,

製品価格 − 生産コスト = 生産者の利益

なので,生産者は高い価格で売れる製品を,安い生産コストで作ることが重要となる.

製品価格は,製品の価値によって決まる価格(A)と需要と供給の関係により決まる価格(B)とがある.価格(A)は,この位の対価を払ってもこの製品を購入したいという金額である.例えば,装飾品などのブランド製品の価格は(A)である.しかし,一般的な工業製品の場合には,(A)にはなりにくい.製品が世の中に広く出回ると,十分解析され,技術のキャッチアップが起こり,同様の製品が出てくるからである.たとえ,製品特許を取得していたとしても,特許を回避した類似特性の製品を発売してくる競合他社が現れる.そのため,初期には価格(A)で販売できていた製品も,最終的には需要と供給の競争原理により決まる価格(B)に移行することが多い.この場合でも,利益性のある強い事業を継続していくためには,生産コストが低く,競争力のある生産シ

ステムを有していることが差別化につながる．

（2） 生産コストを決める要素

図 2.2 に生産コストの計算方法を示す．生産コストとは，**単位生産量当たりに発生する費用**であり，製品生産における一定期間の発生費用を同じ期間の製品生産量で除したものである．単位製品当たりの**製造原価**と考えてよい．

製品生産量はある期間の製品の生産量である．単位時間当たりの生産量に，運転時間と稼働率，歩留まりを掛けた数値で表現される．

また，**発生費用**は，生産量に関係しない固定費と，生産量によって変動する変動費に分類することができる．

それぞれの発生費用は，表 2.1 に示す要素で構成されている．

構成要素のそれぞれについて，説明していく．

①固定費

固定費は生産量の大小に関係なく固定的に発生する費用で，主に以下の a)～d) に分解される．

$$\text{生産コスト} = \frac{\text{発生費用}}{\text{製品生産量}}$$

発生費用 ＝ 固定費 ＋ 変動費
製品生産量 ＝ 単位時間当たりの生産量 × 運転時間 × 稼働率 × 歩留まり

図 2.2　生産コストの計算方法

表 2.1　発生費用の構成要素

発生費用	①固定費	a) 設備や備品等の減価償却費
		b) 固定的な人件費
		c) 管理費や経費
		d) 設備の維持管理費
	②変動費	a) 原材料費
		b) 使用燃料やユーティリティ費
		c) 変動的な人件費
		d) 輸送費

a) 設備や備品等の減価償却費

生産設備導入に掛かった金額を耐用年数で除したものであり，年間費用として扱う．

b) 固定的な人件費

生産や運営に要する人件費で，生産量の変動に関係なく固定的に発生する人件費である．

c) 管理費や経費

生産量の変動に関係なく発生するその他の費用全般である．例えば，広告宣伝費や営業費用，研究開発費などである．

d) 設備の維持管理費

設備の保守や点検，修理に要する費用である．

②変動費

生産量に応じて変化する費用を変動費といい，主に以下のa）～d）に分解される．

a) 原材料費

製品の原材料の費用で，一般的には生産量に比例して増減する．また，生産工程の歩留まりによって必要な原材料費の量は変化するので，歩留まりに大きく影響を受ける．

b) 使用燃料やユーティリティ費用

生産に必要な燃料や，ユーティリティ費用．ガス，油，電気等の費用．この費用も多くの部分は生産量に比例的に増減する．しかし，鉄やガラスの生産窯のように容易に停止することができない生産システムでは固定費として扱う部分もある．

c) 変動的な人件費

生産量の増減に対応して人員を流動的に変動できる場合の人件費は変動費として扱う．

d) 輸送費

原材料を生産工場に輸送する費用や，製品を顧客まで輸送する費用等であ

る．製品のサイズや重量が大きい場合や顧客が海外の場合には，輸送費が高くなり，工場立地を決める重要な因子となる．

（3） 生産コストを下げる方策

前項の（2）で述べた関係から，生産コストを下げるには発生費用の固定費，変動費を下げ，製品生産量を上げれば良いことがわかる．具体的には以下の①～④の施策が考えられる（図2.3参照）．

①発生費用（固定費＋変動費）を下げる

発生費用を下げれば生産コストが下がることは自明であるが，発生費用を下げることはそれ程容易ではない．以下のような努力をして発生費用を下げていく必要がある．

まずは，設備の調達費用を下げることである．これができれば減価償却費が下がる．高価な設備を要する装置産業ではこの施策は非常に有効である．次に，人手を要しない自動化設備や省人化設備を導入して人件費を抑えることが考えられる．しかし，これは設備投資額（減価償却費）が上がるのでそれ程単純ではない．これらは，まさに生産設備を設計する者が腕をふるう場面である．

また，燃料やユーティリティの費用の安い地域で生産して，その費用を下げることも可能である．しかし，立地によっては消費地から遠くなりすぎて，輸

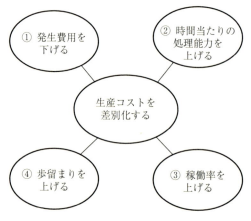

図2.3　生産コストの差別化

送費がかさむ可能性もある．

　他の要素を下げて発生費用を抑えることも可能である．しかし，既に少し述べたように各要素は独立ではなく，相互に影響し合うので，各要素を変えた複数の案を比較して，生産コストが最小になる案を総合的に決める必要がある．

　②**時間当たりの処理能力（スループット）を上げる**

　製品生産量を上げる一つの手段は，処理能力を上げることである．生産技術の改善によって加工時間を短くできれば，処理能力を大幅に向上させることができる．また，生産工程中の滞留時間や移送時間を短くすることによっても処理能力を向上させることができる．まさにプロセス技術者や設備技術者の腕の見せどころである．

　③**稼働率を上げる**

　次の手段として，設備の稼働率を上げることである．稼働率を上げることで生産量を増やすことができる．

　具体的には，設備の故障停止率を下げたり，品種変更の時間（作業時間だけでなく次の品種の品質が安定するまでの時間も含む）を短くしたりする方法がある．これらの施策も設備技術者やプロセス技術者が力を発揮すれば，成果を上げることができる．

　④**歩留まりを上げる**

　生産量を上げるもう一つの方法は，歩留まりを上げることである．歩留まりは，その工程の良品率と考えればわかりやすい．または，原材料の何％が製品になるかという比率と考えてもよい．

　歩留まりを上げるためには，生産条件の変動の少ない安定したプロセスや設備が必要である．この方法においても，生産技術者の役割は非常に大きい．

　①〜④にコストダウンの施策を述べたが，個々の施策が難しいだけでなく，相互に影響を与えるため，より慎重な検討が必要である．また，②〜④の生産量を上げる施策は，上げた生産量に見合う需要があることが大前提である．供給過剰になれば，製品価格が下がることが予想されるので注意を要す．

　この項で述べてきたコストを下げるということは，製造業にとっては非常に

重要でかつ難しい課題である．この課題解決にあたっても，プロセス技術者と設備技術者の果たすべき役割は非常に大きい．

2.1.3 納期で差別化する

品質，生産コストの他にもう一つの差別化のポイントとして納期がある．製品を顧客に届ける期日または期限が納期である．納期で顧客満足度を向上させることによって，事業を差別化できる可能性がある．例えば，BtoCビジネスの例では，同じ品質，同じ価格であっても，その製品がすぐに手に入る場合としばらく待たされる場合では，前者の方が顧客満足度が高い．BtoBビジネスでも多くの場合は遅いより早い方が好まれる．しかし，BtoBビジネスでは，約束した納期より早くても問題になる例もある．約束より早く納品すると顧客の生産ラインに余計な中間在庫を置かなくてはならず，スペースの無駄等を発生させることになる．したがって，顧客の最も都合の良いときに納品することが顧客に喜ばれ，大きな差別化につながることもある．この納品方法が**ジャストインタイム納品**である．

「納期を早くする」ことや，「ジャストインタイム納品する」ことを実現することで，事業を差別化できる可能性がある．以下，各々詳しく説明する．

（1） 納期を早くするには

すでに完成している製品が多くあり，在庫として倉庫に置いてあれば，顧客から注文が来れば，直ちに届けることができる．しかしこのように在庫を抱えて事業を展開していると以下のような問題が起こる可能性が高い．まず，多くの製品を作るには費用がかかるので，そのためのお金（キャッシュ）が必要である．もし，その製品が売れ残ればそのお金は回収できずに無駄になってしまう．また，倉庫に在庫を置いておくだけでも倉庫代がかかる．したがって，生産者から見ると，できるだけ在庫を持たずに事業を行う方が安全である．しかし事業の安全だけを追求していると顧客の要求する納期に応えられず商機を逃してしまうこともある．そこで，注文を受けてからできるだけ早く製品を顧客に届けられる仕組みが必要になる．

注文情報を早く生産現場に届けて，柔軟に生産計画を立てる仕組みが重要である．また，完成した製品を顧客に早く届ける仕組みも必要となる．それにはIoTを利用した仕組みや，種々の新しい配送システムの導入も含まれる．しかし，これらについては他書に譲り，本書では生産そのものに要する時間の短縮について述べる．

　生産に要する時間には種々のものがあるが，材料に変化を与えて付加価値をつける加工工程に要する時間が最も支配的であることが多い．この加工工程に要する時間を短縮するには，その工程で起こっている物理現象を解明することが必要である．この物理現象を支配している因子を解明することができれば加工時間を劇的に短縮できる可能性がある．

　AGC(株)での例として，ガラスの平坦性を向上させるためにガラスを研磨する工程で，研磨に要する時間を大幅に短縮することができた．細かい粒子状の研磨剤と研磨具によってガラスを研磨する工程で，ミクロな物理現象に着目して解析を行い，単位時間当たりの研磨量を支配している因子を見つけ出した．その結果，研磨に要する時間を劇的に短縮させることに成功した．従来は現場でのトライアンドエラーの積み重ねで，徐々に研磨時間の短縮を図ってきたが，この解明により大きな飛躍を遂げることができた．

　加工時間ほど本質的ではないが，生産に要する時間の中には，材料や半製品や製品などを移送する時間も含まれる．この移送工程は全く付加価値を賦与しないので，できればない方がよい．移送が必要になるのには理由がある．それは加工工程と次の加工工程とが物理的に離れているからで，レイアウト上の制約によることが大きい．極端な場合，次の加工工程が別の工場ということもある．**移送時間**をできるだけ短縮するには，生産システムを設計する初期段階からできるだけ移送の必要がない生産システムを検討する必要がある．移送工程はできるだけ少ない方が望ましいが，やむを得ず搬送が必要な場合もある．そのような場合には，高速で搬送するような方法で移送時間を短くする検討も加えたい．

　次に生産時間が長くなってしまう要素として，半製品の滞留が考えられる．

滞留は複数の加工工程の間に**加工時間の差**があるために生じる．できるだけ加工時間の差が生じないように生産システムを設計して，**滞留**がないようにするべきである．滞留があるということは，一部の加工設備が要求以上に能力があるということを意味しており，各設備の能力のバランスがとれていないことになる．また，滞留時間が長くなると，お金にならない半製品を持っている時間が長くなり，経営的にも厳しくなる可能性がある．さらに滞留させることで，無駄なスペースが必要になり，無駄な費用の発生につながる．

納期を遅らせる原因の中で最悪のケースは，**生産設備の故障**である．故障のために大幅に納期が遅れるような事態は絶対に避けなければいけない．故障しないような設備の設計，または保守作業が容易で，常に安定した運転が可能な設備の設計が非常に重要である．

図2.4に納期を早くする考え方をまとめておく．

（2）　ジャストインタイムで生産するには

顧客が指定する納入日時に製品を納入するためには（1）で述べた短い時間で生産する仕組みだけでは不十分である．この仕組みだけでジャストインタイムで納入しようとすると，先に述べたように多くの在庫を抱える必要が生じる．この問題を避けるために以下に述べるような工夫が必要である．

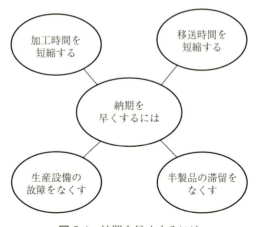

図2.4　納期を早くするには

顧客の注文量と納期に合わせて計画的に少量ずつ間欠的に生産すれば，在庫量を最小にすることが可能となる．しかしながら，通常は顧客毎に製品の要求仕様が異なることが多く，これらの異なる仕様の製品を，それぞれの顧客に合わせた専用の生産ラインで生産しようとすると，多くの生産ラインを持たなければならない．そして，これらの生産ラインで納期に合わせ，少量ずつ生産していたのでは生産ラインの稼働率は低くなってしまう．

　もし，1つの生産ラインで，異なる仕様の製品を生産することができれば，個々の製品を少量ずつ生産しても生産設備の稼働率を全体としては高く保ち続けることができる．これが**多品種少量生産**システムである．専用ラインで大量生産して，多くの在庫を持って顧客の注文に応えていく方式とは根本的に異なるシステムである．

　しかし，この方式にも問題点がある．専用ラインで連続的に大量生産すれば，生産性が上がるのでコストを下げることができる．一方，1つの生産ラインで異なる仕様の製品を間欠的に生産する多品種少量生産では，売れない在庫を抱える心配はないが，生産性が低下して生産コストが上がる心配がある．

　そこで，多品種少量生産を行ってもコストを上げない工夫が必要になる．最も重要なことは生産品種を変更することによるコストの上昇を最小に抑えることである．**生産品種を変更している間**は生産ができないので生産量が減ってしまう．生産品種変更作業に伴う人件費も発生する．また，生産品種切り替え用の設備や道具も必要であり，コストを上昇させる要因となる．

　最大のコストアップ要因は生産品種変更に要する時間的なロスである．生産設備の設計を工夫することでこの品種変更時間を短縮することができる．例えば，製品寸法に合わせて設備の各部が自動的に動いて，その製品の生産条件に合わせることができる設備，生産する製品用の加工治具を生産ラインの外で準備しておいて，瞬時に入れ替えることができる設備，などが考えられる．生産品種に合わせた設備面での変更に要する時間は，このような工夫で時間短縮をはかることができる．

　生産品種を変更するための設備面での変更作業が終了しても，次の製品が生

産できるまでに多くの時間を要することが多い．設備の変更時間だけではなく，**次の製品が生産できるようになるまでの時間**もロスとなるので，できるだけ早く良品を生産できるようにする必要がある．このためには生産のメカニズムを解明して，良品が生産できる条件を明確にする必要がある．さらに，生産設備は良品が生産できる条件を**再現性**良く設定できる設備となっている必要がある．このような設備であれば，人による調整作業も少なくなり，人件費の発生も抑えることができる．

図2.5にジャストインタイム生産で鍵となる考え方を示しておく．

以上のような工夫を生産設備に織り込んでおくことでコストを最小限に抑えて，ジャストインタイムで製品を顧客に届けることができる．この考え方を極限に進めた生産方式が1個流し生産である．1つずつ品種を切り替えて，顧客の分単位の納期要求にも答えることができ，かつ在庫量を究極まで減らすことができる．この方式を実現するためにも優れた生産システムが必要である．

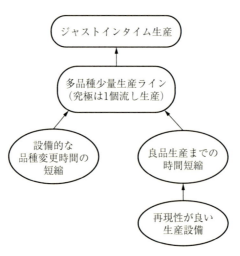

図2.5　ジャストインタイム生産

2.2　差別化された生産システムを考える

　前節までは，差別化された生産システムを考えるにあたって重要な3つの要素①製品の特性や品質，②生産コスト，③製品の納期について述べた．続く本節では，これら3つの要素を考慮に入れて差別化された生産システムを企画する考え方や手順，注意すべきポイント，さらに技術者の関わり方などを説明する．

　2.2.1では，差別化された生産システムの企画の流れや重要な部分について事例を示しながら述べる．続く2.2.2では，差別化された生産システムの企画において失敗した事例を用いて，実際の企画で陥りやすいポイントを示す．最後の2.2.3で，生産システムの構築における技術者の役割や関わり方について述べる．

2.2.1　差別化された生産システムの企画

　差別化された生産システムの**企画**（以降，企画）とは，**品質**，**コスト**，**納期**のどこで差別化するかを決定し，その生産システムの概要を構築し，実現可能性や他社に対する優位性を確認していく作業である．生産システムを構築する全体の流れの中での，この企画の位置づけを図2.6に示す．

　図2.6に示すように，顧客要求の把握の後に，事業を担当する部門の**製品企画**と連携して，**生産システムの企画**が始まる．この本は，主に生産システムに注目して記述しているので，製品企画については他書に譲る．

　企画は生産システム構築における初期段階であり，ここで，目論見通りの差別化が実現できるかどうかが決まる．企画は（1）差別化ポイントの決定，（2）技術蓄積の把握，（3）生産システムの概要の構築，（4）実現可能性の確認，（5）優位性の確認，（6）生産システムの決定，の6つの工程から成り立っている．（1）から（6）を進めることにより，**企画段階のアウトプットとして生産システムの基本諸元を明確にする**．

　本項では，前述の6つの工程について説明するが，これら企画の手順や重要

第2章　差別化された生産システムを企画する

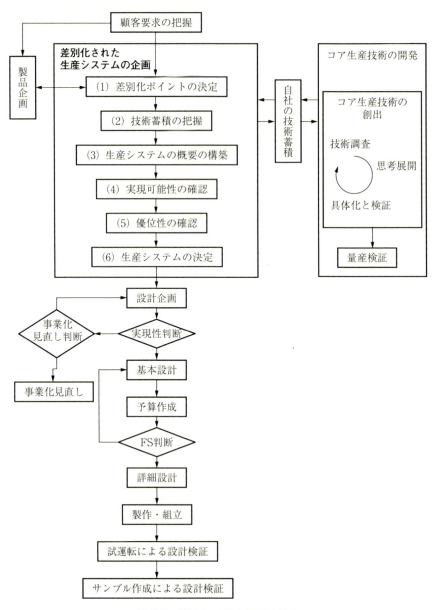

図2.6　生産システム構築の流れ

2.2 差別化された生産システムを考える

なポイントなどを一般的な用語のみで理解することは非常に難しい．そこで，理解を助けるために AGC(株) の自動車用ガラス「UV Verre Premium®」の開発事例を用いて，具体的に解説する．この「UV Verre Premium®」とは，世界に先駆けて AGC(株) が開発し 2010 年に上市した紫外線カット（以降，UVカット）率 99 %（AGC(株) 測定値，ISO9050 基準）の性能を持った自動車用のフロントドアガラスである．

自動車のガラスの部位およびガラスの構成を図 2.7 に示す．フロントガラスは，耐衝撃性や耐貫通性の向上および割れた際の飛散防止のために合わせガラスにすることが法令で決められており，2 枚のガラスの間に樹脂の中間膜を挟んでいる構造である．この中間膜が UV カット性能を持っているため，フロントガラスの UV カット率は，一般的に 99 % である．

しかし，従来のフロントドアガラスは，強化ガラスという強度を向上したガラス 1 枚なので中間膜がなく，UV カット率は 90 %（AGC(株) 測定値，ISO9050 基準）であった．

自動車用途のガラスは，道路運送車両の保安基準で定められた可視光線透過率を満たす必要があるため，UV カット性能が高いサングラスのような色の濃

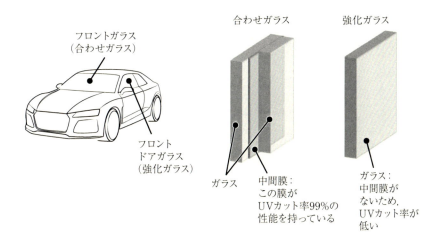

図 2.7　自動車のガラスの部位とガラスの構成

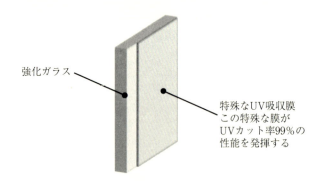

図2.8 UVカット性能を持たせたフロントドアガラス

いガラスは使用できない．ガラスの組成を工夫するだけでUVカット率99％を満たしながら，可視光透過率も満足させることは従来は不可能であった．

そこでAGC(株)は，図2.8に示すような，UVカット機能を持つ特殊な膜をガラスの表面に**コーティング**することでUVカット率99％を達成する方法を模索した．この特殊な膜には，厚みの均一性と外観の美しさが高いレベルで求められる．一方で，自動車用フロントドアガラスのような曲がったガラスにコーティングするような生産システムは世の中に市販されてはいない．そのため，AGC(株)は特殊な膜を開発するとともに特殊な膜を曲がったガラスに均一に，かつ泡や異物などの外観を損なう欠点を発生させずにコーティングする生産システムも開発した．その結果，**UVカット率99％のフロントドアガラス**を作り出すことに成功した．

これは，品質が差別化されており，かつ汎用ではない独自生産技術を必要とする，まさに差別化された生産システムの事例であるといえる．

（1）差別化ポイントの決定

差別化ポイントの決定とは，顧客要求に対して，どこに重点を置いて差別化するかを決定することである．

まず，**重要なことは，顧客の真の要求を理解することである**．これは，顧客のニーズに関する情報から，顧客が品質・価格・納期に対してどのようなレベル，もしくは内容の要求をしているかを理解することである．

2.2 差別化された生産システムを考える

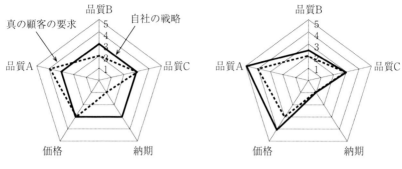

図 2.9 真の顧客の要求と自社戦略のレーダーチャート

図 2.9 は品質・価格・納期等の顧客の要求事項をレーダーチャートで示している．真の顧客の要求を破線で，自社の取ろうとしている戦略を実線で表現したものである．真の顧客の要求を理解していないと，図 2.9 の左側の図のように，顧客が求めている品質 A を満足していない，全てにおいて平均的な製品を作り出す戦略を取ってしまい，結果として，顧客にとって魅力的でない製品になってしまう．

重要なことは，**差別化するポイントを定めること**である．顧客の真の要求から，顧客が魅力的に感じる部分を見極めて，その部分を徹底的に向上させることで差別化がはかられる．例えば図 2.9 では右側の状態である．この例では，顧客の要求レベルの高い品質 A に着目し，ここを徹底的に向上させるとともに，価格を抑える戦略をとっている．

このように，真の顧客の要求を理解し，その要求に基づいて差別化ポイントを定めることで，差別化された生産システムの目指す方向性が明らかになる．

UV カットガラスの事例では，AGC（株）はエンドユーザーである一般ユーザーへのアンケートから，真の顧客要求を把握，理解した．そして，UV カット性能という品質を差別化ポイントと定めた．

（2） 技術蓄積の把握

決定した差別化ポイントを生産システムとして具現化する際には，自社の技

術蓄積を活用することが有効である．そのために，まずは**技術蓄積を把握**する必要がある．ここでの技術蓄積とは，自社が開発した技術だけでなく，公知の技術や市販の技術を自社で使いこなせる状態になっているものも含む．また，技術蓄積とは「ノウハウ，実績，データ，ドキュメント，失敗経験」といった様々なものを包含した内容である．

差別化ポイントを決定する実務そのものは，1人から少数のチームで行うことがほとんどである．メンバーはその製品について知見を持つ技術者であることが多いが，自社の保有する技術蓄積の全てを把握しているとは限らない．そこで，関連する技術情報を収集，理解する必要がある．

このためには，社内の技術蓄積が活用可能な形になっていることが重要である．3.3で述べるが，技術者は関わった開発や業務の各種資料や情報を，他の者が後で探せて，活用できる形で残していくことを意識する必要がある．

（3）生産システム概要の構築

生産システム概要の構築とは，先に把握した技術蓄積を基に差別化ポイントを実現することができる生産技術，または生産技術の組み合わせを決めることである．また，この段階ではプロセスの構成と同時に達成できそうな差別化レベルを把握する．

図2.10にUVカットガラスの生産システム概要のイメージを示す．UVカットガラス用の組成を製造できる技術とUVカット材のコーティング技術を足し合わせて，差別化が実現できることを示している．

把握した技術蓄積を用いながら，目指す差別化をどのようにして実現するのかを考える方法としては，3.1.1で説明する「**思考展開法**」が有効である．

ところで，生産システム概要の構築の際に，現状の技術蓄積だけでは技術が不足している場合もある．もし，**不足している場合は新たな生産技術の開発が必要になる**．この場合は図2.6の右側に示す「**コア生産技術の開発**」に移行し，新たな生産技術を開発して技術蓄積に追加しなければならない．開発の中心部分である「コア生産技術の創出」の考え方や手順については，第3章で詳しく説明する．

2.2 差別化された生産システムを考える

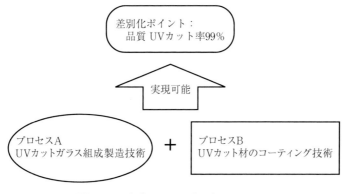

図2.10 生産システム概要のイメージ

このコア生産技術の開発は，**技術調査・思考展開・原理確認・量産性確認**という段階を経るので，必要な期間は最短でも6カ月以上はかかる．もしも，顧客ニーズが顕在化している場合，要求された期間内に製品を出荷することができずにビジネスの機会を失ってしまうかもしれない．したがって，コア生産技術の開発を待ち伏せ的に行い，**ニーズが顕在化する前に技術蓄積しておくことが非常に重要である．**

UVカットガラスの事例では，素材となるガラスの組成でのUV吸収と，特殊なコーティングによるUV吸収との組み合わせにより，これまでにないレベルのUVカット率を実現する生産技術を着想した．いずれの技術も顧客のニーズが顕在化する前に蓄積されていたので，製品をタイムリーに上市することができた．

生産システム概要の構築段階で，品質・コスト・納期がほぼ決まってしまう．よって，この段階で様々な専門分野のメンバーで議論し最適解を模索することが望ましい．対象とする内容によって参加メンバーは変わってくるが，例えば「材料技術者」「プロセス技術者」「設備技術者（機械・電気・制御）」「製造技術者」「保全技術者」「営業関係者」などである．

（4） 実現可能性の確認

次に，（3）で構築した生産システムの概要の実現可能性を確認する．差別

化ポイントを除いた品質・コスト・納期の要素についても許容可能であることを確認する.

　例えば,顧客の真の要求を満たす「品質」を実現しうるプロセスで生産した場合のコストが,顧客の認める価値よりも高ければ収益性は見込めない.また,圧倒的な低コストを目指す場合でも,「品質」が顧客の要求を満足していなければ,顧客に受け入れられない.このように,「品質・コスト・納期」において着目した差別化ポイントが達成可能であることと,残る要素が許容可能であることを確認すべきである.

　実現可能性の確認の手段は,シミュレーションや実験,さらには試作したサンプル製品を顧客に評価してもらうことも有効である.

　品質については,実験等を通じて確認できるので,実現可能性の確認は比較的容易である.しかし,コストや納期については,技術蓄積を基に仮定を設定して検討するので,正確に把握することは難しい.差別化ポイントとなる品質だけは徹底的に確認するが,コストや納期の計算,検討を緩い前提条件で実施したり,全ての検討を実施せずに曖昧な状態で実現可能性の確認を終えてしまうと,その結果として非常に高いコストもしくは,顧客要求の納期を満足できない生産システムができあがる恐れがある.

　UVカットガラスの事例では,UVカットガラス組成製造技術と,UVカット材を均一に塗布する**コーティング技術が肝**となった.特にコーティング技術について,AGC(株)は独自の技術を保有はしていたものの,曲がったガラスへの均一な塗布と安定した生産性に関する技術蓄積が不足していた.そのため,コスト面と納期面で不安が残っていた.そこで,これらの問題を解決するために**独自のコーティング技術を基に,多種多様なガラス形状に対応でき,かつ,コート膜厚が一定で,泡や異物がコート面に発生しにくい安定した塗布技術を開発することにした**.さらに,品質保証のための**検査技術**も併せて開発し,全体として差別化された生産システムを実現することを目指した.図2.11に,この事例の実現可能性の検討例を示しておく.

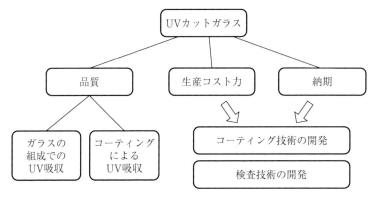

図 2.11 実現可能性の確認

(5) 優位性の確認

ここまで行ってきた生産システムの企画が本当に他社に対しても優位性があるのかを総合的に確認するために次のようなことを行う．

まず，**競合他社を特定する**．競合先には既存の同業他社が最初に考えられる．また，異業種から新規に参入しようとしている会社もあるかもしれない．さらには，全く異なった代替製品，例えばガラスに代替するプラスチックのようなもの等，が競合することも考えられる．

次に，他社に関する過去の戦略，出願済み特許の状況，顧客からの情報，財務情報等のあらゆる情報をもとに**競合他社がどのような攻め方をしてくるかを推定する**．

そして，自社の戦略，すなわち生産システムの企画が競合他社の戦略に対して優位であるか，容易に模倣されないかを確認する．もし優位でない場合には，この企画を根本的に見直す必要がある．

(6) 生産システムの決定

上述の（1）〜（5）の結果として，以下の①〜③がアウトプットとして整理される．さらに，検討の前提となる④〜⑨の内容を加えて，**生産システムの基本諸元**を決定する．

第2章　差別化された生産システムを企画する

【生産システムの基本諸元】
①差別化された生産システムの導入目的
②差別化の基準
　・品質
　・コスト
　・納期
③生産システムの概要
④製品のマーケット情報
⑤販売数量と必要な生産能力
⑥生産システムと「材料供給形態・製品出荷形態」との関係
⑦時期：「製品必要タイミング」と「生産システム準備スケジュール」
⑧人的資源：必要なマンパワー（生産システムの準備人員と運用人員）
⑨①～⑧の決定背景

以降に続く設計企画は，この基本諸元に基づいて生産システムの設計内容を固めていく工程である．設計企画以降の詳細は第4章で解説する．

2.2.2　差別化の企画の失敗に学ぶ
（1）　短い製品寿命の市場において顧客を特化した失敗

最近，製品によっては，その寿命がドッグイヤー（7倍速），マウスイヤー（18倍速）などと呼ばれるほど短くなっている．そのような短寿命の製品では，新製品がマーケットに現れた後にこの製品に用いられている部品を開発していると，開発が完了する前に次世代製品が出現してくることさえある．これはエンドユーザーの嗜好に応じて求められる製品が短時間に大きく変わり，それに応じてその製品に用いられている部品に対する要求仕様が変化するからである．

このような寿命の短い製品に用いられる特殊なガラス材料を，特定の顧客向けに大量に生産する生産システムを構築したときの失敗例を以下に示す．

このケースでは，「蓄積された自社技術」を組み合わせて差別化された生産

システムを新設し，差別化された製品を短期間で特定の顧客へ提供することができた．長期にわたる注文量も十分にあり，有望な事業を始めることができたと思っていた．しかし，生産開始後，間もなくエンドユーザーの嗜好が大きく変化したため，我々の直接の顧客からガラス材料特性の大幅な変更を要求されたり，注文量を削減されたりした．特定の顧客向けの特定のガラス材料に特化した生産システムだったため，別の製品を生産することが困難で，しばらくの間，設備を停止せざるを得ない状況が発生した．

この例から得られる学びについて，本章の生産システムの構築フローを振り返りながら述べる．

生産システムの企画の段階で，**顧客の要求する品質や数量が短期間に劇的に変化する可能性**について，もっとよく議論すべきだった．しかし，実際は「新製品をできるだけ早く顧客に届けたい」「要求された品質を実現することで信頼を築き，顧客の次製品受注を継続できる戦略的パートナーになりたい」という要望が営業戦略として優先されてしまった．その結果，「変化に対応可能な生産システムの必要性」については，ほとんど議論されなかった．

このような状況を避けるために検討すべきだった項目を列挙する．

①新しい生産設備の導入を決める前に，「既存生産設備を利用して生産できないかを」検討する．設備の改造が必要であればそれについても検討する．

②既存の生産設備で，新たな製品を作る生産余力がない場合，余力を作るために次のa）～c）の施策を実施して生産性を向上させる方法を検討する．

　a）稼働率を向上させる．

　b）歩留まりを向上させる．

　c）生産システムの処理速度を上げる．

③既存の生産設備で生産性改善の余地がない場合，顧客が容認できる範囲で「製品自体の特性や形状」を変更して，生産能力を向上することができないかを検討する．例えば，1日に100kgのガラスレンズを溶解成形できる生産設備を例にとる．ここでは，1枚0.1kgのガラスレンズを1日1,000個製造している．この生産量を増やしたいがガラスの溶解量を増やすことは

不可能である．要求機能に必要な製品仕様について顧客と交渉し，ガラス材 0.05kg のガラスレンズでも顧客の要求を満足できるとする．すると，生産能力が1日 1,000 個から 2,000 個へと2倍にできることになる．当然，生産システムの処理速度をアップする必要があるが，大きな改造を実施することなく，生産能力を向上させることができる．

④段階的に生産量をアップできるような生産システムを構築することにより，市場の動向を見ながら，段階的に増産投資を行う．

⑤同じ設備で他の製品も生産できるような工夫を生産システムに織り込むことにより，設備の稼働が維持できるようにしておく．

⑥顧客の次世代製品の仕様をエンドユーザーの立場から調査し，少し改造すれば，次世代製品をも生産可能な生産システムとして構築しておくことで，現行世代の受注量が減少しても，生産を維持できるようにする．

繰り返しになるが，ライフサイクルの早い製品の生産システムの構築においては，既存生産システムを徹底的に活用することや，他製品との併産が可能な生産システムを検討することで，**製品需要が突然減少しても継続使用が可能な生産システム**を構築することが肝要である．

（2）"安価な汎用製品"に駆逐された"高度な差別化製品"

2010 年頃，ソーラーパネル産業は地球温暖化対策として，各国政府の支援もあり，急激に成長した．ソーラーパネルは，発電可能な素子を耐候性の高いカバーガラスでサンドイッチしたものであり，建物の屋根やソーラーファームに設置されて，太陽光発電に使用される．ソーラーファームは，大量のソーラーパネルを設置できる広大な敷地を必要とするため，地価の安い場所に建設されることが多い．たとえば，郊外の余剰地や砂漠などの商業的な利用が難しい場所がこれに該当する．

AGC（株）では，ソーラーパネル表面に使用されるカバーガラスに着目した．カバーガラス自体は，誰でも製造可能な汎用的なガラスであるが，このガラスに特殊な反射防止コーティングを施すと，理論的には発電効率を 2〜3％向上させることができる．そこで，このコーティング技術で差別化できる生産シス

テムの構築を試みた．最終的に目論見通り，差別化された生産システムの構築に成功した．しかし，発電効率向上が見込めるAGC(株)のカバーガラスが大量に売れることはなかった．発電効率を上げなくても，2〜3％面積を大きくすれば同じ発電量を得られることがその理由と考えられる．1,000 [mm] × 1,000 [mm] のソーラーパネルが，1,010 [mm] × 1,010 [mm] になれば，面積が2％上昇するのである．高度なコーティング技術を使うことなく，容易に同じ結果が得られる．当初，先進国のソーラーパネルメーカーは競合よりも少しでも高い発電効率をアピールしていた．このため，AGC(株)のコーティング技術を用いたカバーガラスは，彼らにとって大きな魅力となった．しかし，ソーラーパネル供給メーカーが中国，台湾にシフトし，低価格，大量供給に価値が見い出されると，状況は一変した．市場では「価格の高いコーティングガラス」よりも，「安くて誰でも作れるガラス」の方がよく売れるようになった．

顧客は特別な技術を有する1社からしか供給を受けることができないような製品よりも，**多くのサプライヤーが供給できるような製品を好む**．これは，多くのサプライヤーを競争に参加させることによって，競争原理による価格ダウンや，安定供給を実現できるからである．

この例の場合，「ニーズの把握」はきちんとできていた．また，「自社の独自技術」については，過去の技術蓄積に加えて，新たなプロセス開発も行うことで，安定した生産システムの作り込みまで完了していた．それにもかかわらず，この製品が売れなかったのは，差別化したつもりの製品に対する**代替製品について真剣に検討しなかったからである**．

2.2.3 プロセス技術者，設備技術者の役割と使命

本章で述べてきた生産システム構築フローを実際に進めるのが生産技術者である．生産技術者は**プロセス技術者**と**設備技術者**に大別される．**プロセス技術者**は科学技術に関する高度な専門知識を活かし，原料から製品に至るまでの生産プロセスやマテリアルバランスを決める．**設備技術者**は，工業材料・産業機械・メカトロニクスといった応用知識を活かし，設備の設計，製作，生産ライ

ンの立ち上げを主に行う．

1章において，プロセス技術者と設備技術者との間で情報や意思の摺り合わせが不足すると，両者が意図しない生産システムができあがる，あるいは大きな労力と費用を掛けて改造するような事態が起こり，多くの工程の出戻りが発生すると説明した．

図2.12に示す通り，**上流工程である企画・構想・詳細設計段階は，生産システムを作り上げるための検討が中心である．ここで付加価値の大枠は決まる**．一方で，実行段階の前段階であることから，まだ関わる人数も少なく，物理的に製作する物もあまりないので，発生する費用は少ない．下流工程へ行くに従って実行段階に移り，関わる人数も増え，投資も増えるので，発生する費用が大きくなる．また，変更の難易度（図中では容易度と表現）も高くなる．

このように後工程へ行くほど，工程の戻りは難易度とコストが増すので，できるだけ上流工程にて議論を重ねて，様々な仮説をよく検討することが必要であり，プロセス技術者と設備技術者は大きな役割を担っている．特に，新たな生産技術を開発する必要があるときにはプロセス技術者と設備技術者の協力が非常に重要となる．

この開発工程では**プロセス技術者がコンセプト構築**などを，**設備技術者が実**

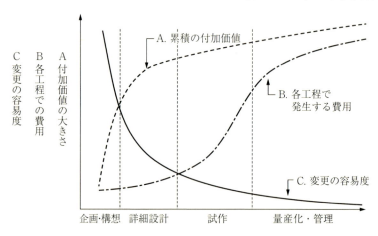

図2.12　生産システム構築における価値・費用・変更の容易さの関係

2.2 差別化された生産システムを考える

機想定などを担う場合が多い．このときに，プロセス技術者が実現可能性を考慮せずにプロセスの検討を深めてしまうと，理想品質を追求するあまりに過大な費用を要する生産システムの仕様を考案する怖れがある．一方の設備技術者もプロセス技術者との連携を疎かにして安易に設備具体化を進めると，差別化にとって不可欠な部分が削ぎ落とされたシステムを構築してしまう可能性がある．この結果，手戻りが生じ，費用の増大と開発の長期化が発生し，生産システムの完成に多大な影響を及ぼす．したがって，プロセス技術者と設備技術者の両者は，密に連携して，生産システム構築の目的や目標を共通の理解としながら開発工程を進めることが重要である．図2.13に「プロセス技術者」「設備技術者」の役割の例を示す．

生産技術者が果たすべきもう一つの重要な使命に，将来のニーズを先取りして**生産技術の蓄積**をしておくことがある．2.2で説明したフローでは，ニーズを把握し，その後に技術蓄積の有無を判断し，必要に応じてコア生産技術を開発する工程に移っていくことになっている．しかし，**実ビジネスにおいてはニーズが顕在化してから技術開発をしていては時期を逸してしまい競争相手に先行される可能性が高い**．そこで，生産技術力に重きを置く会社は**自社の技術的競争力を維持するために，戦略的な生産技術開発**と**知的財産網構築**を推進して

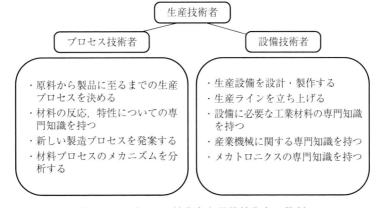

図2.13　プロセス技術者と設備技術者の役割

第2章 差別化された生産システムを企画する

いる．その生産技術開発テーマは，プロセス技術者や設備技術者の興味や思い込みで決めるのではなく，**自社の製品戦略とコア技術**さらには**業界動向をもとに，自社の競争力維持と向上に資するものでなくてはならない**．

このようにして技術を蓄積しておくことで，適切なタイミングで生産システムの供給が可能になり，強い事業を展開することができる．このような状態はまさに，生産技術がその企業の競争力の源泉となっている状態といえよう．この生産技術開発の詳細については3章で述べる．

2.3 差別化された生産システムの実例

前節までで，製品の特性や品質，コスト，納期における差別化の重要性とそれらが取り込まれた差別化された生産システムを企画する考え方について述べた．本節では，差別化された生産システムについて具体的なイメージを持ってもらえるように，差別化された生産システムをビジネスに展開している3社の例を紹介する．

差別化のポイントや具体的方法は各社異なっているが，3社とも非常に強いビジネスを展開している製造業である．1社目の株式会社村田製作所と2社目のYKK株式会社は品質とコストの差別化を実現している．差別化のポイントが似てはいるが，それぞれ，その具体的方法は異なっている．3社目のセーレン株式会社はコストと納期の差別化を実現している．

筆者の目から見た各社の差別化の要点を以下に述べる．

2.3.1 村田製作所

最初に紹介するのは，品質とコストでの差別化を実現している株式会社村田製作所の例である．村田製作所の主力製品である積層セラミックコンデンサ（MLCC）は，様々な電化製品，スマートフォン，自動車などの生活必需品に多数使われている電子部品である．近年，このような生活必需品が高性能化するのに伴い，MLCCの使用個数が爆発的に増えている．村田製作所は**セラミック**

2.3 差別化された生産システムの実例

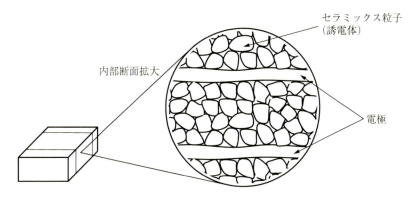

図2.14 積層セラミックコンデンサ（MLCC）の模式図

ス誘電体と電極の多層化を精密にコントロールできる生産技術を強みとして，小型大容量という品質における差別化とコスト面での差別化を両立させている．その結果，MLCCの出荷数において50年間にわたり世界No.1の地位を守っており，累計9兆個を出荷した正にこの分野のトップメーカーである．

村田製作所に関する以下のような新聞記事を目にしたことがある．「次世代モデルのMLCCはわずか0.25 [mm] × 0.125 [mm]（0201サイズ）（**図2.14**参照）．吹けば飛んでしまう大きさのため，今は顧客不在」「そもそも10打数10安打は不可能．（受注の確度が高まってから投資しても）スピード感がなくなる」（日刊工業新聞，2014.2.18，「挑戦する企業」より）．

この記事だけ読むと，売れるかどうかわからないような新製品を開発し，リスク覚悟で投資を敢行することが村田製作所の強みなのかと誤解しそうになる．しかし，この戦略は高いリスクを伴うので，このような考え方だけでこの会社が50年間勝ち続けてきたとはとても思えない．また，第1章で述べたように製品特許だけで，強いビジネスを長続きさせることは難しい．

実は，村田製作所の場合，独自に開発した真似されにくい生産システムによって，この品質と価格のMLCCを生産できている．他社が通常の方法で，同様

のMLCCを生産することは困難なので，継続的な差別化が可能になっている．長続きする差別化戦略，即ち差別化された生産システムという観点で新聞記事をよく読んでみると以下の特筆すべき3点が見出される．

（1） 通常の方法で生産するのが難しい製品であること

「最新の量産品0402サイズ（0.4［mm］×0.2［mm］）には，百数十億個のセラミックス粒子が詰まっていると言われる．このうち1粒でも問題があれば，ショートなどの不具合につながる可能性がある」（同記事より）

MLCCの場合0.4［mm］×0.2［mm］サイズのセラミックスの塊を1つの要素として捉えるのではなく，構成するセラミックス粒子の一個一個が管理すべき要素で，百数十億個の要素があるとみるべきである．管理すべき要素の多さと生産の難しさは比例することから，製品の構造が複雑になるほど生産が難しいことが容易に想像できる．製品の見かけの単純さと管理すべき要素の数は一致しないので注意を要する．特に素材の分野ではこの管理するべき要素の多さゆえに，製品の見かけの単純さとは裏腹に参入障壁が高い場合が多い．村田製作所はこれを管理できる生産技術を持っているので，高品質を実現できている．

（2） 真似されにくい要素を持った製品であること

「材料開発は創業以来約70年続く，村田製作所のお家芸．独自製品を生み出すため進化を繰り返している．電気炉に材料を入れて1日，2日と焼成するが，釜を開けるまで結果は分からない」（同記事より）

MLCCに使われるセラミックスは，高温プロセスを経て焼結され，その特性は高温プロセスの前後で大きく変わる．このため，競合他社が出荷された製品の微細な粒子構造を電子顕微鏡で調査したとしても，その画像から焼結の過程で変化した痕跡を見出すことはできない．セラミックス粒子の製造過程はいわゆるブラックボックスとなっている．試行錯誤を繰り返し，長い期間をかけて蓄積された技術がブラックボックス化されると，その技術は模倣されにくいので，継続的な差別化の源になる．

（3） プロセス技術者と設備技術者の摺合せの力

「素材にこだわる部品メーカーは日系を中心に多いが，村田のもう一つの強

みは製造設備の内製化にある」(同記事より)

　高い信頼性を実現する材料技術での差別化についてはこれまで述べた通りであるが，村田製作所の場合，生産設備を自社で開発できる設備技術を合わせ持っているのでさらに強力な差別化となっている．また，材料技術開発を行うプロセス技術者と生産設備を生み出す設備技術者の関係性も重要である．分野の異なる両者が単にデータのやりとりだけではなく，ノウハウなどの数値化できない部分にもお互いが応える形で密接に摺合せをしながら生産性の高い技術を生み出し，それを生産設備という形でブラックボックス化していくと，他社が真似できない強力な差別化となる．

　村田製作所の例をまとめると，(1) と (2) で述べた品質としての強みで価格を維持しながら，(3) のように生産性が高い生産設備を常に自社で開発し生産コストを低減することで，継続的な差別化を実現し高い利益を長期間得ることができている．つまり，品質単独での差別化と，技術者同士の摺合せにより生み出された独自の生産設備による生産コストの差別化が組み合わさり，より高い効果が生じている．

2.3.2　YKK

　次に紹介するのは，同じく品質とコストでの差別化を実現している YKK 株式会社の例である．YKK は，世界でファスナーを生産・販売しており，この事業において，圧倒的なシェアを持っている会社である[1)2)]．

　製造業の歴史を振り返ってみると，世界に先駆けた画期的な製品は最初に先進国で生み出され，時間の経過とともに発展途上国に広がる．発展途上国では，最初は製品を輸入しているが，次第に現地でも同様の製品が製造され，その製品が自国内で販売されるようになる．その後，労働力の安価な発展途上国で生産された製品が価格優位性を武器に先進国に輸出されるようになり，先進国で市場を奪うようになっていく．戦後の日本は発展途上国であり，このような過程を経て，多くの企業が成長を遂げた．先進国の仲間入りを果たした日本は，現在では，中国等の新興諸国の企業に市場を奪われるようになっている．

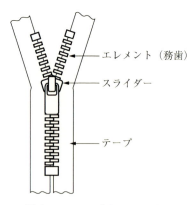

図 2.15　スライドファスナー

　YKK のファスナー事業は，この流れに流されず，トップの座を守っている．その原動力が差別化された生産システムなのである．

　現在のスライドファスナーは 20 世紀初頭に米国で発明されたものである．構造は，スライダー，エレメント（務歯），テープに大別される（図 2.15）．スライダーを上方に動かすと両側のテープに植え付けられたエレメント（務歯）がかみ合い，両側のテープを閉じることができる．逆にスライダーを下方に動かすとエレメントが離れて，両側のテープを開くことができる．ブーツ，手袋，タバコ入れ等で使われ始めて，その後に衣類（上着やズボン）に使用されるようになった．ファスナーの製造機械も発明され，大量生産できる生産設備も確立された．少し遅れて，日本にもファスナーが使われている製品が輸入されるようになり，日本国内でもファスナーが生産されるようになった．手工業的な手法ではあったが，量産できるようになり，海外への輸出も徐々に増え，新興産業として認知されるようになった．残念なことに戦時中は輸出が不可能となったことで，国内のファスナー事業は縮小していった．

　戦後，急速に需要が増大したため，手工業的な手法では需要に応えられない状況となった．この状況を解決するため，YKK は，米国から大量生産可能な生産設備を導入した．結果として，生産量は格段に増加した．しかし，この装置では，日本で求められているファスナーの生産が難しいだけでなく，使い勝

表2.2 米国の方式とYKKの方式の比較

	1950年当時の米国の方式	YKKの考えた方式
製品出荷形態	長尺テープ（ロール形状） ＊スライダーは客先で組み付け	ユニット単位 ＊スライダー組込み済
スライダー生産工程	複数工程（1工程は困難）	1工程（新生産設備開発）

手も悪かった．

先に述べた通り，ファスナーはエレメントが植え付けられたテープ部分とスライダーで構成されている．米国の設備はロール形状の長尺テープを製造する方式であった．衣類の縫製工場側で，必要な長さを切り出してスライダーを組み付けてファスナーとして使用していた．YKKは，自社でテープとスライダーを組み合わせたユニット形状の製品を生産することを志向し，それを実現できる生産プロセスと生産設備を独自で開発した（表2.2）．このユニット形状の製品を連続生産できる生産システムを確立したことで，ユニット製品の生産数を増やし，1ユニット当たりの生産コストを下げることができた．また，製品がユニット単位であるので，ファスナーとしての完成度も高くなり，品質，耐久性，信頼性の面で差別化ができた．その品質の差別化を維持するために，エレメントやスライダーの原材料を製造する伸銅工場と，自社開発した装置によってテープ用の布を織る織物工場を持って，社内で一貫生産体制を構築した．結果として，自社内で継続的に製品の品質向上を進めることができている．

このように**高品質の製品を高い生産性でできる生産システムを持ち，それを秘匿している**ことで，競合他社の参入を困難にしている．同等品質の製品を同等コストで生産することはとても難しい．YKKで開発した設備がないと生産できないのである．

さらに新製品の開発を容易に行えるという強みにもつながっている．衣料分野用途だけではなく，米袋やプラスチック原料の袋，耐圧性や防水性が必要なアプリケーション等の新用途の開発の際，自社で開発した生産システムを持っているので，要望されている機能を実現するために，材料や生産設備に自ら改良を加えて新用途のファスナーを世に送り出すことができるのである．

現在までトップシェアを維持し，新製品開発でも競合に対して競争力を発揮できているのは，このような優れた生産システムを持っているからである．

2.3.3 セーレン

3番目に紹介するのは，生産コストと納期での差別化を実現しているセーレン株式会社の例である[3]．1980年以前の同社の事業は顧客から預かった織物を注文通りに染めて納品するという染色加工が主であった．近年はビジネスモデルを変革して，自動車の座席やエアバックなどの車輌の内装材や衣類の染色加工の企画・製造・販売を主事業としている．さらに電子制御機器・電子部品の設計製造および販売，倉庫業まで幅広く手掛けている．

1980年代後半，繊維事業を主事業としていた同社はオイルショック後の原材料高やプラザ合意による急速な円高によって会社存亡の危機にあった．さらに，この時代は消費者は新しいもの，自分だけのもの，を欲求する指向が強くなっていく転換期でもあった．当時のアパレルメーカーは大量の在庫の保有に苦しんでいる時代で，後の在庫処分費用を上乗せして販売価格を決めるという歪んだ手法を取っていた．これらの難題を打破するため，1988年，同社は「IT化」「非衣料・非繊維化」「グローバル化」「企業体質の変革」という4つの経営戦略を策定して，それまでの織物を注文通りに染めて納品するだけのビジネスモデルを大きく変革した．多品種・小ロット生産に対応できて，企画から販売まで一気通貫で実行できる新たな染色システムがその代表作である（図2.16）．

従来の染色は布や革などの繊維に色素を吸着させる手法であったが，セーレンが新たに開発した染色システムはインクジェットプリンタを用いて，繊維に色をプリントする手法である．このプリント技術が同社のコア技術である．様々な布地にプリントができ，色もフルカラーに匹敵する1,677万色を使用することができる．具体的には，まず，コンピュータ上で専用の描画ソフトを使って自由に配色や図柄など作成する．次に，プリンタへデータを送信して印刷するだけというとても簡単な手法である．このシステムを使用すれば，1着だけのオーダーメイドにも対応できる．

2.3 差別化された生産システムの実例

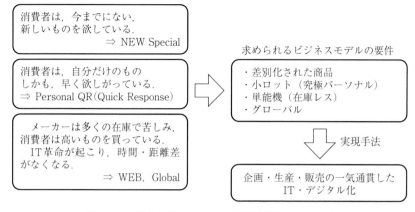

図2.16　新たな染色システム開発背景のイメージ

　現在，インターネット上から注文が可能で，注文者は素材や形，色，モチーフ，サイズの順に選ぶことで，450億通りの中から自分の好みの1枚のパンツを低価格で注文することができる．このようにサプライチェーンの川上から川下まで一気通貫の衣料一貫生産体制と呼ばれるビジネスへ拡大させている．通常，このような生産では，個々の製品は非常に高価格となり，納期も長くなってしまうが，本例は，**コンピュータのIT技術とインク（染料）技術やプリンタのプロセス技術を活用したマスカスタマイゼーション*を実現できる差別化された生産システムによって低価格，短納期を実現している．**

　差別化を可能にするコア技術は高精細インクジェット塗工システムである．この技術はCADデザイン通りに製品（印刷）を作り出すための加工データを作成する自社開発CAM前処理システム，超大型布に連続的に印刷するデジタルインクジェットプリンタ装置，滲(にじ)まない超精細な印刷ができるインクなどの要素技術があって初めて実現できている．

　他社が真似できない完成度の高い自社保有技術（品質による差別化）をブラックボックス化して組み込んだ設備を持ち，システム技術を利用して顧客に差

---

* マスカスタマイゼーション：顧客からの個別要求に対応した特注品を製造する事．

別化されたサービスを提供するという，他社が簡単には模倣できない生産システムを作り上げている．

　この企画から販売まで一貫して行う染色システムを利用して，従来の服飾の分野から広告資材，自動車内装資材などの分野にも事業を拡大している．

［参考文献］
1）「YKK ファスニング事業の変遷について：製造業と国際化と現地化の視点から」，竹倉徹，平野真（芝浦工業大学），国際ビジネス研究 6 巻 2 号
2）「YKK の経営理念「善の循環」から得られる示唆」，富山経協講演録，不易流行（2013.5.16／富山国際会議場），一般社団法人富山県経営者協会
3）「繊維産業から情報産業へ」，東京支社長 結川孝一氏講演記録，セーレン株式会社，日経ビジネス 2015 年 10 月 5 号

第3章　コア生産技術を開発する手順と実例

　第2章では，差別化された生産システムを企画するうえで，自社の技術蓄積が重要であることを述べた．

　第3章では，この自社の技術蓄積の根幹となる，**コア生産技術を開発する考え方や手順**について述べる．

　3.1「コア生産技術の開発」では，どのような手順でコア生産技術の開発を進めるのか，どのような段階を経て生産技術へと具現化していくのか，事例を交えながら説明する．

　3.2「原理確認や量産性確認で失敗する場合」では，コア生産技術を開発する過程で失敗する代表的な要因とその対策について述べるとともに，いくつかの失敗事例を紹介する．

　最後に，3.3「コアとなる生産技術開発のまとめ方」では，開発を終了した後に，いかにして自社の技術蓄積にしていくかについて述べる．

　これらは著者らが実際の開発業務で得てきた経験をもとに，読者の皆さんに是非伝えたいことをまとめたものである．

3.1　コア生産技術の開発

　生産システムはプロセス技術と設備技術が融合したものであると述べた．実際の生産システムは，個別のプロセス技術と個別の設備技術からなる個別の生産技術が複数組み合わされているものである．

　前章で述べた差別化された生産システムもいくつかの生産技術の組み合わせ

第3章 コア生産技術を開発する手順と実例

で構成されるが,そこには差別化に必要な生産技術が必ず用いられている.前章で述べた**3つの差別化(品質,コスト,納期)を実現するための生産技術をコア生産技術**と呼ぶ.

本節では,このコア生産技術を創出する方法について述べる.差別化された生産システムを支えるコア生産技術は,差別化に必要な要求機能に無駄なく応えるものでなくてはならない.

図3.1にコア生産技術を開発するフローを示す.コア生産技術の開発は,「コア生産技術の創出」と「量産性検証」の2つの段階に分けることができる.

第1段階の「コア生産技術の創出」では,コア生産技術の基となるコンセプトやアイデア,すなわち構想を作り上げる.

第2段階の「量産性検証」では,原理確認されたコア生産技術の構想が本当

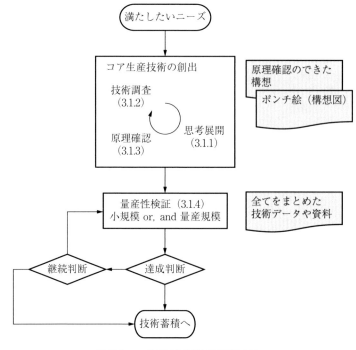

図3.1 コア生産技術の開発フロー

に量産に適用できる技術かどうかを検証する．

　第1段階の「コア生産技術の創出」では，まず技術創出の目的を設定する．従来の生産技術では達成できなかったレベルの品質，コスト，納期のいずれか（もしくは複数）を達成することを目的とする場合が多い．

　コア生産技術の構想を練るには多くの困難が伴う．それを少しでもスムーズに行えるようにする手段として，思考展開[1]と技術調査が有効である．

　多くの場合は，コア生産技術の創出には**生産技術者のひらめきが必要である**．このひらめきを得るためには，技術者1人1人が課題について脳みそが千切れるほどに考え抜くことが必要である．**技術者が考えに考え，悩みに悩むことによって感度が上がり，普段何気なく見過ごしているようなことにヒントを得たり，技術情報が引き金となって，新しいアイデアが生まれる**と考えられる．

　生み出されたアイデアをもとに思考展開を繰り返し，必要な技術調査を行い，構想を次第に形作る．その構想が原理的に実現可能か（原理確認と呼ぶ）を検証し，原理的に実現可能であれば，さらに技術調査や思考展開を繰り返しながら構想を練り上げて，コア生産技術を創出する．コア生産技術の創出段階における思考展開，技術調査，原理確認とひらめきの関係を図3.2に示す．

　「コア生産技術の創出」のアウトプットは，思いつきの構想ではなく，原理確認により実現可能性が確認された構想およびポンチ絵（構想図）となる．

　第2段階の「量産性検証」は，コア生産技術の構想が量産する生産システムに適用できることを検証する段階である．原理的に実現可能なことが検証できても，実際の生産に適用できるかどうかはわからないため，この創出された新しいコンセプトが，実際の生産プロセスに展開可能かを検証する．

　この段階を経て，量産性が確認された技術全体がコア生産技術である．検証のために行った実験やシミュレーションの結果や考察を含む全ての技術データや実験装置の図面，量産設備の構想図などすべてをまとめた技術資料が最終のアウトプットとなる．

　本節では，まず3.1.1〜3.1.3で「コア生産技術の創出」において必要不可欠な「思考展開」「技術調査」「原理確認」について述べる．さらに3.1.4で，コア生

第3章　コア生産技術を開発する手順と実例

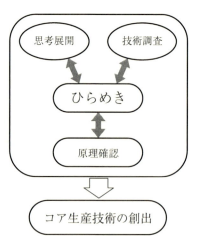

図 3.2　コア生産技術の創出の詳細

産技術の量産性検証の手順や考え方について述べる．すでに述べたように，コア生産技術の創出には困難が伴う．そこで，本節の最後 3.1.5 に解決困難と思えるような課題に挑戦する際にどのように考えを進めればよいか，ロジックツリーという手法を紹介しながら，ヒントになりうることを述べる．

3.1.1　思考展開

本項では，コア生産技術の創出において非常に重要な思考展開について，概要を述べ，事例を用いて手順や内容を説明する．なお，思考展開の詳細については，『実際の設計選書　実際の設計　改訂新版』で詳説されているので，こちらを参照されたい．本書では，特に「生産技術の創出」の場面での思考展開の流れや注意点を中心に述べる．

（1）思考展開とは

生産システム，あるいは生産技術の開発では，「What」と「How」が重要である．図 3.3 に生産システムや生産技術を創出する思考過程（思考展開）を示す．「What」は図 3.3 の左半分に対応している．What の出発点は，要求を把握することであり，要求機能を的確に捉える必要がある．この要求機能は「ど

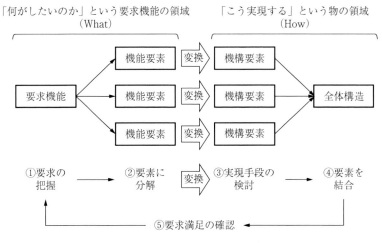

図 3.3　生産システムや生産技術を創出する思考過程……思考展開

ようなワークに対してどのような状態変化を与えたいのか」という内容で表現できる．そして，上記要求機能を機能要素に分解していく．これらの機能要素は，「ワークをどのように動作させるか」「ワークにどのような作用を与えるか」といった要求機能を構成する要素である．

　続く「How」は図 3.3 の右半分に対応している．まずは，一つひとつの機能要素に対して実現手段を検討していく．この実現手段が機構要素であり，「どのような方法，機構で動作させるか」「どのような方法，機構で作用を与えるか」を対応させていく．そして，それぞれの要素を統合して「要求機能に応える生産技術」として全体構造を構築する思考過程である．この一連の思考過程は，「実際の設計研究会」が提唱する「思考展開法」というメソッドであり，創造的な設計者の思考過程を表現したものである．

　思考展開を意識した設計・開発を行う技術者は，頭の中で図 3.3 内の①〜⑤の思考を展開している．**この思考過程を繰り返しながら，概要から詳細へとアイデアを具現化していく．**この一連の過程こそ，生産技術を生み出すうえでの一つの定石であると著者らは考えている．上記①〜⑤は具体的には次のような内容である．

第3章 コア生産技術を開発する手順と実例

①要求の把握：どのような機能が要求されているか？
②要素に分解：要求されている機能はどういう機能要素に分解できるか？
③実現手段の検討：要求される機能要素を満たす機構をどうするか？
④要素を結合：機構要素をどう統合し，どのような全体構造とするか？
⑤要求満足の確認：要求機能に無駄なく応えられているか？

技術者には，溢れんばかりの好奇心や強い自負心が不可欠である．それゆえに，ともすると自らが得意とする機構要素や試してみたい機構要素を用いた全体構造を考えてしまうことがある．しかし，要求機能に含まれる機能要素を正確に理解せずに開発を進めてしまうと，予期せぬ欠陥や余分な機能を持った設計になってしまう．思考展開は，このような過ちを犯すことなく，**要求機能に無駄なく応える秀逸な生産技術を生み出すために極めて有効な思考法である**．

ここから，図3.4に示す「形状誤差のある曲面ガラスから製品部分を切り出

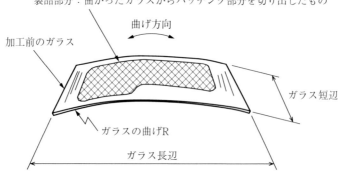

図3.4 形状誤差のある曲面ガラスから製品部分を切り出す事例

す」というコア生産技術の創出の実例を用いて，実際の思考展開について説明する．この例は，3次元曲面のガラスからハッチング部分の形状のガラスを切り出すというものである．

このコア生産技術を開発する背景には，「品質（ここでは寸法精度）」で他社製品と差別化することによって圧倒的優位に立ちたいという要求があった．図3.4のハッチング部分のような形状の曲がったガラス製品を作る場合，従来であれば，平らなガラスを異形形状に切断してから曲げるという方法がとられていた．平らなガラスを曲げると，曲げ加工を行う過程で外形形状の寸法変化が発生する．この寸法変化をある誤差範囲に抑えることは非常に難しく，切断後に曲げる方法では外形寸法の精度に限界があった．そこで，曲げた後，切断することによって寸法精度を著しく向上させることができるのではと考えて本テーマがスタートしている．

図3.4の目標仕様とは，差別化実現のために満たすべき仕様である．目標仕様の中の「目標サイクルタイム」とは，1枚のガラスからハッチング部分のガラスを切り出すにあたって許される時間の目標値である．「ガラスサイズ」は，切り出す前のガラスの寸法を示している．「製品サイズ」は切り出す対象となるハッチング部分の寸法を示している．また，「切断後寸法精度」とは，切り出した後の寸法の基準値に対する許容値である．まさに，この切断後寸法精度を目標以内に収めることによって他社製品と差別化することが本コア生産技術を開発する目的である．

この開発の制約条件として，切り出す前のガラスが，基準形状に対して鉛直方向に±3mmの誤差を持っていることがある．制約条件とは，外部要因による与条件で，変えることができないものである．これがあるために複数の技術候補から選択できる技術が制限され，開発の難易度が上がってしまうこともある．

（2） 主要な要求機能への分解と選択

生産技術の創出における思考展開では，まず，開発の課題として与えられた要求機能を分解してプロセスの核となる機能要素を列記する．次にそれらを分

第3章 コア生産技術を開発する手順と実例

解することが可能であれば，どのように分解するかを考える．この作業の過程で，個々の課題が浮き彫りになってくる．

この事例では，「形状誤差を持つ曲面ガラスから製品部分を切り出す」という要求機能を，図 3.5 に示すように「ガラスの切断」「加工点の位置制御」「曲面ガラスの保持」という 3 つのプロセスの核になる機能要素に分解する．

この「ガラスの切断」という機能要素の実現方法として表 3.1 に示すように 4 つの選択肢がある．このように，機能要素に対していくつかの選択肢が存在する場合，「目標」や「制約条件」を満足するか，さらに**ノックアウトファクター**（開発を断念せざるを得ないような重大な要素）がないか等を確認したうえで選択していかなければならない．また，これらが他の主要な機能要素と互いに干渉しないかも確認する必要がある．この段階での確認・検討を怠ると，具体化と検証の段階で実現不可能なことがわかり，大きく手戻りしてしまうこと

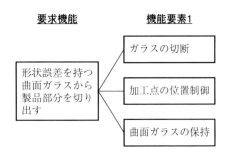

図 3.5　主要な機能要素への分解

表 3.1　切断方法に対する考察

切断方法例		目標や制約条件に対する考察
割断	曲げ割断	連続的に曲がった切線であるため，コーナー部に曲げ応力を与える事ができず，割断できない．
	熱割断	目標加工速度での割断はできる．クラック入れ時の形状誤差による影響の検討が必要である．
除去加工		除去加工では，目標加工速度で加工できない．
レーザー切断		レーザーの焦点範囲に対して，制約条件である形状誤差が大きく，焦点が合わない．

もあり得る.

　また，目標や制約条件などは最初から全てが明示されているわけではないことに注意すべきである．今回の事例では，目標にサイクルタイムが示されているが，加工に必要な速度は明記されていない．サイクルタイムには切断というコアプロセス以外にもガラスの投入や位置決め，固定など様々な工程に要する時間が含まれる．この段階で仔細に検討することは難しいが，ざっくりと安全率を持たせた加工速度を仮定し，プロセスの核に対する目標値を定めなければならない．

　この事例では，製品最大サイズ 900 [mm] × 400 [mm] の矩形の切断長に対して，過去の経験から，サイクルタイム 30 [s] のうちガラスのハンドリングや位置決めに 12 [s] かかるとして，残る 18 [s] で切断するという仮定を置く．18 [s] で切断するための目標切断速度は 144.44 [mm/s] ≒ 150 [mm/s] となる．

　また，制約条件として基準形状に対して ±3 [mm] という鉛直方向の形状誤差があることがわかっている．上記の目標切断速度とこの制約条件が切断方法の選択に大きな影響を及ぼす．

　表 3.1 に，ガラスの各種切断方法が，ガラスの形状精度 ±3 [mm] という制約条件と目標切断速度 150 [mm/s] という条件を満たすかどうか，検討した結果を示しておく．今回の条件では「熱割断」が最も実現可能性が高いことがわかる．なお，割断とは，図 3.6 に示すように，ガラスにクラックを入れ，何らかの力を加えてクラックを進展させ，切断する方法である．

　ここで重要なことは，機能要素への分解や機構要素への変換において，加工点の物理現象を把握し，必要に応じてモデル化しながら検討することである．説明順序の都合で，**物理現象の把握やモデル化**については，3.1.3「原理確認」で詳述するが，**実際には機能要素への分解や機構要素への変換の際にも常に技術者が念頭に置くべきことである**．

　ここで，切断という主要機能要素として熱割断を選択することとし，熱割断をさらに機能要素に分解する．そのためには，熱割断の原理を知っていること

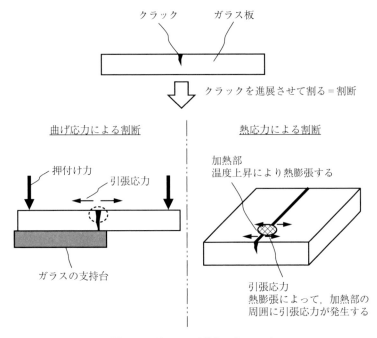

図 3.6　ガラスの割断のイメージ

が求められる．熱割断とは，図 3.6 に示すようにガラスにクラックを入れ，温度差によって発生する熱応力によってクラックを進展させ，ガラスを切断する方法である．この原理から，熱割断は「ガラスにクラックを入れる」という機能要素と，「クラックに応力を発生させる」という機能要素に分解できることがわかる．このように，**物理現象を把握しながら，機能要素の実現方法を選択し機能要素を分解する**．

上記の検討までの思考展開の状態が，図 3.7 である．このような検討を繰り返すことで，思考展開の機能要素部分が徐々に埋まっていく．もちろん，一度機能要素部分ができあがってしまえば，あとは機構要素の検討だけかというとそうではない．機構要素の検討時に機能要素同士の干渉が見つかることもあれば，変更しなければならない場合もある．そのような際には機能要素部分に立ち戻って再検討が必要である．また，機能要素の分解や機構要素への変換に関

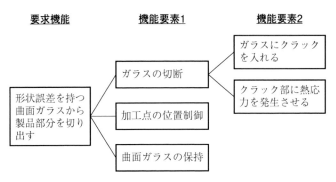

図 3.7　ガラスの切断の機能要素分解を行った状態

して，自身の知識や発想だけでは不十分なことがほとんどである．その場合は，後述する技術調査を並行して行いながら，不足を補う．

（3）　**機構要素への変換**

機能要素に分解できたら，次にどのようにして機能要素を実現するか，その手段を検討する．機能要素を実現する機構を考えることをここでは，機能要素を機構要素に変換するという言葉で表現する．

機構要素への変換の際には，自社の技術の蓄積や世の中の参考技術が大いに役立つ．技術者は，ここで自身の経験と知識から考えるだけでなく，幅広く情報を得ながら，それらを俯瞰して機構要素への変換を検討すべきである．実現手段を自社の技術蓄積の中から選択できればよいが，そうでない場合には計算や実験などであたりをつけたうえで選択しなければならない．

ここまで述べてきた曲面ガラスの切断事例では，クラックの発生方法として，自社に技術の蓄積があったダイヤモンドカッターによるスクライビング（尖った器具で傷を刻み付けること）を選択したする．

このダイヤモンドカッターを所定の力でガラスに押し付けることでクラックを発生させるが，制約条件として，形状誤差±3［mm］が存在する．例えば，この誤差を吸収しながら適正な力を維持する押付け機構について自社の技術蓄積がなければ，ここが突破すべき課題になる．この部分については，3.1.3の原理確認で，物理現象の把握とモデル化を交えて詳説する．

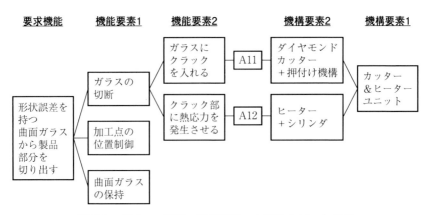

図 3.8 ガラスの切断の機構要素への変換を行った状態

　一方で，熱応力を発生させる方法については，自社の技術蓄積から「ヒーターを押し付けることで局所加熱する」という方法を選択した．このガラスの切断に関する機構要素への変換の結果を図 3.8 に示す．

　上記のような検討を重ね，機構要素への変換が進む．結果として得られる思考展開の全体像が図 3.9 である．主要な機能要素である機能要素 1 を漏れなく機能要素 2 に分解し，機構要素へと変換した全体を表現したものである．実際にこの事例を検討するにあたっては，機能要素はさらに細かく分解するが，ここでは紙面の関係上，機能要素 2 までの分解で整理している．

　図中の機能要素 2 と機構要素 2 の間にある「A11」「A12」といった表記は，後述するポンチ絵で，どの部分がどの機能，機構に対応しているかを表現するための記号である．

　この事例では，比較的スムーズに主要機能要素に分解し，それをさらに実現可能性の高い機能要素に分解し，機構に変換して思考展開図を作り上げたが，実際にはこのように簡単ではない．先にも述べたが，**機能要素への分解をしながら，3.1.2 の「技術調査」や 3.1.3 の「原理確認」も並行して行い，思考展開を進めていくことになる．**

（4）　ポンチ絵（構想図）の作成

　機能要素から機構要素への変換を進めながら，並行してポンチ絵（構想図）

3.1　コア生産技術の開発

<u>要求</u>
形状誤差を持つ曲げガラスから
製品部分を切り出したい

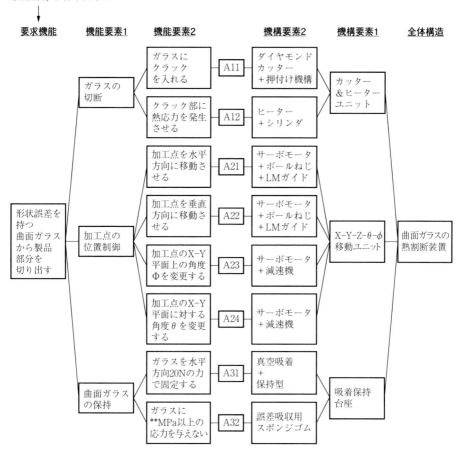

<u>目標仕様</u>
目標サイクルタイム：30 [s]
ガラスサイズ：長辺1000 [mm]，単辺500 [mm]
切断後寸法精度：±0.5 [mm]

<u>制約条件</u>
ガラスの形状誤差：基準形状±3 [mm]

図 3.9　曲面ガラスの熱割断装置の思考展開事例

を描く．**ポンチ絵とは，要求機能を実現する具体的な姿を表したものであり，構想図ともいう．**このポンチ絵は，具体的なイメージを表して全体構造の実現可能性を確認できればよく，どのような体裁でもよい．例えば，外形を立体的に描いたマンガ絵でも2次元（2D）図でも3次元（3D）図でもよく，ツールとしては手書きでも2D-CADでも3D-CADでもよい．

ポンチ絵を描く作業は，思考展開図を全て完成させてからでは遅い．機能要素を機構要素に変換する際に，各機構要素が共存できるか，寸法に問題ないかなど，大まかなあたりを付けるために描くものだからである．実現可能性を確認しながら構想を進めないと思考展開図が机上の空論になってしまうこともある．よって，**思考展開の機能要素の分解がある程度進み，機構要素の検討が始まったところで，ポンチ絵を描き始めることが一般的である．**

図3.10は，図3.9の思考展開に対するポンチ絵である．図中の「A11」などの記号は，図3.9の該当する機能-機構部分を示している．なお，本図では簡略化しているが，実際には寸法なども入れ，要求機能を満足する機構が構造とし

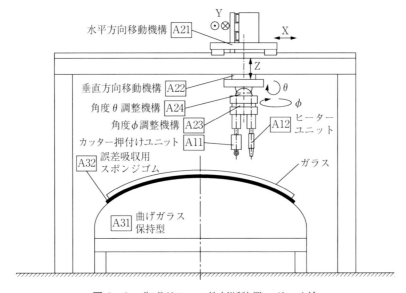

図3.10 曲げガラスの熱割断装置のポンチ絵

て成立するかを確認する．

　ここまで思考展開とポンチ絵の作成について述べてきた．最後に，自分たちが取り組んでいる生産技術開発を，図3.9のような思考展開図として整理することの利点を列挙する．

・要求機能と全体構造との対応関係を客観的に見ることができる
・自らの思考の過程と結果を構造化して第三者に伝えることができる
・自らの思考の中で抜けているものを見つけやすい・見つけてもらいやすい

　思考展開図にはこのような利点があり，この後に述べる技術調査，検証，量産性検証を進めるうえでも非常に有益である．

3.1.2　技術調査

　発明・開発において新技術が無から生まれるケースは稀であり，既に存在する技術要素の組み合わせから生まれることが多い．例えば，発明問題解決理論TRIZの創始者アルトシュラーによると，発明のほとんどが既存技術の組み合わせであり，新たな技術の創出や発見は1％にも満たないと述べている．3.1.1の思考展開を行うときに，過去の設計図面や特許情報といった社内外の技術情報を効率良く活用すると，検討に要する時間やコストを節約できる．幸いなことにインターネット環境が進化し，公知の技術情報や他社の情報は昔と比べて格段に入手しやすくなっている．**技術調査はぜひとも行うべきである**．

　代表的な技術調査方法として，次の①〜⑤がある．

①文献調査

　関連する論文や文献の調査である．調査したい技術に関して幅広く探索し，スクリーニングしながら，参考になるような論文や文献を探していく．フリーの論文検索としては，以下のようなツールがある．

・CiNii 国立情報学研究所
・NDL 国立国会図書館蔵書検索・申込システム
・J-STAGE

②学会誌，学術誌

学会誌とは各種学会の出版物であり，各分野の技術動向や最新の技術情報を提供するものである．学術誌は，各分野の研究成果をまとめた出版物である．どちらも，技術情報を得るのに有用な資料である．

③カタログやメーカーの技術資料

各専門メーカーの製品の一覧資料や，製品に関する技術資料である．20年ほど前までは紙のカタログや技術資料（いわゆるハンドブックなど）が大半であったが，現在はほとんどが電子化されており，各メーカーのWebページ上で閲覧が可能である．

④展示会

各企業の見本市である．それぞれの展示会にはテーマや分野が定められており，関連しそうなテーマや分野の展示会に赴くことで様々な情報を得ることができる．カタログや技術資料は，自分でキーワードを設定し探索するため，偶然の出会いや発見は比較的少ないが，展示会は意図しなかった出会いや発見があることが多い．

⑤特許調査

公開された特許情報から，様々な調査を行う手法である．

これらが代表的な技術調査である．①〜④の技術調査は多くの技術者にとってなじみが深く，実施しやすいと思われるが，⑤の特許調査は多くの技術者にとって少し敷居が高いかもしれない．しかし，**特許調査は非常に有益**なので，以下に詳述する．

（1）　**特許調査の種類**

代表的な特許調査は以下の4種類である．

・技術文献調査：技術者が自身のテーマの課題解決ヒントを得ることや，自他社の技術レベルを測ることを目的とした調査
・技術動向調査：対象とする事業や技術分野に対して，網羅的に技術動向を把握する調査

・出願前公知例調査：特許出願の際に自身の発明との比較例を見つける調査
・侵害予防調査：自社が業を成す（製造，販売）にあたり障害となる特許がないかの調査（クリアランスとも呼ぶ）

それぞれ調査対象も作業負荷も違うので，その目的に合った進め方をすべきである．上記調査のうち，侵害予防調査と出願前公知例調査とは特許出願の際に実施する調査であり，技術調査の目的と異なるのでここでは説明しない．

(2) 特許調査の方法

技術文献調査や技術動向調査を行う際に重要な①キーワード検索，②特許分類検索，③検索式の組み立て，④調査ツールについて述べる．

①キーワード検索

技術の特徴，構成，課題等のキーワードを組み合わせて検索する手法である．多くの人が日々使っているGoogle検索も同じであり，思いついた言葉を入力すれば手軽に検索できる点から調査の第一歩と言える．

ただし同義語，類義語，表記ゆれに起因した検索漏れが発生する場合があるので，以下にも注意が必要だ．

a) 表記ゆらぎ（異表記，長音，同義語，類義語）を考慮すること．
　・漢字，ひらがな，カタカナ　例：硝子／ガラス，電池／バッテリー
　・カタカナの揺れ　例：ディスプレイ，ディスプレー
　・近傍検索　例：レーザー切断，レーザ切断，レーザー光線による切断
b) 上位・下位概念も考えてみること．
　　例：脆性材料⇔ガラス，樹脂
c) 文字検索範囲を明細書中のどこにするかを考えること．
　　例：全文，名称，要約，請求項……など

②特許分類検索

キーワード検索の次のステップとして特許分類で検索する方法がある．特許分類は，特許庁（あるいは委託を受けた第三者）が出願明細書の内容を読み，定義に基づいて付与しているため，必要としている技術を効率的に抽出できる．また明細書に用いられる用語は出願人の自由なので，すべての用語のパターン

をキーワード検索で探るのは実質不可能であるが，分類ではその表記ゆれの心配がないので有効な検索方法である．

日本特許に付与されている特許分類には以下の3つがある．
a）IPC：International Patent Classification 国際特許分類
b）FI：ファイル・インデックス（日本固有の特許分類）
c）Fターム：ファイル・フォーミング・ターム（日本固有の特許分類）

a）のIPCは各国の特許情報を統一した体系で見るために，国際的に定められた国際特許分類コードである．その体系は特許情報プラットフォーム（J-Platpat）のパテントマップガイダンス（IPDL）で確認することができる．

（J-Platpat：特許庁関連の独立行政法人工業所有権情報・研修館のページ参照）

https://www.j-platpat.inpit.go.jp/web/all/top/BTmTopPage

b）のFIはIPCでは大きくなり過ぎているグルーピングを日本独自に細分化したものである．基本の体系は同じと言ってもよい．

表3.2はガラスの製造プロセスでの例であるが，このように工程順に整理された体系になっている分野もある．自らに関係するIPC（FI）体系は一度見て

表3.2　IPCによる分類例

C03B：ガラスの製造プロセス（注：一部の抜粋）

原料の予熱	
・1/00	バッチの調製
・3/00	溶融窯への装入
ガラスの成形	
・11/00	ガラスのプレス成形
・13/00	ガラスのロール圧延
・18/00	液体の表面に接するガラスの成形
後処理	
・25/00	ガラス製品の徐冷
・27/00	ガラス製品の熱強化
・33/00	冷えたガラスの切断

おくとよい．例えば，前述の「形状誤差のある曲面ガラスから製品部分を切り出す」事例に関して，「ガラスの切断」について知りたければ，C03B33/00の特許群にヒントがあるかもしれない．

c）のFタームは特定のFI範囲に対して種々の技術観点（目的，用途，構造，材料，製法，制御手段等）から細区分しており，請求項の範囲だけでなく，実施例や従来技術についても付与されている．したがってFタームを参考にすると，調査対象（作用，機能等）を構成する要素技術や全体像を把握できるうえ，具体的な態様を探せるメリットがある．前述の事例に関連する「ガラスの切断」に対応するテーマコード4G015の中身を**表3.3**に記す．例えば切断方法の観点では，切断刃による割断ならFA04，レーザー切断ならFA06（・・熱衝撃）という分類，対象ガラスの種類はFB，切断の位置や方法ではFC02という分類がある．

③検索式の組み立てと検証

キーワードと特許分類（IPC，FI，Fタームなど）を組み合わせて目的に沿った検索式を作成し，調査用母集合を作成する．検索前には式を最終チェック

表3.3 ガラスの切断に関するFターム4G015の内容抜粋

4G015		ガラスの再成形，後処理，切断，輸送等						
FA	FA00	FA01	FA02	FA03	FA04	FA06	FA07	FA09
	切断等	・切断	・・切断刃による	・・・切り溝つけ（筋つけ）	・・・割断（折割）	・・熱衝撃	・・溶断による	・穿孔
FB	FB00	FB01	FB02	FB03	FB04	FB05		
	切断等処理対象物	・板ガラス	・・薄板ガラス	・管，棒	・・細径の管，棒それらの束	・・中空容器		
FC	FC00	FC01	FC02		FC04	FC05	FC07	FC08
	切断等の要素	・支持，把持，位置決め	・・水平位での		・移動中のガラスの切断，割断，折割	・曲線上の切断，割断，折割	・カッター，カッターホルダ，その駆動機構	・カッター，カッターホルダの材質

し，追加すべき観点はないか，特許分類を限定しすぎていないか，等を検証する．

④特許検索ツール

特許検索ツールは有料のものが各社から出ているが，読者の所属組織（企業，大学）での共通プラットフォームとして利用できる可能性も高いので確認するとよい．

なお無料で公開されている特許検索ツールとして，前述の特許分類でも紹介したJ-Platpatでも簡単なキーワードとテーマコードによる検索が可能である．
（J-Platpat：特許庁関連の独立行政法人工業所有権情報・研修館のページ）
https://www.j-platpat.inpit.go.jp/web/all/top/BTmTopPage

3.1.3 原理確認

新しい生産技術の構想が原理的に実現可能なのかを確認する必要がある．ここではこの原理確認の手順や注意点について述べる．

主に，次の2段階において原理確認を行う．第1段階の原理確認は，思考展開の過程で機能を機能要素に分解する過程で行うものである．第2段階は，思考展開において機能要素から機構要素に変換する過程で行うものである．

いずれの場合も現象を物理現象として把握すると同時に，現象をモデル化して原理確認を進める．場合によっては分子，原子レベルでのモデル化も必要である．なお，物理現象の把握とモデル化については（1）で詳述する．

具体的には図3.11に示すように「物理現象の把握とモデル化」→「原理確

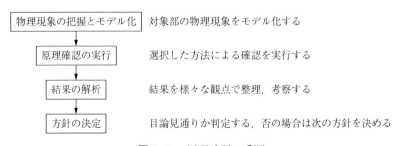

図3.11　原理確認の手順

認の実行」→「結果の解析」→「方針の決定」の順で進める．

過去の技術蓄積から原理的に実現が可能なことが確認できれば，（2）以降に述べるような原理確認のためのシミュレーションや実験は不要である．しかし，技術蓄積が不足している場合はシミュレーションや実験を行うことで実現可能性を確認しなければならない．

シミュレーションは，複雑な現象からある特定の現象を抽出し，数式で表現して解を得るものである．したがって，物理モデルそのものが正しいかどうかを確認する場合や，複数の現象の組み合わせが予想されるような場合には，実験を行う方が確実である．

過去の技術蓄積，またシミュレーションや実験によって原理が確認され，実現可能性が確認できれば，「量産性検証」を行う．これについては3.1.4で述べる．

（1） 物理現象の把握とモデル化

コア生産技術の開発を進めるうえで最も重要となるのが，**「物理現象の把握とモデル化」**である．これは，対象とする部分の物理現象を理解し，その物理現象を再現もしくは考察できるようにモデルにしていくことである．「物理現象の把握とモデル化」は，先に述べたように，思考展開において原理確認を行う際に不可欠であるが，思考展開全般においても常に意識すべきである．機能を機能要素に分解する過程における物理現象の把握とモデル化の例をガラス切断の例で説明する．ガラスにダイヤモンドカッターによってクラックを入れた

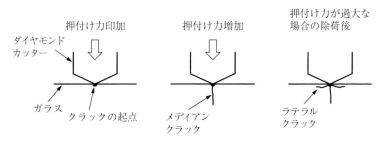

図3.12　ダイヤモンドカッターによるクラック発生モデル

後に,折ることによってガラスを切断することができると考え,ここでの物理現象をモデル化したものが図3.12に示すダイヤモンドカッターによるクラック発生モデルである.

図3.12の左側に示す通り,ダイヤモンドカッターをガラスに押し付けていくと局所的に塑性変形が発生し,塑性変形部と弾性変形部の境界近傍にクラックの起点が生まれる.さらに押付け力を増加させると,中央の図のように,垂直なクラックが発生する.この垂直方向のクラックはメディアンクラックといい,ガラスを割断する際に有効なクラックである.

一方で,右側の図に示しように,押付け力が過大な場合,水平方向のクラックが発生してしまう.この水平方向のクラックをラテラルクラックと言い,割断を行う際に割断部分が欠けてしまう原因となるため,発生させてはならないものである.つまり,割断できるクラックを発生させるためには,ダイヤモンドカッターの押付け力は弱すぎても強すぎても駄目で,適正な範囲があるということである.さらに,ダイヤモンドカッターを走行させて連続的にメディアンクラックを発生させる際には,走行速度によって適正な押付け力は変化する.この,ダイヤモンドカッターによる押し付け力と速度の関係を図3.13に示す.

なお,上述したダイヤモンドカッターによるクラック発生の現象およびカッターの押付け力については,過去の技術蓄積により確認されている.この例では過去の技術蓄積から原理的には実現が可能なことが確認できたため,(2)で

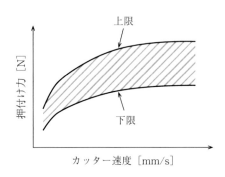

図3.13 十分なクラックに必要な荷重範囲

述べるような原理確認のためのシミュレーションや実験は不要である．技術蓄積が不足している場合はシミュレーションや実験を行うことで実現可能性を確認なければならない．

（2） シミュレーションや実験による原理確認と結果の解析

上述のように，過去の技術蓄積から原理確認できれば，原理確認のためのシミュレーションや実験は不要である．技術蓄積が不足している場合はシミュレーションや実験を行うことによって対象となる新しいコンセプトやアイデアの実現可能性を評価する．シミュレーションを行うか，実験で原理確認するかは，**表 3.4** に示した特徴を考慮して決める．

シミュレーションは，複雑な現象からある特定の現象を抽出し，数式で表現して解を得るものである．したがって，物理モデルそのものが正しいかどうかを確認する場合や，複数の現象の組み合わせが予想されるような場合には，実験を行う方が確実である．

ここで，（1）と同じく，ダイヤモンドカッター押付け機構の例で，機構要素が要求する機能を満足するかどうかを確認するためにその物理現象をモデル化

表 3.4 実験・シミュレーションの特徴

シミュレーション	特徴	・複雑な現象から特定の現象を抽出し，数式で表現して解を得る手法である
	利点	・一般的に安価であり，時間が短い ・机上で様々な検証が可能である
	注意点	・抽出した現象以外の現象が作用したり，影響する場合には，実際と異なる解が出てしまう ・モデルやメッシュ，境界条件など，実施者の設定によって，結果が変わる場合がある
実験	特徴	・実際の状況，もしくは可能な限り近い状況を再現し，ありのままの状況を取得する手法である
	利点	・複雑な相互作用やまだ気づいていない現象も起こる ・見落としがない
	注意点	・規模や環境によっては実験が困難である ・一般的に費用と時間がかかる ・実験条件や再現モデルを誤ると，間違った現象の再現をしてしまう可能性がある

して行った解析について説明する．この事例では，ダイヤモンドカッターの押付け力を適正範囲に維持することが目標である．ある一定の押付け力で，ダイヤモンドカッターをガラスに対して押し付けるが，ガラスに形状誤差がある場合，ダイヤモンドカッターは押付け方向に対して変位してしまう．

上記の状態を図3.14に示す．押付け機構には何かしらのばね定数とダンパー係数が存在すると仮定すると，ガラスに対する押付け力は，図3.17に示すような振動系のモデルと数式で表現できる．

このようにダイヤモンドカッター押付け機構の物理現象に着目してモデル化することで，設計をするためのパラメータが明らかになる．押付け力の制御目標に関わる各種パラメータの方向性を整理したものが表3.5である．

一連の工程を通して上記のように方向性が掴めた一方で，そもそもこの物理

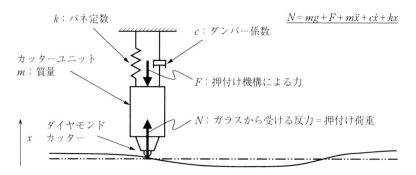

図3.14 ダイヤモンドカッター押付け機構の物理モデル

表3.5 物理モデルからのパラメータ検討

$$N = mg + F + m\ddot{x} + c\dot{x} + kx$$

m	形状誤差による変位変化時の慣性力に影響するため極力小さくしたい．
c	小さすぎると変位変化時の飛び跳ねを減衰させることができない．一方で大きすぎると変位発生時の抵抗が大きくなる．このため，適正値が存在する．
k	変位発生時の押付け力変化に影響するため，極力小さくしたい．
F	他の要素による影響を除いたうえで適正荷重範囲になるような設定とする．調整も可能でなければならない．

3.1 コア生産技術の開発

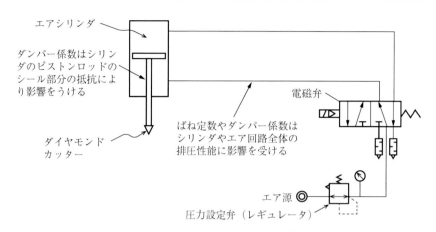

図 3.15　エアシリンダでの押付け機構の概要

モデルが本当に合っているのか，この機構でガラスカッターの要求機能を満たすことができるのか，原理確認を行う必要がある．もう少し具体的に言うと，この機構でガラスに適切な押付け力を常に与えることができるのか，また各種パラメータの具体的な要求範囲についても検討しなければならない．図 3.15 に示すように，エアシリンダでの押付けを想定した場合，エアシリンダ内部のシールの抵抗，エア回路全体のばね定数，圧力設定弁の排気特性等によって各種パラメータが影響を受けることが予想される．

　この押付け機構部分は小型の実験装置で構成できるので，物理モデルをいくつか再現して，その確からしさや各パラメータの値を実験によって確認することとした．ある一定の押付け力を発生させる機構としては，ばね，エアシリンダなどが考えられるが，これらの押付け機構の候補に対して，表 3.5 に示すような各種パラメータを測定し，各機構の性能を把握するために，図 3.16 のような実験装置を準備する．

　実験装置はサーボシリンダによって，ロードセルに上下方向の変位，速度，加速度を自由に与えることができるようになっている．この機構はガラスの鉛直方向の形状誤差を想定したものである．その際のダイヤモンドカッター反力をロードセルによって計測する．これによって，パラメータを定量的に把握す

第3章 コア生産技術を開発する手順と実例

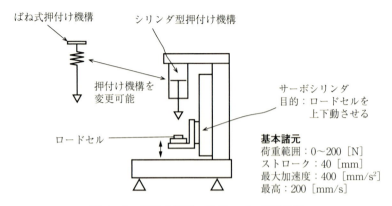

図3.16　押付け機構の物理モデル実験装置

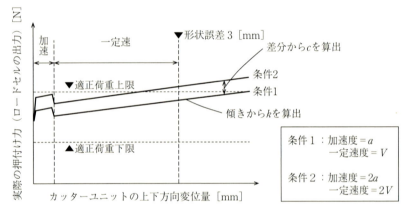

図3.17　エアシリンダでの実験結果の例

ることが可能である．

図3.17がエアシリンダでの実験結果の一例である．実験により得られた結果を整理し，求めていた現象の解が得られたかどうかを考察する．今回の事例では，図中条件1，2の結果から加速度，速度，変位それぞれの影響を定量的に把握することができた．詳細に分析すると，図3.14の物理モデルが現実と整合していることもわかった．また，図中の条件1と条件2を比較することにより，エアシリンダを含むエア回路全体のばね定数kと，ダンパー係数cもわかる．

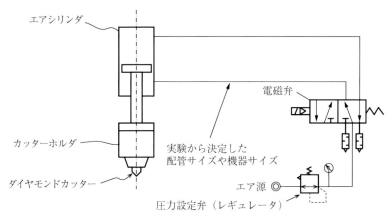

図 3.18　押付け機構の一例

これらが，実験結果の解析である．すなわち，パラメータを適切に選べば，ガラス形状に誤差があっても，この機構でガラスを切断するために必要なクラックを与えられることが確認できた．

（3）　方針の決定

実験結果の解析をもとに，今後の方針を立てる．

今回の実験で以下のことがわかった．

・押付け機構の物理モデルは，図 3.14 に表すモデルで表現できる．

・各押付け機構候補での各種パラメータが定量化できた．

もしも，**物理モデルが間違っていた場合には，再度，物理現象の把握とモデル化に立ち戻って検討する必要がある**．今回の場合は，物理現象がモデル化できていることが確認でき，パラメータも定量化できたため，具体的な機構の選定・設計に移ることができる．図 3.18 は今回の結果を踏まえて構築した押付け機構の一例である．

3.1.4　量産性検証

本項では，コア生産技術の開発の第 2 段階である量産性検証について述べる．量産性検証とは，**原理確認されたコア生産技術の構想が本当に量産に適用でき**

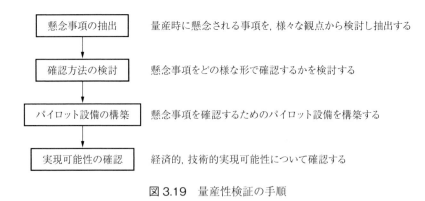

図3.19 量産性検証の手順

る技術かどうかを検証する段階である．

　第1段階でコア生産技術の構想が原理的に実現可能であることが確認できたとしても，そのアイデアがそのまま量産に適用できるかというと，そうではない．**原理確認の実施状況と量産時の生産システムの運転状況とでは諸条件に違いがあり，それらの違いにより目標とする品質やコスト，または製品の納期を実現できない可能性がある．**

　量産性検証では，上記のような懸念事項を確認することができるパイロット設備を準備し，検証を行う．この量産性検証の手順を図3.19に示す．

　量産性検証の手順と内容について，3.1.1で取り上げた「形状誤差のある曲面ガラスから製品部分を切り出す」事例を用いて説明する．

（1）懸念事項の抽出

　まず，原理確認のできた構想を量産に用いる際に懸念される事項を抽出する．原理確認を実施した状況と，量産時の生産システムの違いをできる限り洗い出す．そして，複数ある違いの中で，**コア生産技術の目標の達成や制約条件の影響に強く関係するものを懸念事項として選択する．**

　懸念事項の種類は様々である．例えば「原理確認時とのワーク条件の違い」「品質の安定性」「設備の安定性」「稼働率」「歩留まり」「サイズの影響」のような視点から懸念事項を抽出する．

　事例の場合には，「原理確認時とのワーク条件の違い」が懸念事項として挙

げられる．曲面ガラスの切断方法として熱割断を選択し，ダイヤモンドカッターの押付け力を適正に保つ構造について，曲面ガラスの曲面部分の条件を模した実験によって原理確認を行った．しかし，曲面ガラスそのものを使用して，クラックおよび熱応力による切断の確認はできていない．よって，想定している押付け機構と加工点の位置制御方法の組合せで，本当に曲面ガラスを目標精度で切断できるかは，大きな懸念事項である．

また，「サイズの影響」も懸念事項である．仮に，原理確認で使用したワークのサイズが 200 [mm] × 100 [mm] であったとする．実験では，狙いの速度でカッターを走らせ，シリンダによって押付け力も適正範囲にコントロールでき，ガラスを切断できた．しかし，実際に量産で目指すサイズは 1,000 [mm] × 500 [mm] である．サイズが大きいため，摩擦熱の蓄積によってダイヤモンドカッターの寿命が著しく短いということにもなりかねない．このようなことを防ぐためには，「加工点」に発生している物理現象，例えば摩擦熱や摩耗，台座への反力などを全て洗い出し，サイズの違いによって発生する新たな技術課題がないかを確認することが必要である．

（2）確認方法の検討およびパイロット設備の構築

次に，（1）で抽出した懸念事項をどのような形で確認するかを検討しなければならない．生産システムとして実現可能かを検証する場合，パイロット設備を作って検証するのが一般的である．ただし，**このパイロット設備は量産時の生産システムそのものである必要はない．（1）で抽出した懸念事項の内容によって，パイロット設備のサイズや備えるべき機能を選択すればよい．**

事例では，曲面ガラスの熱割断とダイヤモンドカッターの摩擦熱にサイズの違いが影響するかどうかが大きな懸念事項である．この 2 項目の確認のためにワークサイズの曲面ガラスを熱割断できるパイロット設備を想定する．3.1.1 で作成した思考展開図の主機能を満足するポンチ絵（構想図）図 3.10 をもとに，パイロット設備を構築することとした．

（3）実現可能性の確認

次にパイロット設備を用いて，各種懸念事項について検証し，結果を評価す

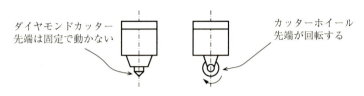

図 3.20　ダイヤモンドカッターとカッターホイール

る．この検証と評価をしっかりと行うことにより，新しいコア生産技術を実際の量産技術にスムーズに展開できる．また，もし，ここで課題が明らかになっても悲観する必要はなく，その課題一つひとつについて，課題解決のアプローチをしていけばよい．この課題解決の手法は，思考展開や原理確認と同じである．

今回の事例の実現可能性確認の結果を以下に示す．

①曲面ガラスの熱割断

目論見通りの切断速度 150 [mm/sec]，切断後精度 ±0.5 [mm] で切断可能であることがわかり，実現可能性を確認できた．

②ダイヤモンドカッターの摩擦熱に対するサイズ影響

原理確認時と異なり，ワークサイズが大きいためダイヤモンドカッターへの摩擦熱の蓄積の影響が出た．具体的には，連続での切断距離が 1000 [m] を超えると，ダイヤモンドカッター部の温度が上がり，必要な押付け力が変化し，同一の押付け力では必要なメディアンクラックが入らなくなることがわかった．

そこで，図 3.20 に示すように，ダイヤモンドカッターではなくカッター部が回転するカッターホイールに変更し再試験を実施した．結果，切断距離が 1,000 [m] を超えてもメディアンクラックの状態に変化はなく，良好な切断結果を得られた．

ダイヤモンドカッターからカッターホイールに変更することで切断距離およびクラック品質の条件を達成でき，最終的に量産性が検証できた．

3.1.5 解決困難な課題への取り組み

コア生産技術の創出が困難なことは，本節の冒頭でも述べた．これまでできなかったこと，容易には実現できそうにないことを実現する過程では，幾度となく解決困難な課題に直面する．それらを乗り越え開発を成し遂げた開発者に，どのようにして課題を解決してきたのかを問うと，「脳みそが千切れそうになるまで考え抜いた」「関係ないことをしているときに突然ひらめいた」といった回答が返ってくる．「**ひらめき**」は，課題に関する情報を集めて論理的に整理する段階を経たのちに，「あたため期」と呼ばれる考えを醸成する段階において得られるものだと言われている．その見方から，先の回答は二つとも同じことを示唆しているように見える．

本項では，解決困難な課題に取組むうえで大切な以下の①～③について，「白熱電球の長寿命化」の開発史を題材として説明していく．

①課題を構成する要素を分解し，「各要素に対する要求性能や制約」を簡単な物理化学現象として把握する
②多数ある「各要素に対する要求性能と制約」間のトレードオフを認識する
③課題の解決に繋がり得るすべての可能性を見逃さないよう心がける

「白熱電球」の構造は，19世紀後半からの世界的な開発競争の中で試行錯誤を経て，20世紀初頭には，タングステンフィラメントをガラスバルブに収め，その内部を真空とした構造が登場した．タングステンの融点 3,422 ℃ に対しフィラメント温度は 2,500 ℃ 前後と低いが，僅かずつの昇華は避けられず，点灯時間の累積とともにフィラメントはやせ細り折損することで寿命を迎える．ガラスバルブ内部を真空にすることは，酸化損耗に弱いタングステンを酸素から遮断するとともに，フィラメントからバルブに向かう熱ロスを抑えるという点において優れていた．しかし，タングステンの昇華を促進してしまうという不都合があったため，アルゴンガスを封入したものに置き換わっていった．

以上の経緯をもとに「フィラメントを昇華させたくない」という課題に対して，ロジックツリーと呼ばれるチャートを描きながら，課題に関する情報を論理的に整理してみたものが図 3.21 である．ロジックツリーとは，目的や問題，

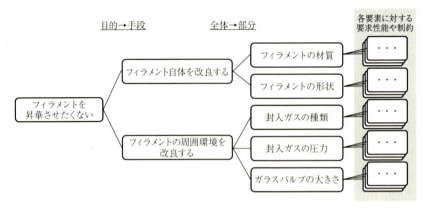

図 3.21　フィラメント寿命のロジックツリーの例

課題といった上位概念を漏れなくダブりなく分解していく手法である．考え方は，3.1.1 で説明した思考展開の機能要素分解と同様であるが，異なる点もある．論理的に漏れなくダブりなく課題を展開し「各要素に対する要求性能や制約」を得ることが目的なので，機能と構造に分ける必要はない．

　実際に解決困難な課題に取り組む場合は，解決したい課題を上位に置いて，課題から方法，方法から手段といった視点で展開していく．ロジックツリーでは，「解決したい課題」を起点として左から右へと階層を進めながら「目的と手段」「全体と部分」「結果と原因」といった視点で展開していく．このとき，各階層間でレベルがあっていること，各階層内に漏れがなくダブリがないよう注意しなければならない．最終的に右端には，各要素に対する要求性能や制約が簡単な物理化学現象として記述されていることが望ましい．

　ロジックツリーが完成したら，右端に多数並んだ「各要素に対する要求性能と制約」間のトレードオフを一つひとつ吟味していく．例えば，以下のようなトレードオフが存在する．

　・バルブ内に不活性ガスを封入すると，フィラメントの昇華が抑制される
　・ガス封入は，フィラメントからガスへの熱伝導による損失をもたらす
　上記2点から，封入ガスとしては熱伝導を低く抑えるために希ガスの中でも

分子量が大きいクリプトンやキセノンの方が適しているという解決案が導き出される．

　ここまではロジックツリーの延長で前述の①と②の話である．次に「**ひらめき**」について，以下のように3つの要素が絡み合った2つ目のトレードオフを例に説明する．
　　・封入ガスの圧力は高ければ高いほど，フィラメントの昇華は抑制される
　　・封入圧力を高くするためには，ガラスバルブを小さくしなければならない
　　・ガラスバルブが小さいとタングステン蒸気によりバルブ内壁が曇りやすい
　このトレードオフこそが解決困難な課題だったと思われる．ところで，ガラスバルブ内部に，アルゴン等の不活性ガスに加え，ヨウ素や臭素といったハロゲンガスを微量封入した「ハロゲン電球」というものがあり，一般の白熱電球に比べ50%程度明るい，あるいは約10倍の長寿命を実現している．その原理は，ハロゲンサイクルと呼ばれる，以下に示す一連の化学反応である．
　「フィラメントから昇華したタングステン蒸気は，ガラスバルブ内壁近傍の低温部でハロゲンと化合し，ハロゲン化タングステンガスとなる．このガスが再びフィラメント部に戻り1400℃以上に加熱されると，ハロゲン化タングステンは分解しタングステンはフィラメントに戻り，ハロゲンは再び同じ反応を繰り返す．」
　このハロゲンサイクルには昇華したタングステンが再びフィラメントに戻るため細りにくく折損しにくいという利点のほかに，昇華したタングステンによるガラスバルブ内壁の曇りが生じないという利点もあった．その結果，2つ目のトレードオフを解消することができ，ガラスバルブを小さくし，封入ガス圧を高くすることができ，フィラメントの長寿命化が実現できた．
　このハロゲン電球の発明がどのように生まれたのかを考えてみる．これは，筆者の推測であるが，この技術は，図3.21に示したような「フィラメントを昇華させたくない」という正攻法の延長線上にはないように思う．しかし，その開発者は，正攻法に沿って，①要素分解した現象を物理化学的に把握し，②各要素間に存在するあらゆるトレードオフを認識し，考えを醸成している段階に

第3章　コア生産技術を開発する手順と実例

到達していたはずである．加えて，③すべての可能性に対する視点を持っていたからこそ，逆転の発想とも云える「タングステンが昇華しても，フィラメントに戻ってくればよいではないか」という「ひらめき」を得ることができたのではないかと考える．

　ここで述べた例からも，困難な課題を解決するうえで，①，②，③の取組みが重要であることがわかる．もちろん，これだけで必ず課題解決できるわけではないことも事実である．開発者の高い知識レベルと考え続ける情熱が不可欠であることは言うまでもない．

3.2　原理確認や量産性確認で失敗する場合

　コア生産技術創出過程で原理確認のための検証を行うが，計算やシミュレーションの段階で結果が出れば，たとえアイデアの実現可能性が否定されても，大きな損失にはならない．しかし大規模な実験をして実現可能性が否定されると，時間的にもコスト的にも大きな損失となることがある．この種の失敗の多くは，テーマ設定におけるアイデアの有効性検証の不十分さに起因している．3.1のコア生産技術の開発フローでも述べたが，原理確認実験の前に各種シミュレーションなどを活用して，アイデアの確度を上げることが重要である．

　なお，原理確認段階でアイデアが有効でなかったことがわかっても，それで開発が失敗として終了するわけでなく，あらためてアイデア創出に戻ればよい．アイデア創出の段階で複数の原理確認プランを準備するのが望ましいが，原理確認段階で新たな課題が見つかれば，それを踏まえてプランを見直していけばよい．

　むしろ問題となるのは，甘い目標設定の原理確認を良しとして開発のステージを進めることである．**量産へのスケールアップに耐えられない原理確認は，潜在的な失敗要因として後で大きな問題を引き起こす．**

　続いて，量産性確認以降の段階で開発が失敗する場合について述べる．ここには，原理確認の段階で内在していた失敗要因が量産性確認以降の段階で顕在

表 3.6 量産性確認で失敗する代表的パターンと対策

代表的失敗パターン	主な失敗要因	主な対策
①不十分な原理確認	原理確認時の甘い目標設定 チャンピオンデータだけで判断 量産で成立しない条件で判断	スケールアップ可否の徹底検証 不都合なデータを直視して対策を施す 量産を想定した原理確認の徹底
②甘い目標 品質，コスト，納期	自己中心的な目標設定 困難な課題の先送り 量産を想定しない目標設定	客観的最新情報に基づく柔軟な目標見直し 課題を網羅した開発計画の立案と実行 量産を想定した目標の設定と管理
③市場の変化	情報認識不足 開発速度不足 自己中心的な開発ストーリー 過度な自社技術信仰 技術者の思い込み・思い上がり	情報収集・分析力強化（顧客，市場） 開発資源の集中と選択，社外との連携 客観的現実を直視した Go/NoGo の判断 謙虚なベンチマーキングを徹底 同上

化する場合も含まれる．代表的な失敗パターンは，①不十分な原理確認，②目標品質，コスト，納期の見込みの甘さ，③想定していた市場の変化，およびそれらの複合である．代表的失敗パターンの主な要因と主な対策を表 3.6 に示す．

ここでは，生産技術開発者が差別化された生産システムを構築するにあたり，量産性確認の段階から注意すべき点を中心に述べる．なお，市場の変化への対応については，他著に譲る．

量産性確認においては，製品に要求される品質，コスト，納期の中から，要求品質を満足しているかをサンプルを作成して最初に確認することが多い．確認する品質については，「安全規格などの法的要求事項」「顧客が要求している品質」「メーカーが差別化しようとしている品質」の 3 つのレベルがある．作成サンプルの品質の検証については，品質の目標値を満足しているかだけでなく，コスト，納期の目標値を達成しようとしたときに，品質が目標値よりも悪化しないか，目標値に対してどの程度の余裕があるかを確認することが重要である．具体的には，サンプル作成の数量を増加したときやサイクルタイムを短縮したときに品質のばらつきや悪化が発生しないかについて，サンプル作成の初期段階から確認を進めるべきである．量産を想定したサンプル試作では，生産条件のモニタリングを可能な限り実施し，設備が想定通りの動作をしているかだけでなく，連続的に作成されたサンプルの品質のトレンドと各種生産条件がどの

第3章 コア生産技術を開発する手順と実例

ように相関しているかを確認すべきである．開発の段階では理想的条件を前提にして検討を進める場面が多々あるが，量産の段階に進むと理想的条件からの乖離が発生することがある．サンプル作成の段階から理想と現実のギャップを早めに把握することができれば，量産の段階で大問題となる前に，設備の改善などの適切な予防的措置の実施が可能になる．

以下に量産性確認以降で失敗した事例を紹介する．

最初は，スケールアップ時の課題を考えずに量産性検討で失敗した事例である．ある商品開発担当者が，建築用板ガラスの片面だけ加熱して高機能膜を形成する方法を考案した．この高機能膜の商品性は高く，片面だけの加熱であれば既設の量産設備を改造することも容易であった．開発担当者は10［cm］角サイズのサンプル評価結果をもって量産性検討に進んだが，30［cm］角サイズのガラスでは片面加熱中に大きな反りが発生し，建築用板ガラスのサイズにはとても適用できないということで，開発は全面的に見直しになった．商品開発担当者は板厚方向の温度差で発生する反りがサイズの二乗に比例することを知らなかった．この事例は商品開発の早い段階から生産技術開発者も一体となって，量産を想定した問題点の早期洗い出しと解決策立案に取り組む重要性を示している．

次に目標設定でコストを軽視して開発が中断した事例を記す．板ガラスの代表的製造法として，溶融ガラスを溶融金属上に流してフラットな状態のまま冷却して板ガラスとするフロート法がある．フロート法は高品質の板ガラスを大量生産できる優れた生産技術であるが，溶融金属の流れが板ガラスの品質に悪影響を及ぼすことがある．そこで，溶融金属の流れを電磁場で制御してガラス品質を向上する技術開発が始まった．原理検証の段階から品質向上の可能性を示すデータがアピールされていたものの，量産性確認の段階での大量の高温溶融金属の流れを電磁場制御する設備の信頼性確保と製作コスト低減の取り組みは不十分であった．設備低コスト化の取り組みを先送りした結果，この開発は量産性確認中に発生した設備トラブル後に，採算性がないことも理由として中断された．この事例は，開発段階で品質向上などの良い結果を見ているだけで

なく，**量産設備としての信頼性やコストに対しても高い意識を保つ重要性を示している**．

3.3 コアとなる生産技術開発のまとめ方

生産技術開発のアウトプットは，**ハード的アウトプットとソフト的アウトプット**の2種類がある．ハード的アウトプットは製造設備，試験設備などで，ソフト的アウトプットは各種技術資料，特許などの知的財産，品質や生産性を支えるオペレーションのノウハウ，開発を通じた人のレベルアップなどである．生産技術開発の最大のアウトプットは差別化された生産システムの実物であるが，開発技術の本質を記した技術資料なども重要なアウトプットである．

これらのアウトプット全てが自社の技術蓄積となるので，生産技術開発の段階ごとに技術資料を残していくことは，開発の成否にかかわらず，非常に重要である．限られた時間の中では，一つの開発が終わると直ちに新たな開発への取り組みが始まってしまうことが多いが，技術資料作成の時間は必ず確保すべきである．

技術資料としては，技術報告書，設備の図面，ソフトウエアなど様々な形態があるが，いずれにせよ後々に参照しやすい形式で適切に保存しなければならない．ここで重要なことは，技術資料を属人的な情報として散在させずに，組織的に技術情報を集積，継承，発展させて共有し，**新たな技術開発の場で効率的に活用することである**．これにより新しく技術開発に参加するメンバーが先人と同じ試行錯誤で時間を浪費することを防ぎ，効率的に新しい技術開発に注力することができる．

しかしながら現実問題として，開発後に技術者が資料をまとめる時間を確保できない場合もある．そこで，**日々の業務の中で質の良い資料を残す習慣が重要になる**．設備技術者であれば，第4章で述べられる基本設計，詳細設計のそれぞれの段階で，目的，方針などの設計思想を記した図面，仕様書などをきちんと作成すれば，それだけでも十分な技術資産になる．プロセス技術者につい

ても，日々の実験ノートにデータを記すだけでなく，目的から考察まで記しておけば，後でまとめる時間を短縮することができる．このような習慣は日々の業務の品質を向上させ，結果として技術者が自由に使える時間が増加する．

　生産技術開発においては，どのように特許出願をしていくかという知財戦略も重要である．製品を解析しても生産技術が模倣されたことを検証できないときに製法特許出願すると，場合によっては競合他社に重要な技術情報を提供してしまうことになる．このような場合は，特許出願せずに重要な技術情報を法的に技術封印して，万が一の競合からの出願に対して自社権利を確保しておくという考え方もある．また，革新的な生産技術開発に取り組んで要素技術開発は成功したものの，想定していた市場がまだ立ち上がっていないという場合もあり，知財戦略をよく考える必要がある．特許の有効期間は**出願から20年**と定められているため，早期に特許出願し，自ら市場創出まで行うのか，技術封印を先行して特許出願のタイミングを見極めるか，生産技術開発に取り組むメンバー自身も市場と対話しながら判断すべきである．

　本節の最後に，技術開発に取り組んだものの，ビジネスとして成功せずに開発終了となった場合について述べる．技術開発自体が失敗に終わる場合だけでなく，技術開発は成功してもビジネス環境が想定から大きく変化して，開発技術が不要になる場合もある．もちろん，ここで開発を中断したからといって，開発担当者は批難されるべきではない．

　前者については，同じ失敗を繰り返さないためにも，何が不足していたかを含めて，開発経過の正しい記録を残して伝えていくことが重要である．一度は中断した開発が新しく登場した技術と組み合わせることにより復活した事例もある．

　後者の場合も，完成した開発技術をすぐに参照できる状態で適切に保管しておけば，開発時に想定していなかった新製品に適用するためにその技術が復活する場合もある．適切に保管された開発技術の多さは，時代の変化に柔軟に対応する力として，企業の競争力の源泉となる．

　また**チャレンジングな開発は，技術者のレベルアップにとっても重要である**．

既存技術の改善も大事ではあるが，革新的技術創出への取組みによる技術者の意識・能力のレベルアップは著しいものがあり，これも企業の将来的な競争力を支える大きな力となる．

[参考文献]
1)『実際の設計　改訂新版』，実際の設計研究会，日刊工業新聞社，2014

第4章 生産設備の実現

2章で述べた「差別化された生産システムの企画」の段階ではプロセス技術と設備技術を融合させながら「生産システムの基本諸元」をまとめた．また，前章では，その過程で自社の蓄積技術が不足している場合には「コア生産技術の開発」が必要であり，その場合にもプロセス技術と設備技術を融合させることが重要で，各々の技術者が協働することの必要性についても述べた．

本章では2章のアウトプットである「生産システムの基本諸元」をもとに実際の生産設備を構築していく過程を説明する．本章で取り扱う過程では設備技術者が果たす役割が大きいが，設計結果の確認等においてはプロセス技術者と常に協働することを忘れてはならない．図4.1に生産設備構築の手順を示す．

最初の段階は「**設計企画**」である．2章のアウトプットである「生産システムの基本諸元」を達成することができる生産設備としての具体的な目標値を決め，「**設計企画書**」を作成する．この目標値はいずれも基本諸元から逆算して決めた目標値であり，実現できるとは限らない．そこでこの目標値の実現可能性について「**判断**」を行い，実現可能性があると判断すれば次の「**基本設計**」に進む．実現可能性が乏しいと「判断」した場合は，「設計企画」を見直す．見直してもうまくいかない場合には，事業化そのものを見直すこともある．ここでの「判断」は，事業全体の成否に関わり，非常に重要である．

目標値が実現可能であると判断した場合は，「設計企画」で決定された目標値を達成するべく「基本設計」を進め，生産設備に関する重要な要素を決定し，「**基本設計書**」を作成する．「基本設計書」に基づいて生産設備の構築費用や運転のための経費等を正確に見積もったものが「**予算**」である．この「予算」に

第 4 章 生産設備の実現

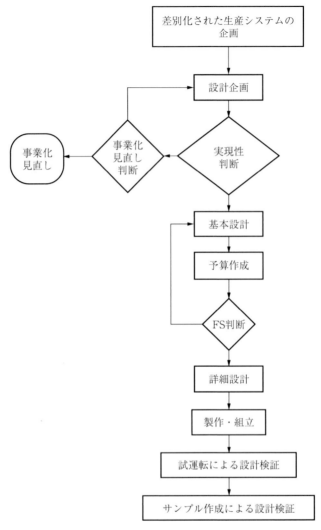

図 4.1 生産設備の構築手順

よって,この生産設備を用いた事業の採算性をかなりの精度で予測することができる.この作業を「**FS 判断（Feasibility Study：実現可能性の最終判断）**」という.これで問題がなければ,「**詳細設計**」に進む.この「FS 判断」は先に

述べた「設計企画」時の「実現可能性判断」よりはるかに精度の高い判断である．もし問題があれば，「基本設計」に立ち返り，妥当な予算にするべく「基本設計」の見直しを行い，問題がなくなれば，次の「詳細設計」の段階へ進む．

なお，「予算」については，本書では紙面の都合から説明を省略する．また，「FS判断」については本章ではなく，5章で具体例を挙げて説明する．

「詳細設計」では，「基本設計書」をもとに設備を製作・据付するための図面を作成する．この図面に基づいて設備の「製作・据付」を行う．設備が完成すると，「試運転による設備設計検証」の段階へ移行する．まず，試運転を行い，設備が目標通り動作することを確認し，次に要求品質を満たす製品の生産が連続的に可能であることを確認するとともに，顧客に評価してもらうためのサンプルを作成する．

以上が差別化された生産システムを構築する手順である．この手順に従って仕事を進めれば，「差別化された生産システムの企画」での目論見が実現できるはずである．

一方，生産設備を設計している最中に，差別化の度合いをさらに向上させる方法に気付くことがある．これを本書では，**"差別化+α"** と称して，随所に織

表4.1 "差別化+α"の目の付け所

構築段階	差別化のカテゴリ	具体的な着眼点
設計企画 基本設計	品質	設備安定性
	コスト	稼働率
		歩留まり
	納期	次製品対応への改造容易性
詳細設計	品質	設備安定性，耐久性
	コスト	稼働率
		歩留まり
		作業性（レイアウト面・製造作業面）
		メンテナンス性・作業性（清掃・調整）
	納期	製作容易性・据え付け容易性
	安全	人と自動機の分離状態

り込んで紹介していく．生産システムの企画時に目論んだ以上の差別化が実現できると顧客満足度を一層高めることができる．参考に，"差別化＋α"の目の付け所を上述した構築段階ごとに整理し紹介する（**表 4.1** 参照）．

4.1 設計企画

「生産システムの企画」で決定された「生産システムの基本諸元」に基づいて，生産設備の「設計企画」を行う．これをまとめたものが「設計企画書」である．これについて 4.1.1「生産設備実現のための 3 つの目標と役割分担」で詳しく述べる．さらに 4.1.2「設計企画内容の実現可能性判断」で「設計企画」の実現可能性の判断について説明する．

4.1.1　生産設備実現のための 3 つの目標と役割分担

「設計企画」では，「生産システムの基本諸元」をもとに，具体的な生産設備に要求される 3 つの目標を作成する．その目標とは，仕様，設備調達費用，スケジュールである．さらに，この計画を確実に実現するための組織および役割分担を決める．これら 3 つの目標と役割分担とが記載されたものが「設計企画書」（図 4.2）である．

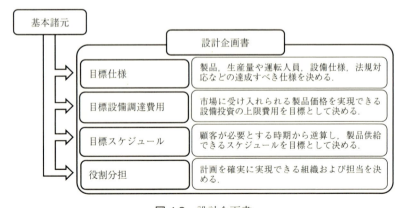

図 4.2　設計企画書

4.1 設計企画

以下にそれぞれの内容を説明する．

（1）目標仕様

基本諸元から製品の達成すべき仕様・品質を明確化し，次にこれらを満足させるため，必要となる生産量や運転人員，設備仕様，法規対応などの目標仕様を決める．この目標仕様の項目は設備の種類や製造する製品により多様であるが，一般的には**表 4.2** に示すようなものがある．

最後に各々の目標仕様を決めるときに非常に重要な考え方を示しておく．それは「**本質安全**」という概念である．もし，生産設備に異常が起こっても作業者に危害が及ぶことがない，または異常時に生産した不良品が顧客に悪影響を及ぼすことがないように設計企画の段階から配慮をする必要がある．また，次の段階である「基本設計」や「詳細設計」でも「本質安全」の考え方を取り入れて設計を行わねばならない．「本質安全」の詳細について本書では触れないので他の専門書を参照願いたい．

（2）目標設備調達費用

次に，市場に受け入れられる製品価格から「**目標設備調達費用**」を決定する．「目標設備調達費用」とは，実現しようとしている生産設備がいくらで調達できるかを積算したものではない．市場に受け入れられる製品価格を達成するためには生産設備はこの費用以下でなければ意味がないという**上限費用**である．したがって，本来は市場に受け入れられる製品価格から逆算して目標の設備調達費用を決定すべきだが，変数が多いため，この方法では難しい．そこで，実際には設備調達費用や他の要素をいったん仮定して販売価格を算出する．

算出された販売価格と市場に受け入れられる価格とを比較して，前者が高ければ仮定した設備調達費用等を見直して，最終的に目標となる設備調達費用を決める．以下でもう少し具体的に説明する．

発生費用を計算するために，生産を取り巻く状況が見渡せるポンチ絵（図 4.3）を作成する．この図により，関係者に説明するときにも要点を容易にかつ正確に伝えることができる．図中の各費用については，2.1.2 の説明を参照願う．

表 4.2　目標仕様項目の例

分類	項目
製品	1　製品仕様
	・サイズ
	・重量
	・精度
	・差別化基準
	―品質
	―コスト
	―納期
	―その他
	2　原料仕様
	3　梱包仕様
生産量・運転人員	4　生産量
	・生産能力
	―歩留まり
	目標品質未達品
	傷，汚れなど別要因
	稼働率
	1日当たりの生産時間（8時間，12時間，24時間など）
	生産日（週の稼働日数など）
	段取り替え回数と時間
	定期メンテナンス（含む清掃）回数と時間
	故障停止，調整作業時間（率）の想定
	5　運転人員
	・交代勤務有無など
設備仕様	6　設備仕様
	・加工機
	―主加工サイクルタイム
	・加工機の前後工程情報
	・加工部空調仕様
	・消耗部品（メンテナンス）とその費用
	7　ユーティリティ仕様
	・電力
	・圧縮空気
	・工業用水
	・純水
法規対応	8　届出
	・労働安全衛生法関連（作業環境，危険物取り扱いなど）
	・公害防止管理法関連（大気汚染，水質汚濁，振動・騒音など）
	・消防法関連（火災防止に関係する対策など）
	・建築基準法関連

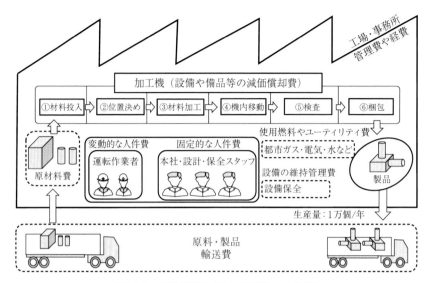

図 4.3　発生費用に関わる要素の全体観

次に図 4.3 中の各要素に関わる費用を仮に設定して，固定費と変動費に分けて表に記入し，販売価格を算出する．**表 4.3** は設備調達費用の仮設定に基づく販売価格の算出例である．なお，変動費は設備の能力だけでなく実際の稼働状況も想定し，記入していく．

表 4.3 は，市場に受け入れられる製品価格を 5,000 円/個とし，この事業を 5 年継続することを想定して，耐用年数が 5 年の設備を 1 億円で調達すると仮定した例である．

まず，固定費を考える．装置の償却方法を 5 年間の定額償却とすると，年間 2,000 万円の償却費が発生する．次に固定的な人件費は，1 年に 500 万円を支払う社員を 2 人雇うと想定すると，年間 1,000 万円が必要になる．管理費や経費は，工場を維持するための光熱費や事務所の維持費用であり，年間 100 万円が必要になる．設備の維持管理費とは，生産設備を安定的に維持するために必要な保全費用であり，年間 400 万円と想定する．この結果，固定費は合計 3,500 万円/年必要なことがわかる．

表 4.3 設備調達費用の仮設定に基づく販売価格の算出例(その1)

			1年目	2年目	3年目	4年目	5年目	単位
	固定費 (生産量に依存しない)	設備の減価償却費※	2,000	2,000	2,000	2,000	2,000	
		固定的な人件費	1,000	1,000	1,000	1,000	1,000	
		管理費や経費	100	100	100	100	100	
		設備の維持管理費	400	400	400	400	400	
		小計 ①	3,500	3,500	3,500	3,500	3,500	
	変動費 (生産量に依存)	原材料費	1,000	1,000	1,000	1,000	1,000	
		使用燃料やユーティリティ費	400	400	400	400	400	万円/年
		変動的な人件費	1,000	1,000	1,000	1,000	1,000	
		輸送費	100	100	100	100	100	
		小計 ②	2,500	2,500	2,500	2,500	2,500	
発生費用	③=①+②		6,000	6,000	6,000	6,000	6,000	
利益(10%)	④		600	600	600	600	600	
製品売上	⑤=③+④		6,600	6,600	6,600	6,600	6,600	
生産数量	⑥		10,000	10,000	10,000	10,000	10,000	個/年
販売価格	⑦=⑤÷⑥		6,600	6,600	6,600	6,600	6,600	円/個

市場に受け入れられる価格: 5,000 円/個

※設備調達費用を耐用年数で除した金額.この例の場合は設備調達費用を1億円,耐用年数を5年と仮定した.

　続いて,変動費を考える.原材料費,使用燃料やユーティリティ費,変動的な人件費,輸送費は生産量に応じて変動する.生産数量を10,000個/年で一定として想定金額を入れる.すると,変動費が年間2,500万円となる.

　発生費用とは固定費と変動費の合計であり,年間10,000個の生産活動を行うと,発生費用は6,000万円/年となる.生産数量は10,000個/年と想定したので,一製品当たりの生産コストは6,000円/個(=6,000万円/年÷10,000個/年)となり,仮に10%の利益を得ようと考えると販売価格は6,600円/個になってしまう.一方,市場に受け入れられる価格は,5,000円/個なので,6,600円/個では売れるはずがない.

　そこで,仮定した設備調達費用等を見直し,再度検討した(**表4.4**).ここで

表 4.4 設備調達費用の仮設定に基づく販売価格の算出例（その 2）

			1 年目	2 年目	3 年目	4 年目	5 年目	単位
固定費 （生産量に依存しない）		設備の減価償却費※	1,000	1,000	1,000	1,000	1,000	万円/年
		固定的な人件費	500	500	500	500	500	
		管理費や経費	100	100	100	100	100	
		設備の維持管理費	400	400	400	400	400	
		小計　①	2,000	2,000	2,000	2,000	2,000	
変動費 （生産量に依存）		原材料費	1,000	1,000	1,000	1,000	1,000	
		使用燃料やユーティリティ費	400	400	400	400	400	
		変動的な人件費	500	500	500	500	500	
		輸送費	100	100	100	100	100	
		小計　②	2,000	2,000	2,000	2,000	2,000	
発生費用	③＝①＋②		4,000	4,000	4,000	4,000	4,000	
利益（10 %）	④		400	400	400	400	400	
製品売上	⑤＝③＋④		4,400	4,400	4,400	4,400	4,400	
生産数量	⑥		10,000	10,000	10,000	10,000	10,000	個/年
販売価格	⑦＝⑤÷⑥		4,400	4,400	4,400	4,400	4,400	円/個

市場に受け入れられる価格：　5,000　円/個

※設備調達費用を耐用年数で除した金額．この例の場合は設備調達費用を 5,000 万円，耐用年数を 5 年と仮定した．

は設備調達費用を 1 億円から半額の 5,000 万円に引き下げた．さらに，人員数を半減して検討した．この結果，生産コストは 4,000 円/個となり，利益を 10 % と仮定しても販売価格は 4,400 円/個に抑えられ，市場に受け入れられる価格を下回ることがわかった．

以上の検討から，目標設備調達費用を 5,000 万円と決定した．同時に目標の人員数も半分にすることにした．

最後に生産コストを検討するときのポイントを説明する．

生産コストは，「生産コスト」＝「発生費用」÷「製品の生産量」である．つまり生産コストを下げるということは，基本諸元で決めた生産数量に従い，発生費用（分子）を小さく，製品の生産量（分母）を大きくすることにほかなら

第4章　生産設備の実現

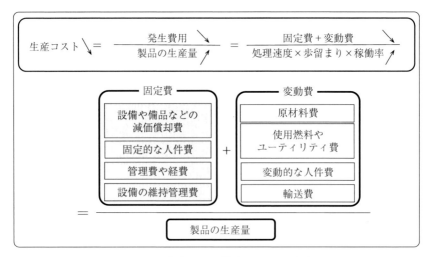

図4.4　生産コスト構造のイメージ図

ない．そして，発生費用を小さくすることは変動費と固定費を下げることであり，製品生産量を大きくすることは，処理速度，歩留まり，稼働率を上げることである．生産コストと生産数量の相関について考えるときに有益な概念図を図4.4に示す．

生産コストを下げるには，この図を念頭において徹底的に考え，アイデアを絞り出しながら設計する必要がある．

（3）目標スケジュール

目標設備調達費用を決めたら，次に目標スケジュールを考える．

全体スケジュール作成では，まず顧客の要求を考慮して目標とする量産開始時期を決める．これが達成できなければ，顧客の信頼を失うばかりか，最悪の場合，全ての計画は無駄になってしまうので，量産開始時期は最優先事項である．そのため，スケジュールは**量産開始日から逆算**して決めるのが鉄則である．

量産開始時期を決めた後，設計企画，基本設計，予算書作成，詳細設計，製作・組立，試運転，サンプル作成の時期を逆算して決める．各段階の必要期間

を単純に「積み上げて」作成すると失敗することがあるので注意を要する．

また，差別化された生産システムを実現するための挑戦的な設備では，「予測していなかった問題」に直面することもある．筆者らの経験では，特に試運転以降で「問題」が顕在化することが多い．このような「問題」が試運転以降で発覚すれば，手直しや改造に時間がかかり，サンプル提出時期以降のスケジュールに遅れが発生する可能性が高い．このような事態になれば顧客に大きな迷惑をかけるうえ，信頼も失ってしまう．

そのような事態を避けるため，手間取る可能性が高い終盤の「試運転・サンプル作成」の期間は「修正期間」の余裕をみて長めにとることが必要である．そのためには，スケジュールの中盤で長期間を要する「詳細設計」や「製作・組立」をいかに短縮できるかが，スケジュール作成のポイントとなる．

「詳細設計」や「製作・組立」の期間の短縮方法の例を以下に示す．

①長納期部品を詳細設計中，場合によっては基本設計中に先行発注することで，長納期品による製作遅延を防止する．

②製作が短期間でできるように，短納期で調達できる部品を使う．また，組

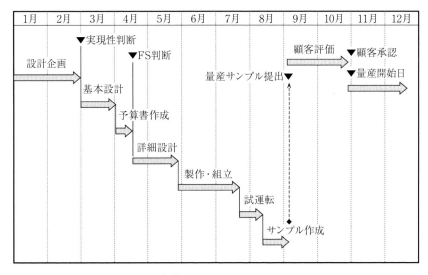

図4.5　全体スケジュールのイメージ図

立が容易な構造に設計する．
③時間のかかる製作部品が多くある場合，複数社に分割して依頼することで製作期間を短縮する．
④「予測していなかった問題」発生の可能性がある箇所について，部分的に先行して試運転を実施し，あらかじめ問題を解決しておく．

決定した目標とする全体スケジュールを1枚の図にまとめる．この図は全体像を把握するためのものなので，専用ソフトなどを使用して詳細に作成するのではなく，大事なマイルストーンだけを記載する．図4.5に全体スケジュールのサンプルを示す．

（4）役割分担

（1）〜（3）の目標を実現させるための組織や役割分担を決める．検討に際しては，人数，業務期間，担当者の能力，そして人件費も考慮する必要がある．また，目標仕様の技術的難易度，目標設備調達費用，目標スケジュール，特に顧客向けサンプル提出日を考慮し，能力や適性を見極めて役割分担を決める．「予測していなかった問題」が起きる可能性と，発生しうる時期などを考慮し，緊急時における組織的な応援体制もできるだけ整える．しかし，万全を期すあまり設備の設計人員が過剰になると，設備のコストアップにつながり目標設備調達費用を上回ってしまうことがあるので注意が必要である．

4.1.2　設計企画内容の実現可能性判断

「設計企画書」の内容は，目指している生産システムを実現するために達成すべき目標として決めたものである．次の段階に進む前に「設計企画書」の内容が不可能ではないことを確認しておかなければならない．

①目標仕様の確認：理論的にまたは経験的に不可能な設備仕様になっていないかどうかを確認する．例えば加工スピードは速すぎないか，など．
②目標設備調達費用の確認：生産コストの試算で仮定した固定費，変動費が現実的な数値であるか，設備調達費用が実現不可能なほど低くなっていないか，等を確認する．

③目標スケジュール：目標スケジュールが実現可能なものか，早急すぎるスケジュールになっていないかを確認する．

④役割分担：人的資源は確保できるか，管理能力や組織力は問題ないか，等を確認する．

以上の視点で各項目に対する実現性を判断する．3つの目標と役割分担がすべて実現可能なことが確認されたら，次の「基本設計」へ移行する．しかし，不可能な項目がある場合は，実現可能性が確認できるまで「設計企画書」の見直しを行う．それでも，不可能な場合は，事業計画自体の見直しも必要になる．

4.2　基本設計

設計企画，実現可能性判断を経て，いよいよ具体的な「基本設計」へと進む．「基本設計」では，「設計企画」で確定した「設計企画書」をもとに，設備の主な項目を決定して，「基本設計書」としてまとめる．「基本設計書」が完成すると，次に「予算」を積算し，「FS判断」を実施して最終的な実現可能性を判断する．問題があれば，「基本設計」の見直しを行う．問題がなくなれば，次の

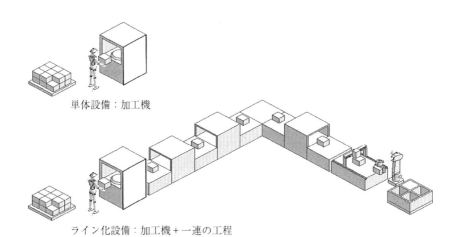

図 4.6　単体設備とライン化設備

「詳細設計」の段階へ移る．

設備の「基本設計」は2タイプに大別される．一つは，「単体設備」であり，1台の加工機だけで構成されている設備を指す．もう一つは，「単体設備」を組み合わせて，一連の工程フローを実現した「ライン化設備」である．この関係を模式的に図4.6に示す．

本節ではまず，4.2.1で「単体設備」の基本設計を説明し，次に4.2.2で「ライン化設備」の基本設計について述べる．ライン化設備の基本設計は単体設備の基本設計を組合せて構成されるが，単体設備では含まれていないライン化設備に特有の設計について述べる．

4.2.1 単体設備の基本設計

基本設計は，設計企画書の設備仕様を具体化していく段階である．ここでは，設備を具体化するために重要な10項目（図4.7）に着目し，ポンチ絵や計算を用いて基本設計書を作成する．10項目とは，機能，適用技術，機構，主要寸法，静的強度，駆動源，駆動伝達系，動特性，制御システム，段取り替えを指す．

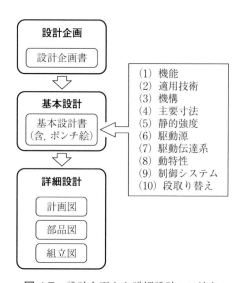

図4.7 設計企画から詳細設計への流れ

4.2 基本設計

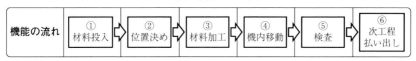

図 4.8 機能フロー図

以下にこの10項目について説明する．なお，ポンチ絵については『実際の設計』本編第2章に詳細に述べてあるので，本書では詳しくは述べない．

（1） 機　能

まず，設備の構成を考える前に，**設備に必要な機能を整理して明確にする**．このために，機能フロー図（図4.8）を作成すると便利である．図の例では，必要な機能は，「①材料の投入」「②位置決め」「③材料加工」「④機内移動」「⑤検査」「⑥次工程払い出し」と整理でき，前後の機能との相関も容易に見ることが可能である．

（2） 適用技術

機能フロー図が完成したら，その機能を具現化するための「適用技術」を決める．適用技術には大別して2つの技術があり，**汎用技術**と**独自技術**に分類される．個別の機能が持つ特長や必要性に応じて使い分ける．この関係を表4.5に示す．

表 4.5 適用技術

分　類		模倣されにくさ	適用すべき機能箇所
汎用技術	市販もしくは公知	×	・製品に付加価値を付与しない箇所 ・継続的な差別化を付与しない箇所
独自技術	社内蓄積	○	・製品に差別化された付加価値を継続的に付与する箇所

「汎用技術」は，市販もしくは公知の技術であり，継続的な差別化を期待しない箇所や製品に付加価値を付与しないような箇所に適用する．例えば，単なる搬送コンベアなどに適用すれば，調達納期を短くできる．一方，社内蓄積している「独自技術」は，製品に付加価値を付与したい箇所，あるいは継続的に

差別化したい箇所に適用する（2.2.1（2）～（4）のUVカットガラスの事例参照）．

「適用技術」が整理できたところで，**DR（Design Review）** を実施し，関係者へ説明すると同時に，意見や失敗経験などを集めて，チームとしての方向性を固めておく必要がある．

DRとは，一連の生産設備の構築手順（設計企画，基本設計，詳細設計，製作・組立など）の節目において，関係部門の担当者（企画，製造，設備，品質など）が集まり，生産システムの基本諸元を満たした製品が作れる設計になっているかどうかをそれぞれの立場から評価し，必要に応じて修正指摘を行うことである．次のステップへ移行する合意の場とするケースもある．適用技術の決定段階だけでなく，重要な主構造決定や駆動設計などの局面で，小規模なDRを行うと，先人の失敗からの教訓や他部門からのアドバイスを得る事ができる．

（3）機　構

適用技術が決定したら，それを実現する「機構」を決定する．ここで言う機構とは，機械の動く部分の構造を指す．

対象設備に最適な機構を選ぶためには，それぞれの機構の特長を十分に理解することが必要である．よく利用される機構（上下運動，直線運動，旋回運動，回転運動）については第6章で述べるので，機構決定の際の参考にされたい．

なお，本書では，リンク機構やカム機構には触れないことにする．近年では機械要素が発達し，それらの組み合わせで大抵の動作・機能を容易に実現できるようになったので，リンク機構やカム機構を自分で設計する必要が減ったためである．

（4）主要寸法

基本設計の段階で主要寸法を決定する．寸法には「**機能寸法**」と「**空間的取り合い寸法**」と「**その他の寸法**」とがある（図4.9参照）．

機能寸法とは機能を実現するために必ず守らなければいけない寸法のことである．例えば，決まった寸法の製品を一時的にストックする装置の場合，ストックする棚の大きさは製品の大きさとストックする量によって必然的に決まる．

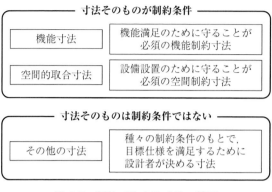

図 4.9　制約で決まる寸法の種類

　次に，空間的取合寸法について説明する．例えば，図 4.6 の単体設備の加工機に人がワークを投入することを考えた場合，**ワーク投入口の高さは人が容易に載せられる高さ**に設計する必要がある．また，設備設置場所の天井高さが 3m であれば，設備全高は 3m 未満にしなければならない．このような空間的な制約から必ず守らなければならない寸法を**空間的取合寸法**と呼ぶ．

　機能寸法と空間的取合寸法は寸法そのものが制約条件となっている寸法で，設計者が自由に決めることができない．この 2 つ以外の寸法は，種々の制約条件の下で，目標仕様を満足するように設計者が決めることができる．

　基本設計では機能寸法と空間的取合寸法とをほぼ正確に決定する．また，機能，適用技術，機構，主要寸法，静的強度，駆動源，駆動伝達系，動特性，制御システム，段取り替えを決めるために必要な主要寸法（例えば，軸受け間の距離，鋼材ビームの間隔，など）についても基本設計の段階で決める．このように，基本設計の段階で決定した寸法をポンチ絵（構想図）に記入する．

（5）　静的強度

　静的に釣り合っている機械の場合，**力の流れの線（機械の部材の中を力がどのように伝わっていくかを考えて，ポンチ絵の中に描かれた力の線）は機械全体では必ず閉じていなければならない**．もし閉じていなければ，機械全体が加速度運動を始めるか，もしくは空中分解するかのどちらかである．

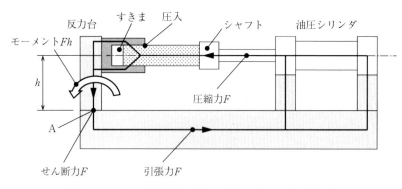

図 4.10 力の線図（電磁力や重力が作用しない場合）

図 4.10 は油圧シリンダで駆動するシャフトで製品を圧入する装置のポンチ絵に力の線を書き込んだ例である．例えば，A 部にはどのような力が働くかを考えてみる．A 部には反力台が図の左側に倒れるようなモーメント $F \times h$ がはたらく．h は 2 本の平行線の離れ具合で決まるが，h が大きいほどモーメントは大きくなる．さらに A 部は反力台が反力で後ろに下がる動きを拘束しているのだから，せん断力 F がはたらく．A 部を仮に切り離して考えれば反力台がピストンの動きに従属して動くことが想像できる．実際の設計においてはこのせん断力 F を忘れやすいので注意を要する．例えば，ボルトで締め付けて A 部を固定する場合は，ボルトの締め付け力で生じる 2 部材間の摩擦力がせん断力に十分耐えられるようにする．すなわち十分なボルトの締め付け力が得られるようにボルトサイズを決める．もしボルトの締め付け力による摩擦力だけではせん断力に耐えられない場合は，ノックピンを打ち込み，ピンのせん断抗力の助けを借りてせん断力に耐えられるようにするとよい．

図 4.10 のように電磁力や重力が作用していない場合は，静的につり合っている機械の内部では力の線が閉じている．

一方，図 4.11 は製品 W をアームで吊り上げる装置であるが，重力が作用する機械の場合，機械本体の内部では力の線が閉じていない．このような場合，空気中を重力線が流れていると考えると系全体としては力の線が閉じていると理解できる．このことは図 4.11 の左側の実体モデルと右側の等価モデル（油圧

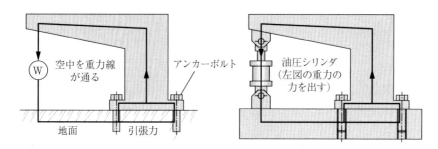

図 4.11　力の線図（左：重力が作用する場合　右：等価モデル）

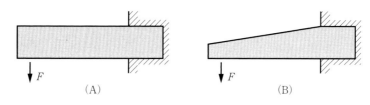

図 4.12　バランス比較の図

シリンダでアームを引き込む装置）とを置き換えて考えればよくわかる．

　力の分岐や合流で力の流れは大きくなったり小さくなったりするので，大きな力のかかる部分は太くて強い部材に，小さな部分は細い部材にする．重要な部分については，強度，たわみ量，剛性のチェックをする必要がある．強度をチェックするときは応力を求め，材料固有の許容応力より小さいか否かを調べる．実際の装置（例えば加工機械など）の場合，強度的には十分でも，大きなたわみが見えると，危険を感じて誰も使わなくなることがある．そこで常用負荷の場合のたわみ量を調べ許容範囲かどうか確認する．また，加工機械では強度的には十分でも，たわみが大きくて機械に要求される仕様（例えば位置精度）を満足しなくなることもあり，1［mm］変形するのに何［N］必要かという剛性が重要な評価値となる．このように剛性が要求仕様を満たしている装置は一般にがっしりとした外観になる．

　力の大きさと部材の大きさのつり合いの取れた機械は，見た目にもバランスが良いものである．基本設計の段階では正確な強度計算が困難な場合があるの

で，そのような場合にはこの**見た目のバランスが重要である**．

　例えば，図4.12の片持ち梁AとBで，見た目のバランスが良いのはBのはずである．これは部材の大きさと力（この場合はモーメントの大きさ）とがつり合っているからである．Aの梁の先にはBに比べて駄肉（不要な部分）が多い．駄肉は不要な材料を多く使用するばかりでなく，重量や慣性が大きくなって機械が鈍重になり好ましくない．

　基本設計の段階では，静的強度を考慮に入れて主要寸法を決めていく．多くの場合は上述したように，直感的な判断で寸法を決める．

（6）駆動源

　設備の駆動源には種々のものがあり，その特徴をよく理解して最適なものを選択する．まずは，**駆動源を決める前に負荷の大きさを見積もっておかなければならない**．負荷には装置外部に対して働く仕事のほかに，摩擦や粘性抵抗，加減速に必要な力がある．これらを正確に見積もって，駆動源に必要なトルクまたは力を求める．このトルクまたは力が駆動源を決定する際に最も重要な因子となる．この負荷の見積もり方については6章で詳しく述べる．

　設備の駆動源を考える際の簡単な分類図を表4.6に示す．多くの動作は，「回転」と「直進」の組み合わせにより実現する．また，回転する円形部品の外周から「直進」運動を取り出す方法や，回転をねじ機構に伝達して，直進動作に変換する方式も多用されている．

　必要な機能に応じて駆動源となる要素を選択する．このとき，重要な判断基準として速度および位置の精度がどの程度必要であるかを明確にしておくと，上記の選択が容易になる．ただし，速度や位置を正確かつ容易に変更できるサーボモータは，設計が楽になるという理由で安易に多用すると設備調達費用が高くなるのでよく検討する必要がある．

　また，基本設計では，対象物を動作させるための力をきちんと計算しておくことが大切である．ただし，計算の結果，大きな力が必要だからと言って，そのままモータやシリンダの必要駆動力に適用すると，装置がどんどん大きくなる事がある．設計者は，これを防止するために，てこの原理を使って力を倍化

表4.6 代表的な動作の駆動源分類図

必要動作	基本的な駆動要素	基本的な機能
回転動作	①誘導モータ	回転数をほぼ一定に維持
	②インバータモータ	回転数をほぼ正確に変更
	③サーボモータ	回転数・位置を正確かつ容易に変更
回転動作を変換した直進動作	④回転動作⇒ねじ機構⇒直進動作	①～③の機能に応じた直進動作を選択可能.
	例）XYロボット（ボールねじ），電動シリンダ	
	⑤回転動作⇒円形部品外周回転⇒直進動作	
	例）ラック・アンド・ピニオン，プーリー＋ベルト，スプロケット＋チェーン，ドラム＋ワイヤ	
直進動作	⑥エアシリンダ	直線上の始終点で停止.
	⑦油圧シリンダ	エアに比べ数十倍の力を得る.
	⑧リニアモータ	正確な位置決め，大きな加減速

したり，動かす力を減らすために摩擦係数を変えることなどを考えなければならない．あの手この手を使ってより小さな力で対象物を動かし，いかにコンパクトな設備に作り込むかが設計者の腕の見せ所となる．

（7） **駆動伝達系**

駆動源となるモータやシリンダの力を負荷に伝達していく方法である．様々なものが存在し，駆動源の選定と同時に考えていくことが多い．

例えば，モータを駆動源としたローラーコンベアの駆動伝達系を考える．モータの次には必要な回転数に減速するための**減速機**があり，減速機の回転をローラーの回転に伝達するためのチェーンとスプロケットがある．また，伝達系の途中に動力をオン・オフするためのクラッチを入れたり，モータが負荷側から回されないようにするための**ブレーキ**をつけることもある．モータ，減速機，クラッチ，ブレーキなどの軸と軸をつなぐときには，**カップリング**と呼ばれる軸継手を使う．このように，駆動力伝達系は市販の機械要素を組み合わせて構成する場合が多く，どのように選定するかがとても重要である．

こうした機械要素を選定する際には，負荷の大きさ，精度，動作頻度などか

ら適正なサイズをメーカーのカタログを見ながら決めていく．これらの機械要素については，6章で詳しく述べる．

（8）　動特性

（5）静的強度で検討した静的な力は見た目のバランスの良否で判断すればよいので，人間の直感でもわかりやすいものである．ところが，**動特性は直感ではわかりにくく，ある程度の計算が必要である**．何回も動特性について検討して設計経験を積めば，センスが磨かれて直感で判断できるようになるが，未熟なうちは面倒なようでもその都度計算すべきである．

動特性検討の基本はニュートンの**第2法則**（質量 m の物体にはたらく加速度 $\ddot{x}$ は外力の総和に比例する）である．表 4.7 に直線運動の検討例を示す．この微分方程式を作るときは，左辺に $m\ddot{x}$ を入れ，右辺には物体にかかる力のベクトル総和を入れる．直線運動系は表 4.7 に示す考え方で，微分方程式を立てて解けばよい．

回転系の問題も直線系と対比させて考えれば難しくなく，表 4.8 にその考え

表 4.7　直線運動のモデル

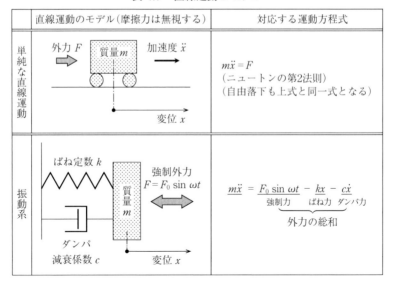

表 4.8 回転運動と直線運動の比較

	回転運動系	直線運動系
モデル	トルク T、角度 θ、変位 x、半径 r、質量 m、外力 F（角速度 $\omega = \dot{\theta}$）	外力 F、質量 m、加速度 $\ddot{x}$、変位 x
運動方程式	$m\ddot{x} = F$ ↓ $x = r\theta$ だから $mr\ddot{\theta} = F$ ↓ r を両辺にかける $mr^2\ddot{\theta} = Fr$ ↓ $Fr = T$ だから $mr^2\ddot{\theta} = T$ ↓ $mr^2 = I$ と定義 $I\ddot{\theta} = T$ ◂------	摩擦力ゼロとすると ニュートンの第2法則より ------▸ $m\ddot{x} = F$
対応要素	慣性モーメント：I（微小な mr^2 を積分したもの） 角加速度　　：$\ddot{\theta}$（通常 $\dot{\omega}$ と表す） トルク　　　：T	質量：m 加速度：$\ddot{x}$ 力：F

方を示す．慣性モーメントが大きいほど，回転を加速するのに大きなトルクを要する．これは質量が大きいほど，加速するのに大きな力を要することと対応している．

　回転運動の場合，モータトルク T と慣性モーメント I より角加速度 $\dot{\omega}$ がわかり，目標とする角速度 ω に達するまでの時間 t が求められる．この加減速時間 t を短くする場合は，I を小さくするか T を大きくするかのどちらかである．T を大きくする方法としては，モータを大きくする以外の手段は限られるため，I を小さくする検討が主となる．形状や材質を変えて質量を小さくすると，加減速時の慣性力によりたわみが生じたり応力が大きくなって壊れたりする．そこで剛性を保ちながら，I を小さくする工夫が必要となる．例えば，飛行機用材料のアルミハニカム材や，CFRP 材（Carbon Fiber Reinforced Plastics，炭

素繊維強化プラスチック）などの使用を考えるのも一つの方法である．直線運動時の m を小さくする場合も，同様の考え方で行えばよい．

（9） 制御システム

設備を動作させるためには，設備全体をコントロールするための制御システムが必要になる．図 4.13 を例に制御システムの概要を示す．そして，この図に示す①から④の機器について以下に説明し，表 4.9 に機能と具体的な要素例をまとめる．

① 操作盤：運転条件入力のためのタッチパネル，運転開始ボタン，非常時の緊急停止ボタンが装備されている．運転状態を知らせるパトライトを併設していることが多い．

② 入力機器：設備内のワークや駆動機器の状態を検出，計測する機器である．例えば設備内のワーク有無や位置決め状態，運転の状態（加工具の振動計測など）を計測する．

③ 出力機器：設備を動作させるためのモータ，シリンダなどの駆動源である．

④ 出力制御機器：設備の動作全体をコントロールする機器である．操作者が運転開始ボタンを押すと，出力制御機器は設備内部のワーク有無を検出する．ワークが正常な位置にあることを検出すると，入力された運転条件に従って駆動源を動作させ加工を行う．運転状態を操作者に知らせるパトライトの点灯もコントロールする．また，操作盤において緊急停止ボタンが押されれば，設備全体を停止させる．

機構を具現化する際には機械担当者もこれらを完全に理解して設計する必要がある． なお，制御機器はメーカーによってプログラムの形式が大きく異なるので，メンテナンスを考慮し，できるだけ同じメーカー製のものにすべきである．

また上記に加えて「差別化＋α」の観点から，製品の品質や歩留まりを改善する加工中の物理量の計測と表示，稼働率向上や段取り替え時間の短縮のため

4.2 基本設計

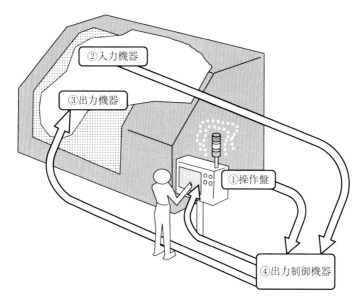

図4.13 制御システムの概要

表4.9 制御システムに必要な4つの機器

4つの機器	主な機能	具体的な要素例の名称
①操作盤	設備動作設定値の入力	タッチパネル
	運転開始指令	
	非常停止指令	押しボタン
	運転状態の表示	パトライト
②入力機器	ワーク有無確認	有無検出センサ
	ワーク位置確認	
	加工具の振動計測など	振動計測センサなど
③出力機器	加工具などの駆動	モータ，エアシリンダなど
④出力制御機器	操作盤からの動作設定値と指令に従い，出力機器の動作コントロールを行う．動作の際には，入力機器からのワーク検出や加工状態の計測を行う．	PLC（Programmable Logic Controller）
		NC（Numerical Control）
		DCS（Distributed Control System）
		コンピュータ

119

のレシピ（手順）表示等を検討する．最近では，このような差別化+αの情報や最適な運転データはクラウド環境下で統合センターを経由し，他工場へ即時展開されるスマートファクトリーの取り組みも増えている．

　次に，①～④の入出力機器や制御機器を接続するための電気配線について説明する．配線は，断線や劣化による交換が容易であり，また，断線しにくくするための工夫が必要なことはいうまでもないが，次の点については事前によく検討しなければならない（図4.14参照）．

　a）可動部に追随して動く電気配線は断線しやすいので，耐久性，交換時の作業性を良くする．

　b）動力電線は強いノイズを発生し，信号線に影響し，動作不良を起こすことが多いので，物理的に分離する．

　c）電線の上に物が落下する可能性をよく確認し，必要に応じて電線保護カバーの設置，配線敷設の経路の見直しを行う．

　次に，設備の動作をどのようにするかについては，機構の簡略図と動作図（図4.15）とタイミングチャート（図4.16）を作図して検討する．

　機構の簡略図と動作図では，各センサ，装置各部がどのような位置関係になっているかを表記する．

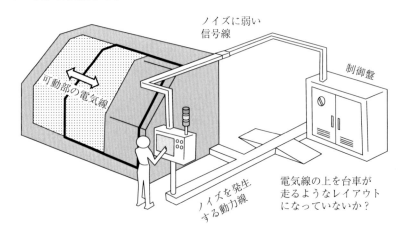

図4.14　生産システムの電気配線の留意事項

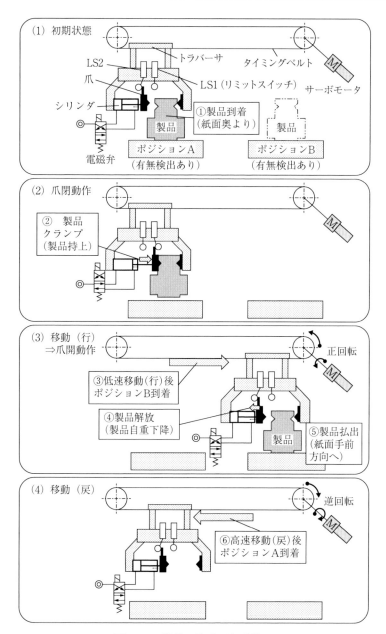

図 4.15　機構の簡略図と動作図

第4章 生産設備の実現

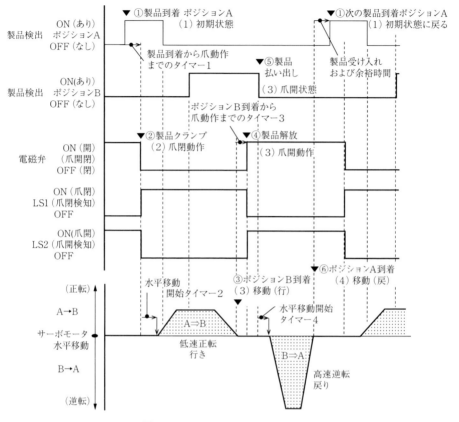

図4.16 タイミングチャートの例

　この例では，電磁弁，製品把持の爪，タイミングベルトに取り付けられたトラバーサ，製品，ポジションAとBを示し，各動作の状態を紙芝居で表現している．そして，それをタイミングチャートに表しながら，各動作のタイミングを考えて，制御プログラムを作成する．

（10） 段取り替え

　複数の製品を一つの設備で生産する場合，生産対象の製品が変われば，次のような「段取り替え」が必要になる．図4.8の単体設備の機能フロー図を用いて一例を説明する．①〜⑤の各機能に対し，下記の変更が必要となる．

① 材料投入　⇒　受取位置の変更
② 位置決め　⇒　位置を変更
③ 材料加工　⇒　加工具および軌跡制御を変更
④ 機内移動　⇒　距離を変更
⑤ 検査　　　⇒　合否基準値の変更

　このように製品が変わると多くの段取り替えが必要となる．基本設計の段階で大切なことは，段取り替えを「手動」・「自動」のどちらにするか決めることである．人件費を削減することを考えれば，「自動」段取り替えを選択したくなるが，「自動」は駆動源や制御の追加を意味し，設備調達費用は増加する．その結果，生産コストも増大することになる．設備調達費用，品質，稼働率などを定量的に比較して段取り替えを「自動」とするか「手動」とするかを決定する．

　（1）～（10）の項目を決める事で，単体設備の基本設計は完成する．最後に2章の基本諸元および4.1の設計企画書の主要項目，さらには基本設計の過程を表す「各部決定の根拠」を含めて，「基本設計書」としてまとめる．項目を列挙すると下記のようになる．

(1) **生産システム導入の目的**：設計者が詳細設計以降でも常に目的に対する意識を持って判断できるように最終的な目的を明示する．
(2) **基本諸元**：対象製品の仕様と必要とされる設備の能力を明示する．
(3) **目標設備調達費用**：4.1.1で説明した金額を明示する．
(4) **決定した10項目**：機能・適用技術・機構・主要寸法・静的強度・駆動系・動力伝達系・動特性・制御システム・段取り替えについて明示する．
(5) **ポンチ絵**：決定した10項目が記載されたポンチ絵．1枚ですべてが表現できない場合は何枚になってもよい．
(6) **各部決定の根拠**：10項目を決定した根拠を明示する．計算書や過去のデータなどの資料を添付する．

4.2の冒頭で述べたように,「基本設計書」が完成すると,次に「予算」を積算し,妥当性についてFS判断を実施する.このFS判断は事業のシミュレーションであり,とても重要な判断である.問題があれば,「基本設計書」を見直して再度FS判断を行う.**FS判断の結果,この生産設備への投資の妥当性が確認できれば次の段階に進む.**

この後「基本設計書」をもとにして社内で詳細設計を実施する場合,次の「詳細設計」へ移行する.

一方,「詳細設計」以降を外注する場合,基本設計書をそのまま製作メーカーに提出すると社内で秘匿すべき情報やノウハウも開示してしまうことになるので,必要な仕様項目や数値のみで構成された「**基本仕様書**」を別途作成する(実際の基本仕様書の例は5章参照).また,全体の理解を深めるため,基本設計書に含まれているポンチ絵だけでなく,**全体構想図**(何枚もあるポンチ絵をまとめてJISの製図法に準拠し作成された図)もできるだけ作成する.以上の準備ができたら,基本仕様書および全体構想図を添付した**見積依頼書を作成し,製作メーカーに対し詳細設計以降の見積を依頼する.**なるべく複数のメーカーに依頼し,競争引合にする.

提出された最安の見積額が目標設備調達費用を下回れば,実行予算額として確定させ発注する.目標額より高い場合,見積書の詳細を目標額と比較し見積額が高い理由を分析し,費用が高い箇所の仕様を見直すことで,目標達成を目指す.

4.2.2 ライン化設備の基本設計

4.2の冒頭で述べたように,設計企画書の目標仕様を満たす生産設備を単体で構成する場合とライン化で構成する場合がある.1台の加工機だけで生産できるような単純な製品を扱う場合は前項4.2.1で述べた内容で対応できる.実際には,加工の後,洗浄,塗装,乾燥,最終検査というように,製品に様々な価値を付加する複数の工程を経て製品となる場合が多い.複数の工程に必要な機能をそれぞれ別の設備で実現し,それらの設備をひとつながりに並べたものが

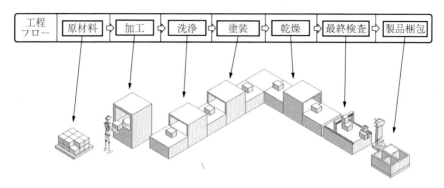

図 4.17 ライン化された設備の工程フロー図

ライン化設備である（図 4.17 参照．工程フロー図については本項の（1）で説明する）．

本項では，ラインに含まれる全ての単体設備の基本設計が"一旦"完了したという前提でライン化設備の基本設計について述べる．単体設備を並べたものがライン化設備なのだが，単体設備の基本設計書を束ねるだけではライン化設備の基本設計としては不十分であり，図 4.18 に**ライン化設備の基本設計で新たに検討が必要となる項目**を示した．ここで，1 点注意がある．ライン化設備の検討過程では多くの場合，単体設備の基本設計を見直すことになる．例えば，検討の結果，当初作業員が行う予定だった**工程間の搬送をロボット化すること**

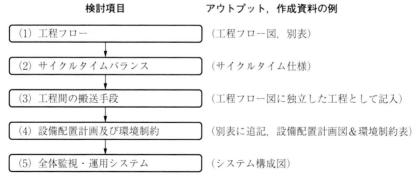

図 4.18 ライン化で新たに検討が必要となる項目およびその順序

125

番号	工程名称	必要機能	機構	主要寸法	設備能力	想定歩留まり	稼働率	設置面積	環境制約	ユーティリティ
1	原料投入									
2	加工									
3	洗浄									

図 4.19　工程フロー図の別表

になれば，単体設備もワーク受け入れ部の仕様を変更しなければならない．これらの作業は二度手間のように見えるが，単体設備の基本設計が"一旦"完成して初めてライン化設備の基本設計ができるので，正しい手順である．

図 4.18 に検討項目およびその順序を示したが，この順序は一方通行ではなく実際には行ったり来たりを繰り返すものだと考えて欲しい．

（1）工程フロー

工程フローの検討ではライン化設備の**各工程を順に並べて示した工程フロー図**を作成する．描き方は図 4.17 のように簡単なもので構わない．原材料投入から製品梱包または出荷までの工程名称と，可能であれば設備イメージも記載し，ライン化設備全体が一目でわかるようにする．次に，各工程の詳細がわかる図 4.19 のような別表を作成し，工程フロー図に添付する．各工程ごとに，必要機能，サイクルタイム，生産能力，想定歩留まりや稼働率など，予算作成に必要な情報を全て記載する．さらに，この項の初めに述べたように，ライン化設備の検討結果で各工程の基本設計を見直す必要が発生したら，随時単体設備の基本設計書を修正するとともに工程フロー図も更新していく．

（2）サイクルタイムバランス

工程フロー図と別表が作成できたら，次に各工程の**サイクルタイム**の「バランス」を検討する．工程の**サイクルタイム**とは工程からワークを 1 個出力するのに必要な時間（前のワークが出力されたときを始点とする）の平均値であり，各工程の設備能力，台数，歩留まり，稼働率，停止時間などから計算する．「バランスをとる」とは**繋がった工程同士でサイクルタイムが等しくなるように，かつ工程間の一時保管量が適正になるように，設備能力，台数，歩留まり，稼**

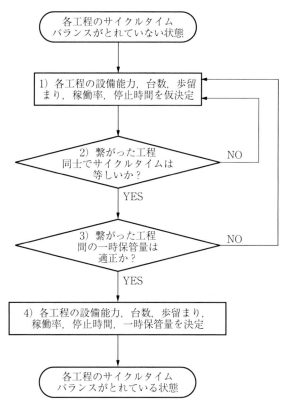

図 4.20　サイクルタイムのバランスをとる手順

働率，停止時間などを決定することである．（図 4.20 参照）

　サイクルタイムが等しくないと，工程内でワークの渋滞や供給不足が発生し生産能力が低下する．また，ある工程の設備が単独で停止する場合には，その前後の工程を停止させないようにするため，工程間にワークの一時保管，すなわち在庫が必要となる．図 4.20 の手順を使い，サイクルタイムバランスがとれている状態となった計算例を図 4.21 に示す．

　この例では，2 時間の平均でバランスを計算している．まず，工程 A と工程 B のバランスを見てみる．工程 A ではワーク 1 ユニットをサイクルタイム 6 [s] で加工する．工程 B は 1 台の設備で加工しており，いわゆる「バッチ式」の設

第4章 生産設備の実現

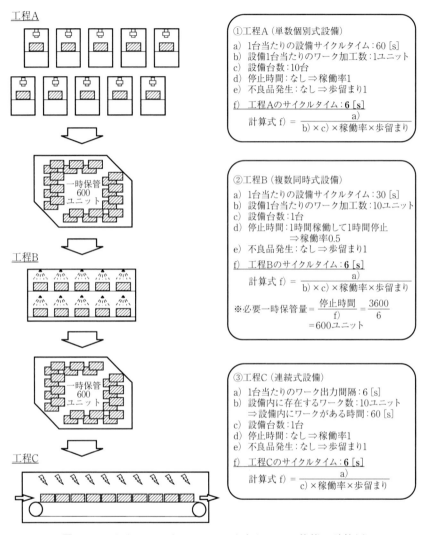

図4.21 サイクルタイムバランスがとれている状態の計算例

備を採用している．工程Bでは設備1台のサイクルタイムが30［s］でも，10ユニットまとめて加工するので，ワーク1ユニット当たりのサイクルタイムは3［s］となる．しかし，1時間の停止を含む2時間を平均した稼働率0.5を加味

した工程Bのサイクルタイムは6［s］となり，工程Aとバランスしていることがわかる．もう一つ重要な点は，工程Bが1時間停止している間，生産を続けている前後の工程との間の一時保管の必要性である．この一時保管は，必要なスペース，管理業務の発生，移動作業の増加，保管中の品質劣化等の点でしばしば大きな問題を引き起こすので注意する．

引き続き工程Bと工程Cのバランスを見る．工程Cはコンベアで搬送し加工点の下を連続通過させる，いわゆる「連続式」の設備を用いている．この連続式の設備から成る工程Cのサイクルタイムは，図4.21中の式に従い製品ユニットの出力間隔から6［s］と計算され，工程Bとバランスしている．連続式の場合，設備内のワークユニット数はサイクルタイムの計算に直接関係しないので注意が必要である．

ここまでは短い時間スパンの単純化した例で説明したが，実際には生産単位相応の長い時間スパンでの検討や，実生産で想定される事象を考慮に含めた検討も必要である．**図4.22**に実生産で想定される，サイクルタイムに影響を及ぼす事象を挙げる．これらの検討には生産計画をはじめ多数の想定条件が必要で，さらにそれらの条件には作業人数の上限や作業可能な時間帯など多くの制約があり，手計算では難しい．

このような計算を扱う目的で**工程流動シミュレーションソフト**が市販されている．工程フロー図の情報を元に各工程の設備能力を入力すれば，生産計画や

```
（a）生産品種の変更のため設備を止めて作業する．
（b）作業員の休憩交代や外部の都合による停止がある．
（c）品質維持のため条件変更調整を生産を止めて行う．
（d）サイクルタイムや良品歩留まりが品種別に異なる．
（e）原材料や副資材などを補給するため設備を止める．
（f）品質トラブルや設備故障，停電などにより突然停止する．
（g）定期メンテナンスや清掃のため停止する．
（h）不良品を工程の一部に再流動させる．
（i）不良品を取り除き下流工程の設備稼働率をアップさせる．
```

図4.22　ライン化設備の実生産で想定すべき事象

前提条件をいろいろ変化させて，計画された生産量が達成できるかが実際に机上で演習できるので，極力利用することを薦める．

(3) 工程間の搬送手段

次に工程間の搬送手段検討に移る．工程間の搬送は製品あるいは原材料に新たな付加価値をつける工程ではないため，費用の最小化を目指すことが重要である．理想は搬送がないこと，つまり設備の直結だが，専用設計でない限りこれは不可能に近い．実際のライン化設備では搬送手段が必須で，さらに自動化，汚れ防止，品質把握などの機能も必要となる場合が多い（自動化については本項の図 4.23(b) で説明する）．また，搬送中にワークに「きず」をつけたり，品質を劣化させるようなことがあってはならない．価値を付けることはなくても，価値を毀損してはいけない．

一方，**工程間搬送に求められる機能は多様で対応できる汎用設備も少ないため，設備技術者が腕を振るって費用の最小化に取り組むべき項目とも言える**．新たな付加価値を付ける工程ではないが，**工程間の搬送手段や一時保管は，上記のように重要項目なので，独立した工程として工程フロー図に記入しておく**．

また，物理的なモノの搬送だけではなく，**タイミング信号やデータ**などの受け渡し方法も決める必要がある．隣接工程の設備間だけでなく，それぞれの設備と上位のライン制御用機器との通信仕様も決定する．これらは (5) で述べる全体監視・運用システムとの整合性（図 4.18 参照）も必要である．

(4) 設備配置計画および環境制約

工程間搬送の設備が決まり，ライン化設備の全体を把握できるようになったところで，各工程単体設備の設置面積および環境制約（例えばクリーンルームの要否やそのクリーン度，空調仕様，床耐荷重，振動制約など主に**据付場所の環境に関連する項目**）を工程フロー図の別表に記載する．その後，工程フロー図とは別の資料として，ライン全体の**設備配置計画図**および**環境制約表**を費用とともにまとめておく．ラインが必要とするスペースは，各工程設備の設置スペースに加え，在庫スペース，作業スペース，通路，ユーティリティスペースなどがあり，設備配置計画図上に面積と位置を示しておく．環境制約に関して

は，工程毎に細かく環境を変えると一般的にコストアップになるので，許容範囲内で複数工程をある程度同一の環境にグループ化して配置していく．いずれもコストだけでなく品質にも大きく影響する重要な項目である．

（5）　全体監視・運用システム

最後にライン全体に関わる監視・運用システムを検討し，工程フローの別資料として作成する．

ライン全体に関わる監視・運用システムは大きくは2つの機能に分けることができる．1つ目はライン全体の設備状態や生産状況の**監視システム**で，設備の稼働・停止や製品の生産数量などの基本的情報に加え，製造品質や設備状態の各種の情報を収集および分析し，管理部門や上位の情報システム（たとえば工場全体または会社全体を管理している情報システム）などに向けて情報伝達するものである．従来この機能の大部分は作業員が担っていたが，ここ数年で大きく状況が変化している．前節でも**センサ技術**の進化に触れたが，工場内の**装置間通信技術**や**データ収集および処理技術**などは進歩が著しく，費用対効果の面でメリットが出やすくなり導入が容易になりつつある．常に最新技術を把握し従来の利用範囲を超えて導入できないかを考えるべきである．

もう1つの機能は上記とは逆に，管理部門や上位の情報システムが持つ生産計画に沿って**ラインを運用するシステム**である．このシステムは稼働停止，品種替えや製造条件替えの際に必要となる各種情報を，**作業員に伝えて作業時間の短縮に役立てたり，設備に直接伝えて従来作業員が行っていた作業の一部を自動化したりする．**

品種替えや製造条件替え作業は，試行結果に応じて再調整するといった定形化していない作業が多く，従来はシステム化や自動化が進まなかった．近年多品種少量生産の流れが強まり，品種替え作業によるライン停止時間や作業負荷低減の必要性が増している．情報システム技術の発達により，従来よりは容易に監視・運用システムが導入できるようになってきた．負の面を防ぐという守りの投資ではあるが，稼働停止や作業負荷増などの費用は計算すると意外に大きな数字となる．

このような理由により，全体監視・運用システムは，ライン化する場合の基本設計では必ず検討すべき項目である．

これまでライン化設備の基本設計として必要な（1）から（5）までの事項を説明した．冒頭で述べたように，単体設備の基本設計書を束ねるだけではライン化設備の基本設計として不十分である．ライン化の検討結果を反映した単体設備の基本設計書とライン全体の工程フロー図，設備配置計画図および環境制約表，全体監視・運用システムを合わせることでライン化設備の基本設計は完成する．

本項の最後にライン化した場合の基本設計における差別化$+\alpha$として特に重要な観点を図 4.23 に3つ挙げる．以下順に説明する．

> （a）設備要素の稼働率
> （b）人による作業の自動化範囲
> （c）検査・計測項目とその方法

図 4.23　差別化$+\alpha$につながる特に重要な観点

（a）設備要素の稼働率

4.2.2 の冒頭で述べたように，各工程の機能を実現する設備を並べ，ライン化することで設計企画書の要求を満たすことはできる．しかし，設備コストの視点で考えた場合，各工程の必要機能をただ設備に落とし込んで単純に足し算しただけでは最小にならないことが多い．つまり工程フローを決定する前に設備コストが最小になる構成を検討し，その結果を工程フローに反映する必要がある．ここでは，設備コストを最小にするために重要な**稼働率**について，設備要素が「動いているか」と「働いているか」という2点でチェックする方法を説明する．

まず，「動いているか」という点である．**図 4.24 は板素材にロボットで文字を描き3分割するという工程をコンパクトに実現した設備の例である**．工程の機能としては描画と切断が連続しており効率は良い．しかし，「動いているか」という視点で重要な設備要素であるロボットと切断用カッターを見てみると，

4.2 基本設計

干渉を防ぐため双方に停止時間が生じており，**設備要素としての稼働率が低い**．

この例の場合，図 4.25 のように工程を分けることで重要な設備要素の稼働率を上げて，設備能力を増大させることができる．この場合ワークの搬送手段が必要となるので，追加コストが発生するが，各設備要素の稼働率が高ければトータルでのコストメリットが出る可能性は高い．設備が「動いているか」は重要なチェックポイントである．

「動いているか」の次は**「働いているか」**を基準にチェックする．「働く」とは製品に付加価値を付ける動作のことで，例えば図 4.25 のカッターであれば製品と接触している時間で表すことができる．つまり，それ以外の時間は働いて

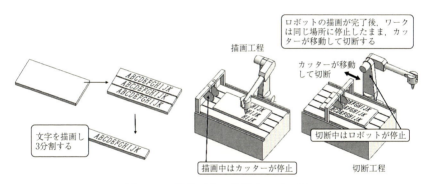

図 4.24　設備要素の稼働率が悪い例

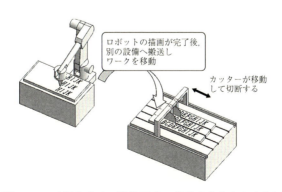

図 4.25　工程を分けて設備要素の稼働率を向上させた例

第4章　生産設備の実現

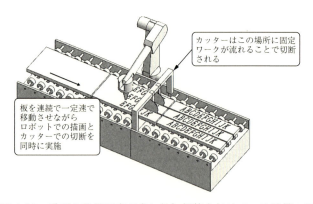

図 4.26　重要な設備要素が常に付加価値を付けている設備の例

いないのである．例えば板の搬入および搬出，切断後にカッターが開始点に戻る，といった時間を減らすことに注力すれば，図 4.26 のような設備が発案できる．このように付加価値と関係のない無駄な動きが発生していないか，という視点でしっかりチェックし設備費用を最小化することが重要である．

(b) 人による作業の自動化範囲

作業員の人数と作業を確定するために，科学的あるいは工学的作業分析（IE：Industrial Engineering）を利用することが多い．その具体的手法については他の専門書を参考にして欲しい．ここでは，例としてライン化により発生する「ワークのセットと取り出し，および次工程への搬送」という作業を自動化する場合，自動化する範囲を決める判断方法を示す．

まず第1に，自動化するかどうかは投資費用や人件費などから計算し，コストメリットがあるかどうかで判断する．自動化には思いのほか様々な検討が必要であり，投資費用を算出する際には，図 4.27 の囲みの中にあるような項目が抜け落ちないように注意する．

次に重要な点は人が作業することによるデメリットの評価である．製品に要求される品質は年々加速度的に厳しくなっており，従来問題がなかった工程でも，人による作業が歩留まり低下に繋がるケースもある．例えば，人からの発塵が異物付着の原因になる，あるいは手で扱うことでワークに傷をつける，な

134

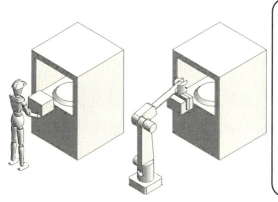

図 4.27　人による作業をどこまで自動化するか

どが問題になる．自動化することによる品質や歩留まりの向上によるメリットを定量的に評価して，メリットが出るならば自動化投資をすべきである．一般論になるが，**歩留まり向上によるメリットは人件費削減による効果を大きく上回ることが多く**，差別化＋αにつながる重要な観点である．

（c）検査・計測項目とその方法

もうひとつの差別化＋αにつながる重要な観点は，差別化された製品の品質を保証する検査・計測項目とその方法である．検査・計測には大きく分けて2つの方法がある．

（1）最終梱包の直前で必要項目をまとめて検査・計測を行う．
（2）各工程の出口でその工程に係る項目の検査・計測を行う．

両者の違いを図 4.28 に示す3つの工程から成る生産システムを例として説明する．

図 4.28 の（1）の方法は顧客の要求品質をラインの最後で検査・計測して保証することを目的としている．しかし，生産ラインの状態を知り，改善に役立てる目的の仕組みではないので，図中の枠内（1）に述べたような問題が起こる．つまり，顧客へ不良品が流出することはないが，どの工程で不良が発生したかわからないため，3工程全てを調査する必要がある．これは1工程を改善する

第4章　生産設備の実現

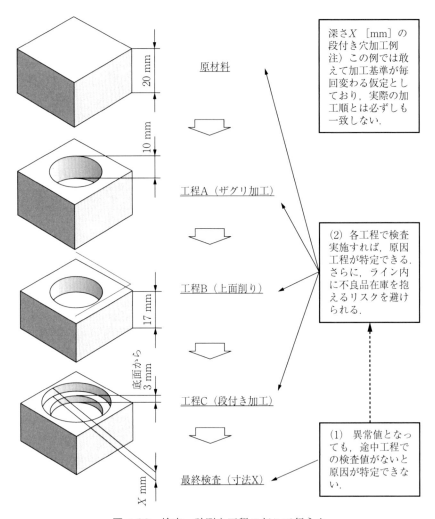

図 4.28　検査・計測を工程のどこで行うか

のに比べて何倍も大変で時間のかかる作業となる．また，上流工程に不良の発生原因があった場合，工程内を流動中だった仕掛品も不良となる可能性が大きい．

　一方，(2) の方法のように各工程の出口側に必要な品質性能が達成できてい

るかどうかを検査・計測する装置を導入すれば，生産中の異常にもすぐ対処でき，長時間に渡って不良品を作り続けるリスクを下げられる．

さて，(1) と (2) の方法でどちらが良いかという話であるが，そもそも，検査・計測は付加価値を付ける工程ではないので，費用を考え検査・計測機の台数が最小で済む (1) の方法が普通であった．その後，上流工程で発生した不良品に付加価値を付ける無駄を防ぐため，(2) を (1) の方法の追加で導入するようになってきた．現在ではさらに考えが進み，「Output として必然的に発生する不良をはじく」のではなく「設備への Input である条件コントロールだけで不良を発生させない」という考えのもと，(2) の方法だけで各工程の歩留まりを究極まで上げ，最終品質を保証する生産システムもある．

このように歩留まり向上の視点で差別化$+\alpha$を目指す (2) の方法であるが，検査・計測装置や回数が増えることでのコストアップというデメリットもある．しかし，**近年検査・計測機の基本要素である，センサ技術が著しく進化し高性能なものが比較的安価になっているので，是非基本設計に織り込むことを検討すべきである**．

4.3　詳細設計

この節では**詳細設計の手順**を述べる．設計企画に基づいて作成した基本設計を実現するための設計作業が詳細設計である．まず計画図を作成し，その次に組立図，部品図を作成していく．詳細設計において単体設備とライン化した場合では注意する視点が異なるので，本節では項を分けて説明する．

4.3.1　単体設備

単体設備における詳細設計の作業手順を2次元 (2D) 設計と3次元 (3D) 設計の場合で説明する．2D 設計では，基本設計の具体化のための計画図を作成し，その次に組立図と部品図を作成する．3D 設計では詳細モデル (2D 設計の計画図に相当) を作成し，その後アッセンブリ (2D 設計の組立図に相当)，パーツ

第 4 章　生産設備の実現

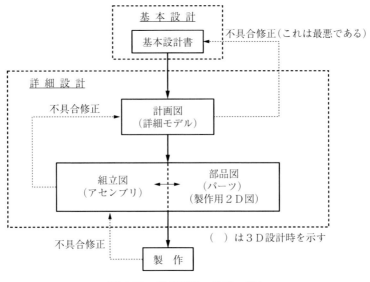

図 4.29　詳細設計の仕事の流れ

(2D 設計の部品図に相当) を作成，さらに必要に応じて製作用 2D 図面を作成する．設計の大きな流れは 2D，3D ともにほぼ同じである．

　実際の設計作業の流れを図 4.29 に示す．3D 設計の場合は CAD の機能により必然的に行われるが，2D 設計でも組立図と部品図は同時並行で作業する．組立図・部品図において矛盾や不具合が生じればその都度計画図に立ち返り修正する．このように何度も更新して詳細設計は完了するのである．また設計中は差別化の目的・方針（品質，コスト，納期のどれを差別化するのか）を常に意識しておかなくてはならない．なぜならばその目的・方針によって注力すべき検討項目や設計判断が変わるからである．

（1）　計画図（詳細モデル）

　計画図とは基本設計で決めた内容を具体的な設備構想としてまとめていく段階であり，設備の良し悪しはこの段階で決まると言ってよい．そのため決して手を抜いてはならない．

　生産システムを構成する個々の単体設備に関して，すべてを決めた図が単体

4.3 詳細設計

```
計画図で検討すべき主項目
  (a) 設備構造と寸法      (b) 材料           (c) 加工方法
  (d) 使用機械要素        (e) 装置固定方法    (f) 機内配線・配管
  (g) 検出・制御・システム (h) 組立・分解・調整 (i) メンテナンス
  (j) タイムチャート
```

※ 検討完了後にDR（Design Review）を行い
計画図の完成度を向上させる．
設計能力向上と共に手直し・再検討の回数は
減っていく．（DRについては4.2.1を参照）

図4.30　計画図の検討項目

設備計画図である．この図面には単体設備に関する全ての情報が盛り込まれていなければならない．設置場所の法規や社内規定（例えば事業所や工場における設備設置基準）などがあれば，それに則した設計にすることも必要である．検討する項目は多岐にわたるが，主な項目としては図4.30のようなものがある．以下各項目について説明する．

（a）設備構造と寸法

基本設計で決めた必要な機能・構造，動作機構やフレーム構成・寸法・形状を実際に図面化し単体設備図面として完成させる．寸法，幾何公差，サイズ公差，角や隅の処理，表面処理，取り合いなどすべてを決める．例えば加工点における必要精度の確保を考える場合，採用する構造モデルでの加工反力や熱膨張等の変形を検証し，それが許容範囲か否かで採用を判断する．手計算で確認できないところは構造モデルを3D化し，CAE（Computer Aided Engineering）等を利用する．

（b）材　料

使用材料は市場で入手しやすい鋼材サイズや定尺寸法を基準に決める．摩耗する部分などは表面の硬化処理も考える．費用と寿命を比較し，定期交換の方が有利なら再現性良く交換できる設計にするのも一つの方法である．

（c）加工方法

設備構成部材の加工方法を考慮して設計する．そうしないと，図面はできたが実際には加工不可能な形状になったり，加工コストが割高になったりする場合があるからである．特殊な形状の場合は3Dプリンタによる造形も考えられる．その場合，加工サイズや材質の制約，また造形時間，強度，製作コストも考えて採用可否を判断する．

（d）使用機械要素

使用機械要素は可能な限り市販品を利用することを考える．安価に早く入手可能であるし，信頼性も高い．また予備品の共通化を考えてできるだけ同じ部品・型式の採用を考える．長納期品を使用する場合はその部品の損傷・故障は長期間の稼動停止に繋がり生産計画にも影響するので，緊急時の対応策を決めておく必要がある．

（e）装置固定方法

通常の設備固定はオールアンカーを使う場合が多いが，繰り返し引張荷重が掛かる場合はケミカルアンカーを使用する．それ以上の固定能力が必要な場合は床の配筋とつなげる方法もある．また装置水平レベルのみ調整し，置くだけの場合もある．具体例を図4.31に示す．

（f）機内配線・配管

設備動作に関係する電気配線や配管ルートを決める．特に可動部は干渉や擦

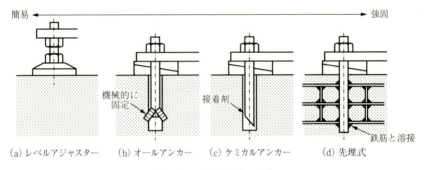

図4.31　設備基礎の例[1]

れによって切断する場合があるため配置や施工に注意が必要である．そのためケーブルベア（可動部の配線や配管を保護する案内部品）はゆとりを持ったサイズを選定する．機械が完成した後で配線や配管をすることもあるが，十分なスペースが確保できなかったり，設備に干渉したりして初回動作時に思わぬ破損トラブルになる場合がある．可能な限り設計段階で決めておく．

（g）検出・制御・システム

必要なセンサの種類，配置，数量を決める．予備品の共通化も考慮し，できる限りメーカーと型式を合わせたものを選ぶ．

基本設計で決めた動作を実現するための制御方法，およびシステム構成における，ハード面とソフト面の主な注意点は以下の通りである．

①ハード面

　人の動線やメンテナンススペース，配線費用を考慮して，分電盤，制御盤，操作盤の配置や，ケーブルラック（配線敷設用のラック）の設置場所を決める．また操作性・メンテナンス性を考えて電源区分や制御区分を明確にする必要がある．例えば安全柵を開けたときに止めるつもりのない設備までが停止すると生産ロスが発生する．つまり制御区分を適切に分けないと稼動率を下げてしまうのである．また，電源については，止められない設備では停電などの非常時に別電源を確保する．生産しながら単体設備ごとに電源を落として緊急メンテナンスができるようにする，などが挙げられる．

作成する資料は**ネットワーク図**（ネットワークの構成がわかる図表），**制御区分図**（電源を供給している設備のまとまりや区分がわかる図表）などである．

②ソフト面

　ソフトを作る際には次のようなことを考える必要がある．どのような制御機能が必要になるのか，手動運転時に必要な単動操作項目，自動運転時のシーケンス動作，管理や制御のためにどのような設備・計測・検査・品質情報が必要になるのかなど，抜けがないようにリスト化し明確化することが大切である．作成する資料は**制御機器配置図，設備制御機能一覧表，手動運転，単動運転一覧表，自動運転の動作一覧表，設備管理情報一覧表**が挙げられる．

（h）組立・分解・調整

組立・分解・調整に関しても設計時に考慮しておく必要がある．避けなければならない設計例を以下に挙げる．製作時には組立できるが設備据付後に分解できない設計，一つの部品を外すのに別部品を外さなければならないような付加作業が必ず発生する設計，調整時に手が入らない，または工具を入れるスペースがなくて作業自体が困難な設計，調整部で位置精度の再現性を得られない設計などである．組立・分解・調整作業を把握もしくは想定し，後々困らないように設計することが必要である．

（i）メンテナンス

給油・給脂は設備稼動率に影響することが多い．軸受等は給脂次第で故障率が半減する場合もある．また給油・給脂作業自体がしづらいと作業のための設備停止時間が長くなる．したがって**給油・給脂の方法については設計時に必ず検討する必要がある**．人手による給油・給脂が無理な場合は，**自動給油装置**なども検討する．

（j）タイミングチャート

必要な生産能力を達成するために，どのように制御・動作させるべきかを決めるのが動作計画図であり，タイミングチャートと呼ばれる．基本設計で決めた概略タイミングチャートを，詳細設計で採用した機構・駆動系や，アクチュエーターの能力を精査し，実現可能なものに精査・仕上げていく．実際は動作と動作の間に待ち時間やセンサ検知時間などインターバル時間が必要なので，机上の計算に比べ動作時間として割り当てられる時間が短くなる．そのため機械担当者の想定より機械に対し厳しい動きを要求されることが多い．よって機械担当者が作成するタイミングチャートは時間的に余裕を持った設計をしておく．また選定するアクチュエータも能力ギリギリでの選定は避け余力を残すようにする．

計画図が完成した段階で必ずDR（Design Review）を行う．（DRについては4.2.1参照のこと）特に若手の設計者では視野狭窄に陥りやすく，助言によっ

てはっと気付くこともある．

（2） 組立図（アセンブリ）

計画図に基づき組立図・部品図を作成する．組立図と部品図は確認・修正を繰返しながら完成させていくことになる．また部品図完成後に，最終確認として図面上で組立作業をすることもある．組立が可能か，干渉がないか，ボルト，ナットやエアシリンダのスピードコントローラ（動作速度を制御する空圧機器）などの取り付け・調整などの作業性は問題ないか最低限確認する必要がある．しかし2D設計の場合はこの確認を3面図で行うことになるので十分とは言えない．時間が許されるなら，3D化し仮想的に組み立てて干渉などの不具合を調べることで確度が向上する．

アセンブリとパーツが連動するCADソフトを使った3D設計では干渉確認は比較的容易にできる場合が多いので機械動作も含めて問題ないか必ず確認しておく．また3D設計の場合は組立図自体を組立手順の確認や作業指示などに利用できるメリットもある．以下に組立図に記載すべき情報の例を挙げる．

(a) 全体・主要寸法：占有空間・装置サイズ，ストローク，主要部材サイズ，調整代，装置名称，駆動等の仕様，市販品名称・メーカー型番，ワークサイズ
(b) 取り合い：隣り合う装置間の接続部寸法，コンベアローラーピッチ，隙間寸法等
(c) 高さ位置：設置床面と設備底面の関係（高さ調整代），ワークパスレベル
(d) 運搬具との関係：重心位置，アイボルト位置，ワイヤ掛け位置
(e) 運動方向：駆動系の回転方向，ワーク搬送方向
(f) ワークを加工する機械の場合：ワークとの位置関係
(g) 設計上の性能：駆動速度や精度，設計想定重量
(h) 部品番号：部分組図や部品図との相関がわかる番号

（3） 部品図（パーツ・製作用2D図）

3Dデータを加工データとして使えるNC加工などを除いて，設計したものを製作するには基本的に2D図が必要となる．そのため詳細設計がいかに素晴らしくても，それを2D図面として正確に表現できていなければ組立トラブルや

製作ミスを発生させる場合がある．近年はより安い設備を調達するために開発途上国などのメーカーで製作するケースも増えているが，図面レベルが低いとトラブルが発生しやすい．例えば，図面自体がそもそも見づらく間違えやすい，正しい製図規格で表記されていない，溶接記号や公差等も指示されていない．このような状況では製作者が勝手に判断して製作し，結果として設計者の意図とは異なる物が製作されてしまう可能性がある．頻繁に依頼するメーカーであればこのような図面でも情報伝達されてなんとか製作できる場合もあるが，他社ではこうならず，組立時に不具合が発覚したり製作コストが高くなったりといった数々の問題が発生する．これらは設計者の意志・意図が図面に反映されておらず，情報が正しく製作者側に伝わらなかったことが原因で発生するトラブルである．考え方や文化も異なる海外で製作・調達を考えるのであれば，誰が見ても同じ理解になる図面作成を目指すことが必要である．

昨今では 3D 設計でアセンブリを作成すれば実物の部品も組立つと考えている設計者もいるが大きな間違いである．3D パーツ（部品）は製作誤差を含まない理想形状で表現されているが，実際には誤差のない部品を製作することはできない．**各部品に対し幾何公差，寸法公差（サイズ公差），仕上げ精度などの指示は必ず必要である．この指示がないと設計者が意図した物ができあがらない**．ただし厳しい公差を指示すると製作コストが高くなるので十分な配慮が必要である．設計者はツールばかりに頼らず，少なくとも JIS 製図規格は理解し，製作者との製作に関する討議の経験を積み，設計力を養う必要がある．

また部品製作メーカーが設備全体構成を理解しているとは限らない．言い換えれば，部品製作メーカーは設備全体がうまく組立ち，動作することまで考慮して部品を加工してくれるとは限らない．そのため暗黙で伝えられていたノウハウも可能な限り明示し，誰が製作しても有効に機能する部品ができあがる図面にしなければならない．

注意すべき主項目を図 4.32 に示す．

（a）形状・各部サイズ

組立図で描かれた部品形状や寸法を継承し，また加工可能な形状として図面

4.3 詳細設計

```
┌─ 部品図，パーツ作成・製作用2D図面で検討すべき主項目 ─┐
│  (a) 形状・各部寸法    (b) 加工・仕上げ・塗装    (c) 材質           │
│  (d) 溶接              (e) 購入品の型番・メーカー名  (f) 製作・購入数量 │
│  (g) 重量              (h) JIS等の規格表記      (i) その他         │
└──────────────────────────────────────┘
```

> ※ 図面作成後に設計経験豊富な上司，先輩，知見者に見せ，不具合や抜け漏れをチェックする．設計製図能力の向上とともに手直し・修正の回数は減っていく．

図 4.32 部品図，パーツ作成・製作用 2D 画面の検討項目

化する．必要精度を維持できる幾何公差（形状公差や姿勢公差，位置度公差等），および寸法公差（サイズ公差）も明確に指示する．ただし過剰な幾何・寸法公差（サイズ公差）指示はコストが高くなる要因の一つなので必要十分な公差にしなくてはならない．

（b）加工・仕上げ・塗装

必要な機能を維持できるように部材表面の仕上げ指示を行う．加工基準面となる場所，面と面が重なる場所，摺動部など機能上必要十分な仕上げ精度にする．これも過剰な精度要求は製作コストが上がるので注意を要する．

耐熱塗装などは耐熱温度も明確に指示する．また面と面が重なる場所に塗装されてしまうこともあるので，塗装が「必要な面」と「不要な面」を明確に指示をすることが重要である．

（c）材　質

目的・用途に応じた材質にする．"ステンレス"や"アルミ"などの表記による指示は間違いが起こりやすい．SUS304，SUS310S，A5052，A2017などの材料記号で，必要なら熱処理記号も含め指示をする．なお国内と海外では規格の違いから記号が異なるのでその国に応じた表記にすることが必要である．

（d）溶　接

溶接指示（隅肉や開先指示など）も明確に示すことが必要である．特に強度を確保しなければならない場合は，必要な溶接の「のど厚」から溶接脚長を指

第4章　生産設備の実現

示し，溶接面の仕上げも指示する．また据付後の現場溶接は溶接歪みの確認が事前にできず，場合によっては再修正しなければならなくなる．安易に多用しないほうが良い．

（e）購入品の型番・メーカー名

購入品の型番などは組立図と部品図で異なって記入しているまちがいもあるので，両方のチェックが必要である．組立図の型番のみ正しくても製作は部品図をもとにするので，間違った物が手配されてしまうことがある．

（f）製作・購入数量

数量の間違いが組立時に発覚すると，納期遅れに直結する．数量は必ずチェックする．

（g）重　量

ロボットハンド（エンドエフェクタ）重量は可搬能力の判断によく使われるので，必ず表記しておく．3D設計だと全ての部品が自動計算されるので容易だが，2D設計では一品ずつの手計算が必要で時間を要す場合が多い．よって全部品を計算することは困難であるが負荷や駆動に関わる重要部品は計算して表記しておく．

（h）JIS等の規格表記

その国に応じた一般工業規格（例えば日本ならJIS規格）を表記する．

（i）その他

特に注意をしたい部分や指示は注記として表記する．

これで詳細設計が終わり，製作の段階へと移るわけだが，その前に製作に入ってよいか否かを設計経験豊富な知見者や先輩，上司に見てもらい問題がないかを精査する．実際は設計時間の制約があるので十分に精査する時間がない場合もあるが，多くの経験と豊富な知識を得ているであろう上司の了解・承認は必須である．個人の知識や判断では限界があり，より多くの人の目で精査されることで失敗やトラブルの未然防止になる．問題発見が遅れるほど，それに対応する時間と費用は増えていく．問題は設計時に解消しておくべきである．

詳細設計を外部に依頼した場合，詳細な検討内容を把握できないことが多い．そのため不具合を防止するためには上記（a）〜（i）の項目を必ず設計担当者自身が確認しなくてはならない．

余談ではあるが，筆者の経験では，後輩や部下の検図をすることで新たな知識や発見・気付きを得ることも多い．他者の図面を見ることは設計者として有益な経験になるということを付け加えておく．

4.3.2　ライン化した場合

ここからは単体設備をライン化する場合の詳細設計作業手順について述べる．単体設備の詳細設計が済んでいることを前提としているので，それらをいかに効率良く配置し，無駄な費用の発生もなく，生産ラインとして構築するかを検討することになる．

基本設計で決まった配置について実現性を考慮しながら詰めていき，具体的には（1）設備配置計画図，（2）レベル（高さ）関係計画図，（3）ユーティリティ計画図を作成する．

設計を始めるにあたり，各設備は**本質安全設計**（ガードまたは保護装置を使用せず，機械の設計または運転特性を変更することによって危険源を除去する方策）を目指すことを忘れてはならない．しかし単体設備から単体設備へのワークの搬送にロボット，移載機，コンベアなどの搬送設備が必要になり，その搬送動作自体が人に対する危険源となる場合がある．このような本質安全設計で回避できない危険源は，安全柵と駆動電源遮断を組み合わせた付加保護方策（安全柵の中への進入時に動力源を遮断するような方策）により回避することを考える．

以下にそれぞれの項目における考え方や注意点を述べたい．

（1）　設備配置計画図

単体設備の詳細設計は完了し，またそれをどのように配置して生産システムを構築するかについては基本設計で取り決められているので，設備配置計画図とはその図面化と実現性の詳細検討が主目的になる．この計画図では単体設備

第4章 生産設備の実現

```
┌─ 設備配置計画図で検討すべき主項目 ─────────────────┐
│ (a) 設置可能スペース     (b) 単体設備エリア      (c) 原材料や一次製品，│
│     (設備，操作パネル，                              出荷製品の搬入・│
│     制御盤)                                          搬出経路      │
│ (d) 人の作業スペース     (e) メンテナンススペース  (f) 安全柵       │
│ (g) 非常時のスペース     (h) 床の耐荷重            (i) 法的制約     │
└──────────────────────────────────────────┘
```

※ 最低でも設備，安全柵，制御盤，操作盤，必要スペース，ベンチマーク，据付基準は図面上に表記する

図 4.33 設備配置計画図で検討すべき主項目

を並べるだけではなく，**最適な配置**を行うことが重要である．作業や工程を分析して無駄を省く IE (Industrial Engineering) 手法を利用するのも一つの方法である．配置を最適化すれば設備単位面積当たりの生産性を上げることができる．これは土地単価の高い日本のような国では特に考慮すべきである．検討に際しては図 4.33 のような項目が挙げられる．

(a) 設置可能スペース

設置スペースには空間的な制約があることが多い．よっていかに効率良く最適な配置にできるかは担当エンジニアの腕であると言ってよい．

まずやるべきことは設置スペースの確認である．既存図面だけを用いて検討すると思わぬ落とし穴があるので，事前に現場を確認することが重要である．図面に現場の情報全てが記入されていることを期待してはいけない．そもそも物理的に記入しきれないし，図面作成時に情報の入力漏れもある．さらには据付後に行われた現場での改造が追記修正されていないこともあるからである．

現場を確認するときに最も大事な視点，それは「**干渉**」である．確認項目を挙げるなら次のような項目がある．配管，配線，ダクト，建屋の柱やその根巻，床面ピット蓋等の開口，消防設備やその周囲の必要空地，排水溝の位置や埋設管マンホール，さらに立体的に見れば，天井高さ（建屋天井部に設置される照明機器，配線ラック，配管，空調ダクト等も含む）や屋根部へアクセスするた

めのメンテ用スペースなどである．追加設備やユーティリティ機器などが図面には記載されていないが，現場には存在している場合もあるので注意が必要である．

つまり「**制約を含めて空間的に設置可能なスペースを把握する**」ことが設備配置計画図作成の初手である．ここで手を抜くと，二度と開かないマンホールができたり，据え付けの段階で設備干渉が発覚し現場での改造を余儀なくされたりと，様々なトラブルが発生する．スケジュール通りに仕事を進めようと考えるならば，最初に時間をかけて現場を確認すべきである．後になって計画時には予想できなかった問題が発生することもあるため，事前検討で回避できるトラブルは可能な限り対処しておく．

（b）単体設備エリア

基本設計に記されている単体設備のサイズが基本仕様のワークサイズや運転動作から考えて現実に成り立つか「設備と操作パネルおよび制御盤の配置」を検討する．参考設備があればそれと比較するのも一つの方法である．その際操作やメンテナンスで必要となる設備周りのスペースも含めて考える必要がある．

（c）原材料や一次製品，出荷製品の搬入・搬出経路

作業上，原材料・一次製品等を投入部周辺に仮置きすることがある．このスペースをきちんと把握し確保しておかないと，原材料の入荷待ちが発生し生産阻害となる．出荷の場合も同様で，逐次トラック等に載せて出荷するのか，仮保管して，顧客要求に従って出荷するのか，方法次第で必要スペースが変わってくる．仕様を明確にして，必要なスペースを確保しておく．

（d）人の作業スペース

人の作業を洗い出し，その作業に対し必要十分なスペースを確保する．スペースは広すぎると無駄な移動時間が発生する．狭すぎると作業効率は悪くなり，また人と設備の干渉で怪我をする恐れもある．この検討には実際の作業者と綿密な打ち合わせが必須になる．人間工学的な配慮やIE手法を使えばさらに最適化できる．

149

（e）メンテナンススペース

生産活動用のスペースだけでなく，設備メンテナンス用のスペースを確保する．設備能力・機能を達成することだけを考えた配置をしてはいけない．メンテナンスも考えないと，奥にある設備を修理・交換したいときに，手前にある設備を動かさないと搬出できないといったケースも発生するからだ．設備が故障したらどうするか，事前に考えておく必要がある．故障設備を搬出するためのルートや必要な開口サイズ，さらに搬出用機具（ホイストやIビーム等）等は図面に記入する必要がある．

（f）安全柵

安全確保のため，危険源からの隔離を目的として安全柵を設置するが，設備の配置が終わったあとに後付けで安全柵を配置してはならない．

つまり制御区分の仕切りとなる安全柵と設備は同時に検討しなければ，必要な安全の確保，メンテナンススペースや人の作業スペースを確保できないし，作業性を考慮した扉の配置やサイズの決定もできないのである．

（g）非常時のスペース

災害時に人が避難する経路を確保する．設備によっては有毒な化学物質等を使っている場合があり，**危険源と避難経路との隔離**も考えて決める．

（h）床の耐荷重

床の耐荷重を考慮した設備設計が必要である．2階以上の床などでは場所により設計耐荷重値が異なる場合がある．事前に建築設計資料等を確認し，設備重量を下げることや，床の補強を計画する．

（i）法的制約

配置を決めるうえで次の法律が制約となるので事前に確認しておく．建築基準法，消防法，環境基本法，高圧ガス取締法，労働安全衛生規則，工場立地法，等である．

（j）設備周囲環境

設備または生産活動が周囲環境に及ぼす影響を考慮して配置を決める．騒音，温度，ノイズ，ガス，光，異臭，振動，湿気，粉塵などに注意する．騒音につ

4.3 詳細設計

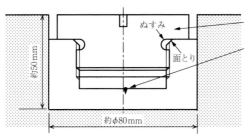
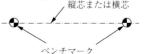

図 4.34　ベンチマークの例[1]

いては特に注意する．常時作業者が配置されている場所では騒音障害防止のため騒音規制値（dB）が決まっているので，遮音・防音施工等の考慮が必要である．また，工場境界線付近に配置する場合も環境基準が定められており，周辺住民への配慮が必要となる．

一方，設備や生産活動に必要な温湿度，クリーン度，許容振動などの制約条件も加味して決める必要もある．なければ環境を整えなくてはならない．

（k）設備の搬入・搬出経路

設備を据え付けるルートの幅，搬入用開口部のサイズ，エレベータによる重量制限などは事前に把握しておく．4.3.1 で既に述べた単体設備計画図にも関係するが，その制約により設備サイズ，もしくは分割サイズを決めることになる．どうしても成り立たない場合は建屋の壁や天井に開口を設け，搬入後に閉じるケースもある．このような場合は工期や予算に影響するので事前に方針を決めておく必要がある．

以上の（a）から（k）の項目を配慮したうえで設備配置計画図を描くが，**必ず配置の基準線**を忘れないようにする．この基準線は縦，横それぞれ1本で，**縦芯，横芯**と呼ばれ，設備を設置する際の基準である．これは建屋の柱から区切りの良い数値で何 mm と決める場合が多い．建屋の何番柱を基準としているかは図面に明記する．また設置場所床に図 4.34 のようなベンチマークと呼ぶ

第 4 章 生産設備の実現

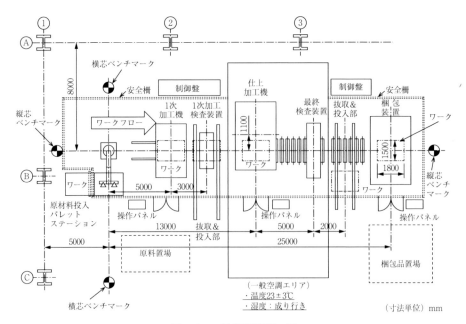

図 4.35 設備配置図の例

印も設置する．土木・建築業界の基本単位は mm ではなく cm である．柱などは図面通りの mm 単位寸法で配置されていないことが多いので，スペース的にシビアな配置計画は避ける．どうしてもギリギリの配置になる場合は事前に現場を測定し，設置空間を正確に把握して計画しなければならない．

　設備配置計画図の例を図 4.35 に示す，（a）から（k）全てを検討し最終的に図面化することになるが，この例では全てを記載していない．また設備も簡略表示にしている．少なくとも設備，安全柵，制御盤，操作盤，必要スペース，設備周囲環境，ベンチマーク，据付位置基準は必ず記入する．

（2）　レベル関係計画図

　各設備の配置が決まったところで今度は高さ（レベル）を決めておく．ワークが搬送される高さを**パスレベル**と呼び，通常設備を設置する床面を基準として FL（Floor Level：フロアレベル）＋〇〇 mm のように記載する．高さの決め方は様々であるが，作業者が関わるところは，作業しやすく無理な姿勢にな

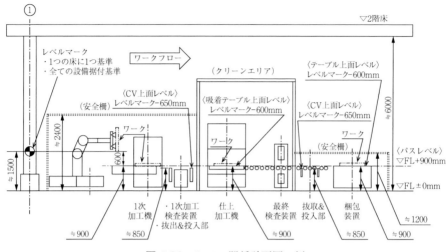

図 4.36　レベル関係計画図の例

らないような高さにする．もし設備がその高さに合わなければ床面を掘ったり嵩上げ床を設置したりして合わせる．

　実際の現場では設備配置エリアで**床レベルの一番高い場所を FL±0 [mm]に設定しなければならない**．低い場所で設定すると，パスレベルを合わせて据え付けようとしたとき，低い方向への調整代が足りず，床の高い場所を削らなければならないといった問題が発生することがある．最も高いところで設定しておけば，高い方向への調整だけになり設備の下にライナーなどを入れることで容易に対応できるのである．レベル関係計画図として**図 4.36** に例を示す．

（3）**ユーティリティ計画図**

　設備を動作させるために必要な**ユーティリティ**（以下 U/Y と表記）の種類と使用量を検討し，その供給フローを示したものが U/Y 計画図である．単体設備設計が終わらないと必要な種類や量は決まらないが，設備設計完了を待って設計・手配をすると間に合わないことが多い．設備の概略設計が終わった段階で U/Y 仕様を決めるが，多少の変更を見込んで計画しておく．

　なお U/Y の検討に際して，必要空気量は基準状態（温度 0 [℃]，絶対圧力

第 4 章　生産設備の実現

0.101［MPa］，湿度 0 %）に換算して行うのが一般的である．空気量は圧力や温度で変わるので，必ず同じ温度圧力の値に換算して検討する．

既存の U/Y を使う場合，現状調査が重要になる．現状の使用量を確認しておき，供給量が不足しそうならライン専用機器を用意する．もし不足すると新規設備だけでなく既存設備にも影響が出るので最大，最小，平均負荷を調査し，必ず把握しておく．

カタログに記載されているコンプレッサ（圧縮機）の空気量は標準状態（温度 20［℃］，絶対圧力 0.101［MPa］，湿度 65 %）での吸込み量になっている．実際の使用条件は標準状態と異なるので，能力検討ではカタログ値×0.85 で考える．また実生産で設備が連続で動作すると負荷変動を吸収するために設置しているレシーバタンクの圧力が不安定となり，追加で小型タンクを設置することがよくある．レシーバタンクの容量は複数の動作が重なるタイミングや安全率も見込んで決める必要がある．

ユーティリティ計画図の参考として図 4.37 に例を示す．図面が数枚に及ぶ

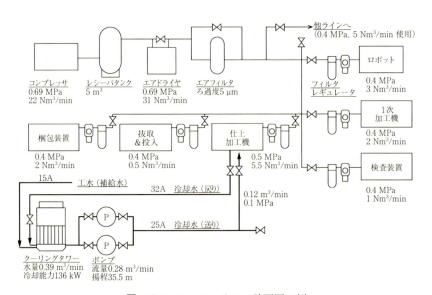

図 4.37　ユーティリティ計画図の例

場合は，それぞれ系統の繋ぎを記号などで明示し，わかりやすくしておく．

　以上のような注意点を考慮してU/Y計画図を作成していくわけだが，必要仕様や機器仕様も忘れずに表記しておく．また系統を区分するためのバルブも記載しておく．メンテナンスや配管ルート変更の際，バルブのない範囲は全て供給を止める必要が生じるのでバルブ位置は重要である．いろいろなケースを想定し必要十分な個数を設置する．

　ここまでライン化する場合の詳細設計について（1）から（3）の項目を述べた．この後は単体設備と同じプロセスを経て製作へと進むが，その前に設計結果に対するDR（Design Review）が必要である．ライン化設備の場合は設備規模が大きくなり後からの修正・変更はできなくなる場合がある．また単体設備では考える必要のなかった視点も加わることになるので，可能な限り多くの関係者を集め，かつ時間をかけて評価する．設置した後に不具合が出ないように，設計時にしっかり詰めておく．

4.3.3　詳細設計における差別化+α

　ここまで一連の詳細設計手順を説明してきたが，最後に"詳細設計における差別化+α"について述べる．

　多くの人が関与して作成した生産設備の基本設計書があれば誰が詳細設計を行っても同じ設備ができあがるのであろうか．答えは否である．詳細設計が異なれば完成設備には明確な差異が生じるのである．

　そのため生産設備のユーザーである製造関係者に好まれる設計者と忌避される設計者が存在する．なぜこのようなことが起こるのか．

（1）「創り手」と「使い手」の思考の違い

　生産設備に関していえば，設計者や製作者を「創り手」，設備を運転して生産活動を行う**製造作業者**や設備を安定稼動させるための**メンテナンス作業者**，さらには設備運転計画を担う管理者などを「使い手」とみなすことができる．

　この「創り手」と「使い手」はその立場の違いから"良し"とする設備に違

いがある．「使い手」の"良し"とする設備は，**使いやすく，信頼度が高く，安定的に運転できる設備である**．生産活動においては，効率良く継続的に運転できるということが重要なのである．一方「創り手」の"良し"とする設備は，仕様を満たしながらも早く安く調達でき，早期戦力化できる設備である．

「創り手」は自分たちの"良し"とする設備を求め，必要機能を満たすことに特化した設計や実績のある機構・構造を使った流用設計，価格を理由に機械要素を選定する設計などを行う．これらは設計・製作コスト削減や工程短縮，およびマンパワーの有効活用に繋がるので決して悪いことではない．ところが**「創り手」が"良し"と考えただけの設計では自己満足的な設備になりやすく，「使い手」にとって使いづらく，本来のパフォーマンスを発揮できないものになることが多い**．最悪のケースでは，歩留まりや稼動率が上がらず目論見の利益を得ることができなくなる．つまり差別化の目的を果たせなくなってしまう場合があるのである．逆に言えば設計者が「使い手」の"良し"とする設備を作ろうと設計すれば目論見以上の能力を発揮する生産設備になる可能性もあるはずだ．

しかし，これはただ単純に「使い手」の要望を全て取り入れた設備にすればよいという意味ではない．設備に本当に必要な機能・構造について「使い手」「創り手」両者がよく考え，議論を尽くし，折り合いがつけられる点を模索することが重要である．そうしなければ投資額は上がる一方でメリットも出にくくなる．

基本設計では主に生産システムの差別化を考える．詳細設計における差別化要素はそれに比べれば些細なものと思われるかもしれないが，生産システムの生産性についてさらに改善できる可能性を持っている．つまり**詳細設計次第で計画以上に安定稼動する設備を得ることが可能なのである．保全も含めた使いやすさや，稼動の継続性を考慮した設計は非常に重要であるということを理解**してほしい．

本書では，この計画以上の安定稼動を得るための詳細設計の指針を差別化度合いにプラスする，という意味で**"詳細設計における差別化+α"**と呼ぶ．以

下に具体例を述べる．

（2） 詳細設計における差別化＋αの具体例

「使い手」の視点・立場で考えた"詳細設計における差別化＋α"の具体例を挙げると次のようなものがある．

（a）安定稼動

故障が発生しにくく，仮に突発の故障が発生しても容易に分解・修理が可能で短時間で復旧でき，稼動率や生産計画への影響を軽減できる詳細設計．例えば24時間連続運転する設備は各部の設計安全率を少し大きめに設定し，消耗部の寿命を延ばしておく，また設備衝突が発生し部分的に変形しても運転自体は不完全ながら継続できるよう重要フレームの剛性を上げておいたり，大きな負荷が掛かった場合破損させる部分をあらかじめ設けたりする設計である．このように設計された設備は「使い手」にとっては大変ありがたい設備となる．

（b）使いやすさ

「使い手」の作業性・視認性を考慮した詳細設計．例えば重要な加工点をモニターで監視する機能を設ける，製造作業者の作業動線からよく見える表示機器の配置や向きにする，位置調整機構に再現性確保用ゲージを取り付ける，固定用ブレーキハンドルの設計に人間工学を用いる，などが挙げられる．これらは使いやすさだけでなくヒューマンエラーの削減にも寄与することになる．

ちょっとした工夫の例だが，再現性が必要な長孔調整部はボルトだけで締結するのではなく，図 4.38 のようにキー材や段付き加工を利用して移動方向を制限すれば，不慣れな作業者でも調整による芯ずれを抑えることができる．

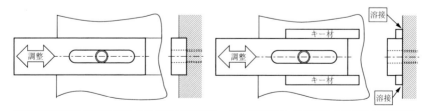

長孔調整部に段付き加工を追加した例（ボルトは非表示）　　長孔調整部にキー材を溶接した例（ボルトは非表示）

図 4.38　長孔調整部の工夫例

このように**製造作業者が容易に作業を行えるような工夫**があれば，その場ですぐに的確な調整を行うことができ，作業の効率化にもつながる．

（c）メンテナンス性

組立・分解・調整に関して次のようなことを避けた詳細設計を行う．
・製作時には組立できるが設備据付後に分解できない．
・1部品を外すために他の部品を外す付加作業が必ず発生する．
・工具を入れるスペースが狭く作業性を考慮していない．
・設備調整部の機構に再現性がなく，何度も調整作業をやり直すことになる．

ほかにも，まだまだ例はある．「使い手」であるメンテナンス作業者の視点・立場で考えた設計にすることが大事である．

（d）ライン化した場合

①操作パネルの位置と表示

製造作業者が位置する場所から，設備を監視・操作しやすくする詳細設計．操作パネル面の設備配置表示とその場所から見た設備の見た目が一致していないと操作ミスの原因になる．また表示画面自体も整理し，使いやすく，操作・入力ミスがないように考慮する必要がある．

②設備監視機能

重要な加工点（ワークに付加価値を付けている箇所）の監視ができ，ライン管理を容易にする詳細設計．台数が多い場合などは集中監視なども取り入れる．また生産条件に関わる圧力センサやゲージ類の表示も同様に監視しやすい配置・向きにする．製造作業者が1ヶ所から容易に監視できると人員を最適化でき生産コスト削減につながる．

"詳細設計における差別化+α"はまさに設計者の腕にかかっているといえる．この設計を行うことで設備の稼動率向上および良品率向上へ寄与することができる．ぜひとも「使い手」が喜び，高く評価してくれる詳細設計を目指してほしい．

4.4 設備設計検証

詳細設計が完了すると製作・据付けを行い，次に生産システム構築の最後の手順となる設備設計検証の段階に進む．設備設計検証が完了することでいよいよ差別化された生産システムで量産が可能になる．

（1） 設備設計検証の必要性

設備設計検証とは「製作した設備を確認および試運転することで，設計した設備品質になっていることを検証する．さらに要求した製品品質を確認することによって設備設計の妥当性を検証する」ことである．製作・試運転・サンプル製作の各段階で検証を行うことにより，なるべく早い段階で課題を発見し，量産開始日が迫った時点で不具合，不満足および欠陥が生じないようにする．

（2） 設備設計検証の手順

設計者は様々な確認や試運転を行うことで設備の設計を検証していく．その確認フローを図4.39に示し，各段階の概要を順に示す．

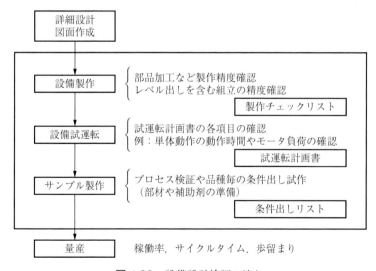

図4.39 設備設計検証の流れ

第4章　生産設備の実現

　設備製作の段階では，自ら設計した設備が詳細設計通りに製作されているか，設計時には見つからなかった新たな問題がないか，外観や精度の確認を行うことが重要である．設備試運転の段階では，設計で決定した仕様（時間，速度，温度，容量など）を定量的な**評価基準**として記した**試運転計画書**を事前に作成し，実際に設備を動作させて評価基準が達成されていることを確認する．一方，評価基準の中には知識や経験に基づいた五感による確認も含まれる．例えば駆動する部位での異音や異常な振動について，「この異音は危ない」「この振動は容認できない」などの判断をしなければならないが，これには十分な評価経験が必要である．後は実際に設備を動作させてサンプル製品を製作し，製品の要求品質を満足していることを確認すれば検証は終了になる．

　設備製作や設備試運転およびサンプル製作のいずれの段階にも設備のことを一番理解している設備設計者が参加し，完成度の判断をすることが必要である．また，検証の全体スケジュールを作成して期限通り，人員を確保して，全体を通して効率の良い手順を組み上げることも重要である．

　以上が設備設計検証の手順であるが，特に重要である試運転とサンプル製作段階について具体的な例を用いてより詳しく説明する．

（3）　設備製作による設備設計確認

　ISO9001などの**品質管理システム**を用いて製作過程毎に成績管理を行うことで，図面通りに設備が製作されていることを保証できる．設計者はその成績書に記載のある検査管理値と検査結果を比較・確認することが重要な作業の1つである．例えば寸法精度や仕上げ精度などの確認がそれである．また，その製作過程において品質管理システムが運用されていることを確認することも重要である．さらに，設計者は製作精度以外の観点において，詳細設計時に考慮した計画図の検討項目について確認しなければならない．例えば，詳細設計時に考慮していた調整の作業性について，実際のワークを用いて模擬作業を行うことで設計の有効性を確認することができる．また，配管や配線がメンテナンスを行う際に問題にならないか，問題にならなくても最善の場所であったか，設備の実物を見て確認し，その場で設計を振り返ることもできる．このように，

4.4 設備設計検証

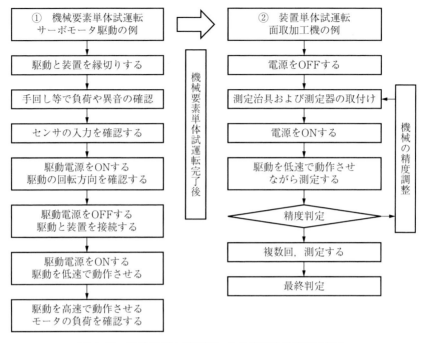

図 4.40　単体設備の試運転による設備設計検証の流れ

設備製作段階で確認する項目は詳細設計項目の多岐にわたるため，事前に**製作チェックリスト**を作成した方が良い．

（4）　単体設備の試運転による設備設計検証

図 4.40 に単体設備の試運転の例を 2 段階に分けて示す．**最初の段階の①は機械要素（アクチュエータ）単体の試運転であり，この機械要素の試運転が全て完了した後，それらを組み合わせた設備単体の試運転②を行うことができる．**

①の機械要素単体試運転では，手順が複雑なサーボモータを例とした．組み立てた装置が不安全な動作をすることがないように，いったん，駆動の縁切りと呼ばれる駆動力伝達系の分解を行っている．このように組み立てたものを分解したらまた組み立てなければならず，一見面倒な作業に見えるが，一つひとつの機能を安全に確認していくことが重要である．この例の場合は，手で回して異常の有無，センサの入力良否，低速動作による回転方向の確認，高速動作

161

による負荷の確認，の順に確認している．駆動電源 OFF →信号レベルの電源→運動量小→仕事量大という順序に，最終的に設計能力の確認に至るまで安全な方法で順々に進めなくてはならない．

②では設備単体試運転の例として，面取加工機の機械精度の確認方法について述べる．精度の確認方法には測定器を用いるが，測定環境も重要である．ダイアルゲージを用いた測定を例に述べると，測定器の固定部分であるダイアルゲージマグネット面および測定する測定子が接する部分は機械加工され安定的に測定できなくてはならない．機械加工面が近くにない場合は専用の治具を使って強固に固定する．測定器の設置環境が整えば，図 4.40 の②の流れに従って測定器と測定治具を取り付けて設計検証リスト（5.5 設計検証リスト参照）に定めた目標値内に収まるまで機械精度を調整する．また，重要な測定箇所については複数回の測定を行い，その精度のばらつきも確認する．

この設備設計検証を実施後，即座にその結果について評価および議論する．もし改良が必要な場合は不具合の原因を考えて対策をとり，設定条件や詳細設計の修正を行う．さらに，なるべく早い段階で不具合を見つけるという意味で，サンプル製作を待たず，試運転による検証段階で品質をたとえ一部だけでも確認することはとても重要である．すなわち，設計仕様通りに動作させたとしても製品品質が基準を満足しないことや，製品の品質を優先すると設備の動作予定時間を超えてしまい目論見の生産数量を確保できない，などの不具合をサンプル製作に先んじて見つけるつもりで試運転を行うことも必要である．

設備技術者にとっては，この改良を担当すること自体が技術力を付けるチャンスになるが，試運転段階では量産開始までの時間的な猶予がないことが多い．そのため常に即時の判断が求められ長い時間をかけることはできない．製品品質と設備設計仕様を満足し，かつ最終期限に間に合う「最良の改良案」の提案を短時間で行い，工期通りに完成させる努力が必要である．逆に工期や予算費用を守ることだけを考えて，根本的な対策を実施しないと大きな失敗をすることがある．発生した不具合の根本原因に対して正しく向き合い，対策が長期になる可能性を冷静に判断して早めに白旗を振ることも技術者として必要な能力

4.4 設備設計検証

である．白旗を振るとは諦めることではなく，計画した人員や試運転機材，工期，費用などについて現状では無理があることを認め，対応に必要な資源を集められる関係者と共に再計画することである．早く大きく白旗を振ることにより結果的に遅れることなく完成することができたという事例も数多い．

（5）ライン化した場合の試運転による設備設計検証

ここからは単体設備を組み合わせてライン化した場合の連動試運転や総合連動試運転と呼ばれる設備設計検証について述べる．4.2.2で述べた通りライン化設備は単体設備を効率良く配置し，無駄な費用を極力抑えて生産ラインとして構築したものである．単体設備としての試運転を完了させた後，ライン化で新たに加わった機能を検証する．以下に検証の順番を注意点含め（a）～（f）に述べていく．

（a）安全柵や電源遮断部分

ライン化された設備の詳細設計（4.3.2）で述べたように各設備は本質安全設計を目指し，本質安全設計で回避できない危険源は，安全柵などの安全装置と駆動電源遮断を組み合わせた付加保護方策の手段を取り回避する．

設備動作の試運転を始める前に，安全柵の中への進入時や非常停止スイッチを押したときに動力源が遮断されるか等，安全装置の動作確認を最初に行う．また，安全装置だけではなく，レイアウト，操作性，設備の原点復帰の容易性などを，安全に対する要求事項という視点で漏れなく確認する必要がある．

（b）ワークの搬送

搬送設備がワークを搬送するときに単体設備の動作範囲と搬送設備の動作範囲が機械的に干渉することがある．そのため，搬送設備と各設備の間には区分された干渉領域を設け，その領域内ではインターロック制御で衝突を防ぐようにする．ライン化設備の試運転は，まずこの設備間での信号が正しく送受信されていることを確認し，次にワークが設備や別のワークと衝突しないで正常に搬送されることを確認する．速度等の設定や品種の組合せによって，インターロックの制御が複数の種類になることもあるため，確認するべき設定や品種の組合せパターンをあらかじめ試運転リストに整理しておくことが重要である．

（c）分岐，合流の動作

単純な直列のライン構成とすると，加工時間の長い設備が生産サイクルタイムの律速（ボトルネック）になってしまうので，1つの設備で同時に複数のワークを加工したり，加工設備を複数台並べたりすることがある．つまり，ラインの中に直列と並列が共存する場合がある（4.3.2のサイクルタイムバランス参照）．直列と並列の分岐点ではワークが分岐したり合流したりするが，この試運転のタイミングでワークや設備同士の衝突などが発生しないか確認する．あらかじめタイミングチャートで設計された通りに動作しているかを確認することが基本だが，製造作業者の介在や装置の機差（同型装置間の僅かな性能差）などが影響することもあるので，そういった影響も考慮した異なる条件で，複数回検証することが必要である．

（d）製造作業者の操作性

さきほど（a）でも述べたが操作性と安全性は密に関係している．面倒な操作は時に人の不安全行動を招くことがある．そのため，ライン化の設計時に決めた可視性（目視確認ができること）や製造作業者動線（作業に必要な移動経路）は，実際の設備での試運転中に変更，最適化できるように考えておくことが必要である．また設備を非常停止させた後に設備の再スタートが容易に行えることをライン全体で検証することが重要である．

（e）データの蓄積

ワークの加工した実績や検査した結果をデータベースに蓄積するために設備間または上位システムとの間でデータの送受信を行う．正常にデータの送受信が行われているか制御装置や上位システムとのデータ連携を検証する必要がある．

（f）ユーティリティ使用量

ライン全体を動作させたときの，ユーティリティ使用量が設計と相違ないか検証する．ユーティリティ使用量は瞬時最大量と一定期間の使用量の両方を把握しておく．

4.4 設備設計検証

（6） サンプル製作による検証

　試運転が無事に完了すると，いよいよ実際の製品を生産して条件出しを開始していく段階となる．条件出しとは設計時に決めた生産条件が，その通りに実現できているかを検証し，差異があればそれを補正する作業である．実際に製品を生産していくためには，主機とされるメインの生産設備だけではなく，付帯設備や，主材料，補助材料，包装材料，消耗品，容器，運搬器具などが必要となる．これらの中には試運転の段階から必要になるものも多く，こういった機材および物品リストを作り，漏れがないように準備しておく．特に，納期が長いものは油断していると発注したときには手遅れで，それが原因でサンプル製作納期に間に合わなくってしまうといったケースもあるので注意する．

　また，その生産システムの対象品種がいくつかある場合は，どの品種からどういった順番や期間で立ち上げを実施していくかについて日程計画をきちんと立てておく．例えば，基本仕様書に品種Ａと品種Ｂが含まれていたにもかかわらず，立ち上げの際，品種Ｂの注文がなかった等の理由で品種Ａだけのサンプル製作を行い，品種Ｂの条件出しを行わないまま量産を開始したとする．１年が過ぎた頃に，急に品種Ｂの生産が必要になったとしても，そのときにはこの設備の設計者が人事異動でいなくなっているかも知れないし，製作メーカーも保証期間を過ぎてしまっていれば，大きな問題が発覚したとしても無償対応はしてくれない．

　このようなことにならないよう，目先だけではなく，将来生産の可能性がある品種についても検証をしておく必要がある．

　続いて品質確認について述べる．サンプルを作成して製品の品質確認を行う際，品質を社内だけで評価できる場合は社内の品質管理規定に適合するかの評価を進めていけばよいが，自社が作る製品が顧客の最終製品の一部品である場合，顧客との取り決めに沿ってサンプルを提出し，協同で評価を行うことになる．顧客によっては品質確認のために製品性能の数値だけではなく多くの資料（設計文書，製品自体の設計 FMEA（Failure Mode and Effect Analysis：故障

モードと影響解析），プロセスフロー図，プロセスFMEA，有資格試験所の検査結果文書など）や工程監査も必要となる．さらに，製品寸法が規格に入っているということだけでなく，量産時の寸法のばらつきを一定以下にすることまで要求されることがあり，場合によっては抜き取り検査ではなく全数検査を要求されることもある．

このような顧客との約束事は，その生産システムを計画する段階であらかじめわかっていればそれに対応した設計にすればよいが，新しい製品や新しい顧客の場合は，生産システムを準備中や立ち上げ直前になってからようやく詳細が決定されることもある．一方で，例えばサンプル製作段階になってからこのような工程能力の向上や検査方法の変更が必要になっても，設備の精度向上や測定機の準備などは通常間に合わない．

これを防ぐためには，できることとできないこと，外してはいけないポイントをしっかり押さえた社内の情報共有と，顧客との正確でぶれのないやりとりが必要である．また，その最新の取り決め（例えば，製品仕様書の細かい内容，顧客への提出物，測定および評価の諸条件詳細など）が，今構築しようとしている生産システムで実現できるのか常に気にかけ，要求されている製品と生産システムの間でミスマッチングが起きないよう常に修正していくことが必要である．

サンプル製作による検証が完了するといよいよ量産開始であるが，注意点をいくつか挙げておく．

生産が安定してきたところで，その生産システム全体や生産設備単体の稼働率，サイクルタイム，歩留まりなどの実力がわかってくる．投資計画で定めた数値に達していない点があれば，その原因を調査し，致命的なところ，効果の大きいところから先に対策して，生産性を少しでも向上させていく取組みを続けていく．

予備品は生産を開始する前に揃うように手配することが必要である．そして，費用処理および予算の収支報告，最終図面や最終資料を作成し終えると生産設備を作り上げる一連の流れが完了する．

最後に，そのプロジェクトの振り返り会を実施すると良い．それは各設備の担当が予定工程と実績工程の整理，発生した主なトラブルと実施した対策，次はどうするなど，皆で情報を共有することができるからである．その状況がすぐ頭に浮かぶうちにそこで得た知見を関わったメンバーで整理して，記録しておけば，次に活きる大きな財産，差別化の源泉となる．

［参考文献］
1）『実際の設計　生産システムのFA化設計　生産設備設計の考え方と方法』，石村和彦，日刊工業新聞社，1993

第5章 差別化された生産システム構築の具体例

　本章では2章で述べた生産システムの基本諸元，4章で説明された設計企画書，基本設計書，基本仕様書，FS判断，設計計算，設計検証リストの具体例を示す．具体例のテーマは「自動車用窓ガラスの端部面取り設備開発（単体設備）」である．なお，具体例で使われている数値は仮想値であり，実際とは異なる数値になっている．

　まず自動車用窓ガラスの**端部面取り設備**について概略を説明する．

　自動車用窓として必要な形状に切り出されたガラスの端部は非常に鋭利で危険なため全て面取り処理される．また，ガラス端部の形状は，顧客の要望するデザインを満たす必要もある．この面取り処理を行う設備が自動車用窓ガラスの端部面取り設備である．

　本章では，生産性が非常に高い差別化された面取り設備の開発を具体例として述べる．

　紙面の制約もあり，2章，4章に書かれていることの全てを具体例として記載できないが，設計者が実際に作成する資料を模した形式にしている．これらの資料は進行中の仕事を進めるうえで必要なばかりでなく，技術蓄積としても非常に重要なものである．したがって資料の作成にあたっては以下に示すような配慮を要する．

　たとえば，**基本設計書**を作成する際に，各項目の仕様や数値を決めた根拠・経緯・注意事項等を，コメントのような形でもよいので記載（実例では〈※〉で記載）し，情報として残すことが非常に重要である．この情報があれば，設備を改造するときに，改悪してしまうことを防ぐことができる．たとえば，変え

てはいけない寸法や仕様を不用意に変えたことで必要な精度が出なくなることを防ぐことができるし，または動作に不具合が生じるなどの設計起因トラブルを防ぐことができる．

このように，作成する資料の作り方次第で，設計者は容易に技術を伝えることができるはずである．この情報追加を習慣化すれば，特別に技術伝承の為の資料を作成することなく，通常の設計業務を遂行しながら社内技術を蓄積していくことができる．

5.1 生産システムの基本諸元と設計企画書

生産システムの企画段階で差別化のポイントや優位性の確認を行う．そのアウトプットが「生産システムの基本諸元」である．そしてこの基本諸元をもとに「設計企画書」を作成する．本節では，「自動車用窓ガラスの端部面取り設備開発」を例として，企画部分の概略を説明し，基本諸元と設計企画書を紹介する．

企画の段階で，近年の製品需要と汎用面取り設備の動向を調査した．その結果，今後，製品需要の増加が見込まれるため，生産量を増やす必要があることが判明した．また，面取り技術自体には大きな変革が起きてないことがわかった．一方，自社，競合他社ともに，専門メーカーから汎用の面取り設備を調達しており，それらの設備性能には大きな差がない．このため，自社と他社を比較すると，時間当たりの生産能力に大きな差はなく設備コストの差もほとんどないことがわかり，このままでは人件費の安い開発途上国の製品に負けてしまうことが予想された．

以上の観点から，差別化のポイントは，現状の品質を維持したまま，時間当たりの生産能力を従来の汎用設備よりも向上させ，製品コストを下げることにあると判断し，差別化された面取り設備の開発に踏み切ることを決定した．自社内の生産技術の開発部門が，製品の製造部門と協力することで，生産能力の向上に加えて，汎用設備メーカーが気付けないような高い操作性や作業性など

のきめ細かい要求を反映させた面取り設備を完成させることにした．これにより，汎用の面取り設備を使用している競合他社の追従を許さない生産コストを実現出来る設備の開発を企画した．

生産システムの基本諸元は次の通りである．

「自動車用ガラス面取り設備」生産システムの基本諸元

作成：YYYY 年 MM 月 DD 日

改訂：YYYY 年 MM 月 DD 日

○○○○部　石村

①差別化された生産システムの導入目的

　現在，面取り設備は国内外の汎用面取り機メーカーより購入して運用している．しかし同じ設備を使っている競合他社が，より安い人件費で生産できる海外へと生産をシフトした場合，自社はコスト競争力を維持できなくなることが予想される．そのため品質を維持しながら生産性の高い設備を開発することで，将来においてもコスト競争力を維持できるようにする．

②差別化の基準

　・品質：顧客情報による将来の要求品質は視野に入れるが，過剰品質にならないようにする．
　・コスト：競合他社に対し優位性を維持すべく，**生産性の向上**に関して重点的に取り組むことでコストを下げる．
　・納期：現状設備と同等で可とする．
　・その他の要求事項：操作性や作業性の向上にも注力し稼動率向上を目論む．

③生産システムの概要

　自社蓄積技術（コア生産技術）として培った面取り技術やそれに付随する設備技術に加え，社内製造部門における生産現場の実情を調査・把握することで，汎用メーカー設備にはない視点を取り入れる．

具体的には自社蓄積技術である，自社専用仕様の総形砥石を用いた面取り技術，ガラス吸着用の高精度パッド，加工冷却水飛散防止技術，高精度駆動制御技術等に加え，開発技術である研削軌跡制御技術，および社内製造部門情報をもとにした設備＆製品データ管理システムや段取り替えサポートシステムを加えることで，これまで以上の生産性を実現する．

④製品のマーケット情報

開発途上国における自動車の需要は増えており，受注量は毎年３％増加すると見込まれる．一方で製品価格自体は３年毎に３％下がると予想される．

⑤販売数量と必要な生産能力　　　1350千枚/年（113千枚/月）

⑥生産システムと「材料供給形態・製品出荷形態」の関係

材料（ガラス板），製品，ともにパレット梱包による輸送

⑦時期：「製品必要タイミング」

XXXX年３月：予算承認，同年８月：生産設備稼働開始，

同年９月：顧客向けサンプル出荷

⑧人的資源（生産システムの準備人員と運用人員）

（準備人員）全体取りまとめ：１名，機械系担当：２名，電気系担当：１名，システム制御担当：２名，製造系担当：３名

（運用人員）製造１名×４（４組３交代生産）

⑨各数値の決定背景

本年から５年後までの受注予測，および自社営業部門からの情報をもとに必要数量等の目標値を取り決めている．

以上

次に設計企画書の例を以下に示す．

設計企画書

作成：YYYY 年 MM 月 DD 日
改訂：YYYY 年 MM 月 DD 日
〇〇〇〇部　石村

1. 装置名称：自動車用ガラス面取り設備
2. 背景と目的：

　現在面取り設備は国内外の汎用面取り機メーカーより購入して運用している．しかし同じ設備を使っている競合他社が，より安い人件費で生産できる海外へと生産をシフトした場合，自社はコスト競争力を維持できなくなることが予想される．そのため品質を維持しながら生産性の高い設備を開発することで，将来においてもコスト競争力を維持できるようにする．社内製造部門における生産現場の実情を調査・把握することで，メーカー設備にはない視点で考えた設備開発を目指す．ポイントは下記．

　(1) 生産性を上げコスト削減：(a) 段取り替え時間の短縮
　　　　　　　　　　　　　　　 (b) 調整時間短縮（設備再現性向上）
　(2) 可能な限り人手の調整作業をなくす．
　(3) 将来の要求品質向上も視野に入れる

3. 製品仕様

　(1) ガラス仕様

　　(a) 寸法　　　　　Max.：1,500[mm]×1,000[mm]
　　　　　　　　　　　Min.： 300[mm]×300[mm]
　　　　　　　　　　　基準寸法：750[mm]×500[mm]
　　(b) 板厚　　　　　2.0〜5.0[mm]
　　(c) 外周形状　　　コーナーR≧5[mm],
　　　　　　　　　　　インカーブ R≧100[mm]（精度 0.5[mm]以下）
　　(d) 面取形状　　　艶出し面取り

（e）差別化基準　　製品コスト（目標加工費：@200［円/m²］以下）
4. 生産量
　（1）サイクルタイム　　Min. 20［s/枚］（周長2.5［m］基準寸法のとき）…①
　（2）目標歩留まり　　　98％以上……②
　（3）目標稼働率　　　　95％以上……③
　　　　　　　　　　　・生産時間：8H/直×85直/月＝680［H/月］…④
　　　　　　　　　　　・段取り替え回数と時間：2［回/直］，5［分/回］
　　　　　　　　　　　・メンテナンス：1［直/月］
　　　　　　　　　　　・想定故障率：1％以下
　（4）生産能力；　　　680×3600/20×0.98×0.95≒113,000［枚/月］
　　　　　　　　　　　（④×3600［s/H］/①×②×③＝生産量［枚/月］）
5. 運転人員　　　　　　4名（1名/直，4組3交代生産）※
6. 設備仕様
　（1）サイクルタイム　　Min. 20［s/枚］（周長2.5［m］基準寸法のとき）
　（2）加工時間　　　　　Min. 10［s/枚］（周長2.5［m］基準寸法のとき）
　（3）面取り速度　　　　Max. 500［mm/s］
　（4）面取り砥石回転数　Max. 6,000［rpm］（連続時4,000［rpm］）
　（5）設備繰り返し精度　±0.05［mm］以内
　（6）ガラス寸法精度　　±0.1［mm］以内
　（7）面取り研削代　　　0.5［mm］以内
7. ユーティリティ仕様
　（1）電力　　　　　　　AC200V，3相，60Hz
　（2）圧縮空気　　　　　0.5［MPa］
　（3）工業用水　　　　　0.2［m³/min］
8. 届出　　　　　　　　　労働安全衛生法，環境基本法
9. 目標設備調達費用　　　目標は20,000千円/台とする．
　　　　　　　　　　　　（この目標設備調達費用は4.1.1で述べた方法で算出する）

10. スケジュール

　急ぎ製品コストの低減をしたいため，実施判断から9カ月でサンプル製作を可能とする工程にしたい．

※1日＝3直

　4組3交代：4つの組が3直を順番に対応する．

　1つの組は休んでいる．

　1名/直で4組3交代を行うと合計4名の作業者が必要になる．

項目	1月	2月	3月	4月	5月	6月	7月	8月	9月
全体	▽実施判断 ▽DR		▽予算承認	▽DR		▽届出	顧客向けサンプル製作▽		
基本設計	←―→								
予算化		←――→							
詳細設計				機械設計 ←―→		制御・ソフト作成 ←――→			
製作組立					▽長納期品発注 製作・組立 ←――→		▽長納期品納入		
試運転							▽設備検証(修正含)		
据付・工事						事前工事 ←――→	据付		
稼働								▽条件出 ←―→	

11. 役割分担
　　(1) 全体取りまとめ　　　　生産技術部　○○グループ　　A氏
　　(2) 機械系担当　　　　　　生産技術部　△△グループ　　B氏，C氏
　　(3) 電気系担当　　　　　　生産技術部　□□グループ　　D氏
　　(4) システム制御担当　　　先端技術研究所　◇◇グループ　E氏，F氏
　　(5) 製造系担当　　　　　　生産統括部　加工技術グループ　G氏，H氏，I氏

　　　　　　　　　　　　　　　　　　　　　　　　　　　　　　　　以上

5.2 基本設計書と基本仕様書

本節では 4.2 で述べた基本設計の段階のアウトプットである基本設計書の実例を説明する．基本設計書は（1）設備の目的，（2）基本諸元，（3）目標設備費用，（4）決定した 10 項目（①機能，②適用技術，③機構，④主要寸法，⑤静的強度，⑥駆動源，⑦駆動伝達系，⑧動特性，⑨制御システム，⑩段取り替え），（5）ポンチ絵，（6）各部決定の根拠，の基本項目をまとめたものである．作成に当たっては（1）から（6）の内容を最低限記載し，必要に応じて項目を追加する．

この基本設計書には社内で秘匿すべき情報がたくさん含まれている．このため，詳細設計を外注する場合には，必要な仕様項目や数値のみで構成された基本仕様書を作成する．

基本仕様書は，設備諸元，必要機能・能力，についてまとめたものである，これは詳細設計，製作を外注する場合に必要となる．使用機器についても，工場における予備品共通化の観点から，必要があれば機械要素のメーカー等を指定する．仕様書作成において大事な点は，必要機能・能力に注目して抜けがないように記載することである．その際，可能な限り数値で明示しておくと，検収時に機能の達成可否が明確になり，自社と製作メーカー間の達成度に関わる無用な議論を回避できる．

また基本仕様書を作成しやすいように，基本設計書から削除する部分を別項目にしておくと，作成の手間を省けるようになり仕事の効率化に繋がる．

基本設計書，および基本仕様書について例を以下に示す．

基本設計書
作成：YYYY 年 MM 月 DD 日
改訂：YYYY 年 MM 月 DD 日
○○○○部　石村

1. 装置名称：自動車用ガラス面取り設備

2. 目標設備費用：20,000［千円/台］（この金額は設計企画書の「目標設備調達費用」を用いる）
3. 背景と目的：
　現在面取り設備は国内外の汎用面取り機メーカーより購入して運用している．しかし同じ設備を使っている競合他社が，より安い人件費で生産できる海外へと生産をシフトした場合，自社はコスト競争力を維持できなくなることが予想される．そのため品質を維持しながら生産性の高い設備を開発することで，将来においてもコスト競争力を維持できるようにする．社内製造部門における生産現場の実情を調査・把握することで，メーカー設備にはない視点で考えた設備開発を目指す．ポイントは下記．
　(1) 生産性を上げコスト削減：(a) 段取り替え時間の短縮
　　　　　　　　　　　　　　　(b) 調整時間短縮（設備再現性向上）
　(2) 可能な限り人手の調整作業をなくす．
　(3) 将来の要求品質向上も視野に入れる
4. 基本諸元
　(1) ガラス仕様　　　　　〈※〉生産量の多い仕様で決定．特殊品は考えない．
　　(a) 寸法　　　　　　Max.：1,500［mm］×1,000［mm］
　　　　　　　　　　　　Min.：　300［mm］×300［mm］
　　　　　　　　　　　　基準寸法：750［mm］×500［mm］
　　(b) 板厚　　　　　　2.0〜5.0［mm］
　　(c) 外周形状　　　　コーナーR≧5［mm］，
　　　　　　　　　　　　インカーブR≧100［mm］（精度0.5［mm］以下）
　　(d) 面取形状　　　　艶出し面取り
　(2) 生産量　　　　　　〈※〉開発機は加工能力より運転時間確保に注力する．
　　(a) サイクルタイム　Min. 20［s/枚］（周長2.5［m］：基準寸法のとき）
　　(b) 目標歩留まり　　98％以上

(c) 目標稼働率　　　95％以上〈※〉現状＋10％を目標として決定
　　　　　　　　　　・生産時間：8H/直×85直/月＝680[H/月]
　　　　　　　　　　・段取り替え回数と時間：2[回/直]，
　　　　　　　　　　　　　　　　　　　　　　5[分/回]
　　　　　　　　　　・メンテナンス：定期保修を1直/月実施
　　　　　　　　　　・想定故障率：1％以下
(d) 生産能力　　　　680×3600/20×0.98×0.95≒113,000[枚/月]
(3) 運転人員　　　　　　1名（1名/直，4組3交代生産）
(4) ユーティリティ仕様
　　(a) 電力　　　　　AC200V，3相，60Hz
　　(b) 圧縮空気　　　0.5[MPa]
　　(c) 工業用水　　　0.2[m³/min]
　　　　　　　　　　〈※〉現在の自社技術における必要流量，これ
　　　　　　　　　　以下では面取り品質不良になる．

5. ポンチ絵（構想図）

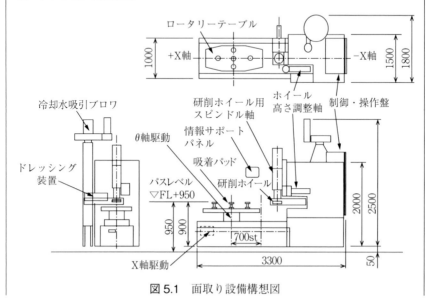

図 5.1　面取り設備構想図

6. 各部基本設計
(1) 機能
　(a) ガラス受け取り
　あらかじめ位置決めされたガラスが搬送される．ガラスは吸着搬送．搬送系と情報サポートパネルが干渉しないように設計する．ガラス吸着精度は搬送精度に影響するため，自社蓄積技術の高精度パッドを使用する．
　(b) 面取り加工
　ガラスを受け取った吸着テーブルが研削ホイール部へ動き面取り処理を行う．研削形状はデータで与えられ，研削ホイールとガラスが接触する**研削点の軌跡**と研削形状データが一致するように**座標を用いて数値制御**する．加工時に使用する冷却水は飛散させずに回収し再利用する．
　(c) 設備監視・データベース
　設備動作中の各軸負荷推移，冷却水量と水圧，圧縮空気圧のデータを常時監視し，設備監視システムと連動する．加えて生産情報も管理して製品のトレーサビリティを確保する．
　(d) ガラス払い出し
　加工完了後トラバーサにてガラス搬出する．ガラスは吸着搬送．検査は次工程で行う．
(2) 適用技術
　(a) 汎用技術：研削ホイール用スピンドル以外の駆動（含む空圧系）機器，制御機器，設備構成部材材質
　(b) 自社の蓄積技術：自社専用仕様の総型砥石，ガラス吸着用の高精度パッド，加工冷却水飛散防止技術，高精度駆動制御技術
　(c) 差別化技術：研削軌跡制御，設備＆製品データ管理システム，段取り替えサポートシステム
(3) 機構　　〈※〉必要精度は営業情報より将来予想を見越して決定．
　加工精度を確保するため，研削用スピンドルモータを固定し，ガラスを X 軸と θ 軸で制御して研削する機構とする（図 5.2 参照）．

(a) 面取り速度　　　　Max. 500[mm/s]
(b) ホイール回転数　　Max. 6,000[rpm]（連続時 4,000[rpm]）
(c) 設備繰り返し精度　±0.05[mm]以内
(d) ガラス寸法精度　　±0.1[mm]以内
(e) 面取り研削代　　　0.5[mm]以内
(f) 加工時間　　　　　Min. 10[s/枚]（周長 2.5[m]基準寸法のとき）

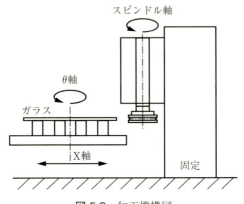

図 5.2　加工機構図

(4) 主要寸法　　　　　概略図（図 5.1）に記載
(5) 静的強度

　設備構造は工作機械をイメージ，剛性的には門型構造にしたいが，設備設置面積が増える，搬送ピッチが長くなる，作業性が悪くなる等の理由からコラムフレーム構造を採用する．実例の掲載は省略する．

(6) 駆動源・駆動伝達系

　(a) スピンドル軸

　研削ホイール回転と高さ位置調整軸で構成する．高さ位置調整軸について実例の掲載は省略．

　　・スピンドル軸受間距離　　590[mm]（5.4(1)を参照）
　　・軸許容偏心量　　　　　　0.01[mm]以下（製作時確認項目）
　　　　　　　　　　　　　　　〈※〉現在の自社技術における管理値，これ以

上では面取り品質不良になる．
- ホイール回転数　　Max. 6,000[rpm]（連続時 4,000[rpm]）
- 高さ位置調整

研削位置で 1[μm]単位の調整を可能にする．メンテナンス時は 500[mm]上方に移動可能にする．

(b) X 軸（ガラス送り）

X 軸送り精度が重要なので図 5.3 のようなボールねじ機構を採用．
- 送り量分解能：5.0[μm]以下（5.4(2)を参照）
- 繰返し精度：±0.05[mm]以下（製作時確認項目）

　〈※〉現在の自社技術における管理値，これ以上では面取り品質不良になる．
- 送り速度：Max. 600[mm/s]
- 加速度：Max. 2,000[mm/s^2]
- ガラス割れ対策で駆動保護カバー設置

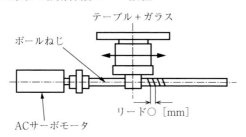

図 5.3　X 軸機構

(c) θ 軸（ガラス回転）

ガラス回転軸の位置精度を考え，図 5.4 のようなダイレクトドライブモータを使った機構にする．実例の掲載は省略．
- 回転精度　　±0.01[deg]以下
- スピンドル軸との直角度

　　150mm に対して 0.05mm 以内の直角度（製作時確認項目）

〈※〉現在の自社技術における管理値，これ以上では面取り品質不良になる．

(7) 動特性

各駆動系に対して設計する．今回実例の掲載は省略する．

(8) 制御システム

　(a) 面取り加工制御

θ 軸中心を原点として，ガラスと研削ホイールの接触点とガラス形状が一致するように**数値制御**を行う．形状による制御軸加速度変更アルゴリズムを用いた操作ソフトは社内開発ソフトを使用する．

・軌跡データフォーマット：○○○

・アプリケーションソフト：○○○○

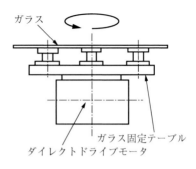

図 5.4　θ 軸機構

　(b) 設備監視・データベース

設備運転状況を数値的に把握し設備不具合を事前予測する．また製造条件とサイクル時間，ロット No. を記録し，製品の品質管理を行う．

・監視項目：各軸モータ負荷率・電流値，冷却水圧・流量，圧縮空気圧力，設備運転時間，各駆動部運転時間，周囲気温，モータ温度，冷却水温度，各駆動部振動値，製品ロット番号，ホイール研削面形状監視．

(9) 段取り替え

費用対効果を考慮し項目を下記の (a) 人手作業, (b) 自動作業に分ける．

　(a) 人手作業　　ガラス吸着パッド交換，ホイール交換

　(b) 自動作業　　段取り替えデータ転送，砥石ドレッシング

　　　　　　　　　（型式データ，製造条件，パッド位置表示……）

7. 各部決定の根拠

上記各項目に記載（検討実例は 5.4 節参照）．

以上

次に，詳細設計を外注する場合に作成する基本仕様書の例を示す．

基本仕様書

　　　　　　　　　　　　　　　　作成：YYYY 年 MM 月 DD 日
　　　　　　　　　　　　　　　　改訂：YYYY 年 MM 月 DD 日
　　　　　　　　　　　　　　　　○○○○部　石村

1. 装置名称：自動車用ガラス面取り設備
2. 基本諸元
(1) ガラス仕様
　　(a) 寸法　　　　　　　　Max.：1,500[mm]×1,000[mm]
　　　　　　　　　　　　　　Min.：　300[mm]×300[mm]
　　(b) 板厚　　　　　　　　2.0〜5.0[mm]
　　(c) 外周形状　　　　　　コーナーR≧5[mm]，
　　　　　　　　　　　　　　インカーブR≧100[mm]（精度0.5[mm]以下）
　　(d) 面取形状　　　　　　艶出し面取り
(2) 生産量
　　(a) サイクルタイム　　　Min. 20[s/枚]（周長 2.5[m]基準寸法のとき）
　　(b) 目標稼働率　　　　　95％以上（24時間連続運転）
　　　　　　　　　　　　　　ただし，段取り替え時間：5[分/回]，
　　　　　　　　　　　　　　メンテナンス：定期修理を1直/月実施，
　　　　　　　　　　　　　　想定故障率：1％以下
　　(c) 生産能力：113,000[枚/月]
(3) 運転人員　　　　　　　　4名（1名/直×4組3交代生産）
(4) ユーティリティ仕様
　　(a) 電力：AC200V，3相，60Hz
　　(b) 圧縮空気：0.5[MPa]　(c) 工業用水：0.2[m^3/min]

3. ポンチ絵（構想図）

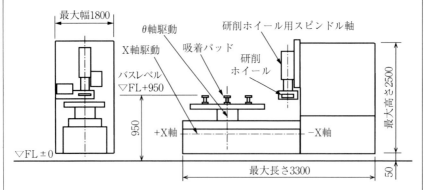

図 5.5　面取り設備構想図

4. 設備仕様

(1) 機能

(a) ガラス受け取り

あらかじめ位置決めされたガラスが搬送される．ガラスは**吸着搬送**．

(b) 面取り加工

ガラスを受け取った吸着テーブルが研削ホイール部へ動き面取り処理を行う．研削形状はデータで与えられ，研削ホイールとガラスが接触する研削点の軌跡と研削形状データが一致するように**座標を用いて数値制御する**．加工時に使用する冷却水は飛散させずに回収し再利用する．

(c) 設備監視・データベース

設備動作中の各軸負荷推移，冷却水量と水圧，圧縮空気圧などのデータを常時監視し，設備監視システムと連動する，加えて生産情報も管理して製品のトレーサビリティを確保する．

(d) ガラス払い出し

加工完了後トラバーサでガラス搬出する．ガラスは吸着搬送．検査は次工程で行う．

(2) 能力

(a) サイクルタイム　　　Min. 20[s/枚]（周長2.5[m]基準サイズのとき）

(b) 加工時間　　　　　　Min. 10[s/枚]（周長2.5[m]基準サイズのとき）
(c) 面取り速度　　　　　Max. 500[mm/s]
(d) ホイール回転数　　　Max. 6,000[rpm]（連続時4,000[rpm]）
(e) 設備繰り返し精度　　±0.05[mm]以内
(f) ガラス寸法精度　　　±0.1[mm]以内
(g) 面取り研削代　　　　0.5[mm]以内
(3) 静的強度　　　　　　　　必要精度を維持できる剛性構造にすること．
(4) 駆動源・駆動伝達系

加工精度を確保するため，研削用スピンドルモータを固定し，ガラスをX軸とθ軸で制御，研削する機構とする．図5.6参照．

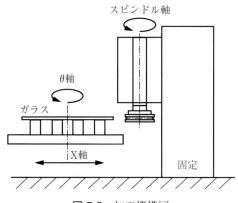

図5.6　加工機構図

(a) スピンドル軸

研削ホイール回転と高さ位置調整軸で構成．

・研削加工時軸逃げ量　　0.1[mm]以下
・許容軸偏心量　　　　　0.01[mm]以下
　　　　　　　　　　　　（製作時確認項目）
・ホイール回転数　　　　Max. 6,000[rpm]（連続時4,000[rpm]）
・高さ位置調整　　　　　研削位置で1[μm]単位の調整を可能にする．
　　　　　　　　　　　　メンテナンス時は500[mm]上方に移動可能

にする.
　(b) X軸（ガラス送り）
　・送り量分解能　　　　　5.0[μm]以下
　・送り速度　　　　　　　Max. 600[mm/s]
　・加速度　　　　　　　　Max. 2,000[mm/s^2]
　・移動繰返し精度　　　　±0.05[mm]以下（製作時確認項目）
　・ガラス割れ対策で駆動保護カバーを設置する
　(c) θ軸（ガラス回転）
　・回転精度　　　±0.01[deg]以下
　・スピンドル軸との直角度150[mm]に対して0.05[mm]以内（製作時確認項目）
(5) 制御システム
　(a) 面取り加工制御
　θ軸中心を原点として，ガラスと研削ホイールの接触点とガラス形状が一致するように数値制御を行う．形状により制御軸の加速度を変更可能にする．
　・軌跡データフォーマット：○○○
　(b) 設備監視・データベース
　設備運転状況を数値的に把握し設備不具合を事前予測する，また製造条件とサイクル時間，ロットNo.を記録し，製品の品質管理を行う．
　・監視項目：各軸モータ負荷率・電流値，冷却水圧・流量，圧縮空気圧力，設備運転時間，各駆動部運転時間，周囲気温，モータ温度，冷却水温度，各駆動部振動値，製品ロット番号，ホイール研削面形状監視．
(6) 段取り替え
　(a) 人手作業　　　ガラス吸着パッド交換，ホイール交換
　(b) 自動作業　　　段取り替えデータ転送，砥石ドレッシング
　　　　　　　　　（型式データ，製造条件，パッド位置表示必要）

以上

5.3　FS判断（Feasibility Study, 実現可能性の最終判断）

基本設計が完了すれば設備調達費用及び生産に伴うすべての費用（原材料費, 人件費, ユーティリティ費）を正確に把握できる．これが予算である．この予算に基づいてFS判断（実現可能性の最終判断）を行う．FS判断の例を**表5.1**に示す．ここで述べるFS判断は4.1.1の目標設備調達費用の算出と似ているが目的が全く異なっており，計算の流れも逆である．

　FS判断ではかなり面倒な計算をすることになるが，基本は非常に単純である．入ってくるお金から出ていくお金を引くと，手元に残るお金を計算できる．事業が継続している期間，この手元に残ったお金を累積した合計金額がこの事業の成果といえる．この最後に残ったお金の価値によって，この事業に投資するか否かを判断する．これが基本であるが，実際の**FS判断**について表5.1の例を用いて説明する．以下文中のa,b,c，＊＊＊，①，②，③＊＊＊等は表5.1中の記号を指している．

　まずa. **売上高**からb. **発生費用**とc. **税金**を引いて**税引後純増利益**を算出する．次に税引後純増利益と**設備や備品等の減価償却費**を合計したe. **Cash In（実際に入ってくるお金）**を算出する．なお減価償却費は計算上費用として扱っているが毎年毎年，実際にお金が出て行っているわけではないのでCash Inに入れる．そして設備や備品等の投資額と投資に伴う運転資金増減額を合計したf. **Cash Out**（実際に出ていくお金）を算出する．初年度には設備調達費用が一括して必要なので大きなCash Outになることが多い．運転資金の増減の説明は省略するが実際には会計の専門家に相談していただきたい．このe. Cash Inからf. Cash Outを引いたものがg. **FCF（Free Cash Flow, 実際に手元に残るお金）**である．また，このg. FCFを毎年累積したものがh. **累積FCF**である．事業を継続している期間，全体で累積したFCFがプラスになれば，この事業を実施した結果，手元にお金が残ったということを意味している．もちろん，この累積FCFがマイナスであれば投資を実施する意味がないこと

表 5.1 面取り設備 FS の例

投資たときからの機関(n 年)	1 年目	2 年目	3 年目	4 年目	5 年目	計算式等
a. 売上高（万円）	22,000	25,577	26,923	27,490	28,937	①×②
① 販売数量（万枚）	100	116	122	129	136	平均 1.0m²/枚
② 製品価格（円/枚）	220	220	220	213	213	売値 220 円/m²
b. 発生費用（万円）	23,500	23,743	23,866	23,993	24,125	①+②
① 固定費（万円）	7,000	7,048	7,097	7,147	7,198	(1)〜(4) の合計
(1) 設備や備品等の減価償却費	400	400	400	400	400	5 年定額償却
(2) 固定的な人件費	2,400	2,448	2,497	2,547	2,598	2%/年の上昇見込む
(3) 管理費や経費	2,600	2,600	2,600	2,600	2,600	工場・本社の合計
(4) 設備の維持管理費	1,600	1,600	1,600	1,600	1,600	資産税・保険含む
② 変動費（万円）	16,500	16,695	16,769	16,846	16,927	(1)〜(4) の合計
(1) 原材料費	10,000	10,000	10,000	10,000	10,000	補助・包装材含む
(2) 使用燃料やユーティリティ費	4,000	4,000	4,000	4,000	4,000	
(3) 変動的な人件費	1,200	1,395	1,469	1,546	1,627	外注加工費含む
(4) 輸送費	1,300	1,300	1,300	1,300	1,300	
c. 税金（万円）	0	550	917	1,049	1,444	(a−b)×0.3
d. 税引後純増利益（万円）	−1,500	1,284	2,141	2,448	3,368	a−b−c
e. Cash In（万円）	−1,100	1,684	2,541	2,848	3,768	①+②
① 税引後純増利益	−1,500	1,284	2,141	2,448	3,368	
② 設備や備品等の減価償却費	400	400	400	400	400	
f. Cash Out（万円）	2,000	0	0	0	0	①+②
① 設備や備品等の投資額	2,000	0	0	0	0	
② 運転資金増減	0	0	0	0	0	
g. Free Cash Flow（FCF）（万円）	−3,100	1,684	2,541	2,848	3,768	e−f
h. 累積 FCF（万円）	−3,100	−1,416	1,124	3,973	7,741	Σg
i. PV（万円）	−2,870	−1,443	2,017	2,093	2,564	$g/(1.08)^n$
j. NPV（万円）	−2,870	−1,427	590	2,684	5,248	Σi
						g,i ともに割引率 8%
k. IRR [5 年]					65 %	

は明らかであるが,たとえプラスでも程度によって実施していいかどうかの判断が分かれる.この判断を正確に行うためにg. FCFを現在の価値に置き換えたi. **PV(Present Value,現在価値)**,さらにはこのi. PVを事業継続期間,累積したj. **NPV(Net Present Value,正味現在価値)** を用いて判断する.

この現在価値はあまり聞きなれない言葉なので,少し本文とは離れるが,簡単に説明しておく.例えば,今,手元に持っている100万円と来年受け取ることができる100万円とは同じ価値だろうか.金利が10％の国では今の100万円は来年110万円になる.だから今の100万円の方が来年の100万円より価値が高い.では来年の100万円は今ならいくらと同じ価値なのだろうか.この例の場合は10％の金利を考慮すると100万円÷1.1＝90.9万円となる.すなわち来年の100万円の今の価値は90.9万円でありこれが現在価値の考え方である.この例の場合は金利で説明したが,実際には他の要素も考慮した割引率を用いて現在価値を計算する.割引率の詳細については省略するが,リスクの高い国やビジネスほど高く設定する.

上記のNPVがプラスになれば基本的には投資する価値ありと判断する.

さらに理解を助けるために,表の各項目の決め方を以下に述べておく.

a. 売上高は,製品1枚当たりの**製品価格×販売数量**となる.自動車用ガラスのように形や大きさが一定でないものは1枚当たりの価格はばらつきが大きいので,通常m^2当たりの単価を指標としている.よって製品1枚当たりの平均面積を$1.0m^2$/枚とし,製品価格(この例の場合は面取り加工費)も市場に受け入れられる220円/m^2を基に計算する.

①販売数量は投資した最初の年の生産能力と同じ100万枚/年として2年目以降3％ずつ生産数量,販売数量ともに増加することを想定した数量にしている.当然ながら販売数量は設備の**生産能力**を超えることはできない.また初年度は生産を開始した時期によっては,生産していない期間があるので,その分を考慮に入れることが必要である.

②製品価格は220円/m^2×$1.0m^2$/枚＝220円/枚となる.今回の例では4年目からの製品価格が下がることを見込んで3％下げている.

b. **発生費用**は①固定費と②変動費を足したものである．

①固定費は（1）**設備や備品等の減価償却費**（2）**固定的な人件費**（3）**管理費や経費**（4）**設備の維持管理費**に分解される．

（1）設備や備品等の減価償却費は，投資額2,000万円（基本設計の結果から設備等の調達費は2000万円であった）を5年間，定額で償却するとして2,000万円÷5年＝400万円/年となる．固定費の（2）から（4）は基本仕様書の内容に従って年間に要する費用を算出する．その際，使用する人件費の単価やその他の単価については過去の実績や類似データを用いるが，人件費の単価は毎年増加することを見込んでおく必要がある．今回は増加率を2％/年としている．

②変動費の内訳は（1）**原材料費**（2）**使用燃料やユーティリティ費**（3）**変動的な人件費**（4）**輸送費**であるが，これらも過去の実績や類似データ等から1枚当たりの発生費用を求め，それに生産数量または販売数量をかけて算出する．この例ではわかりやすくするために販売数量＝生産数量としている．

c. **税金**は地域や時期，制度などによって異なるがここでは（売上高－発生費用）×30％とした．1年目は赤字なので1年目の税金は0と見積もっている．

d. **税引後純増利益**は，売上高－（発生費用＋税金）となる．

e. Cash In は d 税引後純増利益＋減価償却費である．

f. Cash Out は**設備や備品等の投資額＋運転資金増減**（増加は＋，減少は－値）で算出する．例の場合は従来設備からの置換えを前提としているので，投資に伴う運転資金の増減はゼロで初年度の投資に伴う2,000万円のみがCash Outである．

g. Free Cash Flow（FCF）は Cash In－Cash Out で算出する．例の場合，1年目は投資金額が大きいのでマイナスになっているが2年目以順調に利益が増えた結果FCFも5年目には3,768万円になっている．

h. 累積FCFはgのFCFを毎年累積した値でその年までに得られるトータルのお金である．この例では5年間経過した結果の累積FCFは7,741万円もあり，十分投資する価値がありそうである．

i. PV（Present Value，現在価値）は毎年のFCFを割引率 **r**（今回の例では

8％）を用いて現在の価値に換算した金額である．計算式は次のようになる．
PV＝n 年後の FCF／$(1+r)^n$

j．NPV（Net Present Value）は i の PV を毎年，累積した金額である．
NPV＝ΣPV＝Σ（n 年後の FCF／$(1+r)^n$）となる．

例の場合，5 年間経過したときの NPV は 5,248 万円あることがわかった．

この NPV は累積の FCF よりも少ないが，十分な金額があり，投資する価値があるといえる．

k．投資後 5 年間の **IRR（Internal Rate of Return：内部収益率）** も参考で記載している．IRR は事業最終年度の NPV がゼロになる割引率の値である．この例ではもし割引率が 65 ％ならば 5 年後の NPV がゼロになる．このことは 65 ％の高金利の下で 5 年間事業をしても損はしないことがわかり，非常にリスクの少ない投資であると考えられる．なお NPV や IRR については，紙面の制約からここでは詳しく述べていないので，他の資料で確認されたい．

このケースでは，4 年目以降に製品価格が下がったとしても NPV は 3 年目以降プラスを維持しており，基本設計で計画した予算額で投資してもメリットが十分あると判断でき，次の詳細設計へと進むことができる．

5.4　設計計算事例

5.2 で例示した基本設計書を完成させるには 4.2.1 で述べた，重要な各項目を決める必要がある．過去の経験値を参考にして決める項目もあるが，新たに検討して決める必要のある項目もある．このような場合には設備をモデル化して計算で決めることが多い．手計算で解が求められない場合にはシミュレーションを行って決めることもある．また場合によっては実験によって決めることもある．本節では基本設計時に手計算で重要な項目を決めた 2 つの例を示す．

（1）　スピンドル軸支持間距離の検討

（a）検討目的

面取りの方法は図 5.7 のような構成で考える．スピンドルモータ先端に研削

第5章 差別化された生産システム構築の具体例

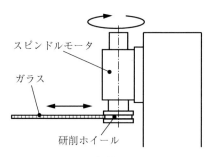

図5.7　研削装置イメージ

ホイール（総型砥石）を取り付け，そこにガラスを横から押し付ける形で端部を研削する．

このとき，ガラス端部の研削処理時に発生する**加工反力**によりスピンドル軸は弾性変形を起こす．この結果，加工点は所定の位置からずれる．

このズレを一定量以下に収められる軸剛性を維持することが，ガラス寸法という品質を維持するうえで重要である．本検討は加工品質を維持するために必要な加工スピンドル軸の最適な軸受位置を検討する．

（b）目標値の設定

加工反力によって研削砥石が押されると被研削物（ガラス）の加工制御点と実際に加工される点が図5.8のようにずれてしまう．加工反力が一定でないため，そのズレ量も一定ではなく，研削寸法精度を悪化させる．このズレを最小化するために，研削砥石が接続されているスピンドル軸の位置ズレ量を一定値以下にする必要がある．

この位置ズレ量の設計目標値は，現状と同等の品質を維持することができる0.1mmに設定した．

（c）位置ズレ量の検討[1]

加工点における**スピンドル軸の位置ズレ量は，軸の弾性変形によるたわみ変位と，ばね支持された剛体軸変位の合計になるので**，それぞれを別々に計算する．図5.9のモデルで検討する．

位置ズレの変位量 δ を弾性変形によるたわみ δ_1 と軸受部にばね定数を与え

5.4 設計計算事例

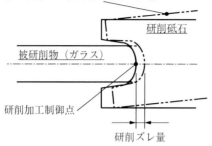

図 5.8 砥石位置ズレ図

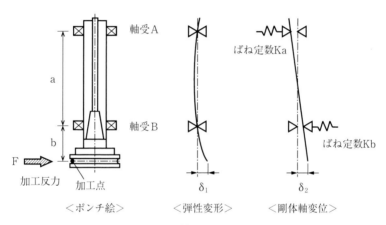

図 5.9 検討モデル図

た場合の変位 δ_2 の合計と考えると下記①となる．

$$\delta = \delta_1 + \delta_2 \quad \cdots\cdots ①$$

ここで加工点と軸受Bとの距離bは研削ホイールとホルダー等の形状から決まるので変数とせず，軸受Aと軸受B間の距離寸法 a を変数とする．

a と b の比を下記で定義する．

$$\alpha = a/b \quad \cdots\cdots ②$$

この α を使うとたわみ量 δ_1 は片側はね出し単純梁の公式を用いて②で表される．

$$\delta_1 = \frac{Fb^3(\alpha+1)}{3EI} \quad \cdots\cdots ③$$

δ_2 はモーメントの釣合いと相似関係から下記で表される．

$$\delta_2 = \left(1+\frac{1}{\alpha}\right)^2 \frac{F}{K_b} + \left(\frac{1}{\alpha}\right)^2 \frac{F}{K_a} \quad \cdots\cdots ④$$

よって①③④より加工点でのたわみは下記になる．

$$\delta = \frac{Fb^3(\alpha+1)}{3EI} + \left(1+\frac{1}{\alpha}\right)^2 \frac{F}{K_b} + \left(\frac{1}{\alpha}\right)^2 \frac{F}{K_a} \quad \cdots\cdots ⑤$$

これに事前テストや概略検討で決定した下記値を代入する．

・加工反力（F）；1000[N]
・距離（b）；180[mm]
・ヤング率（E）；206×10^3[MPa] = 206×10^3[N/mm^2]
・断面二次モーメント（I）；636×10^3[mm^4]，
　　　（軸径 $\phi 60$[mm]，$I = \pi d^4/64$）
・バネ定数（K_a，K_b）；0.5×10^5[N/mm]
・目標たわみ（δ）；0.1[mm]．

⑤より $\alpha = 3.27$
よってスピンドル軸支点間距離は，
　$a = \alpha \times b = 3.27 \times 180 \fallingdotseq 590$[mm]　となる．

以上の計算から，スピンドル軸を 590[mm] 以上の軸受間距離で支持すれば目標加工精度が確保できることがわかる．

（2）ガラス加工台の位置制御の分解能の検討[2]

（a）検討の方針

この面取り設備はガラスを加工台に固定した後，ガラスを研削ホイールに押し付けながら加工台が所定の軌跡を運動することによって異形のガラス端面を研削加工する方式である．このときの加工台の位置を制御するときの分解能を決める．**砥石表面から出っ張っている砥粒の寸法以下の精度で位置を制御する必要があるという考え方で検討する．**

（b）検討

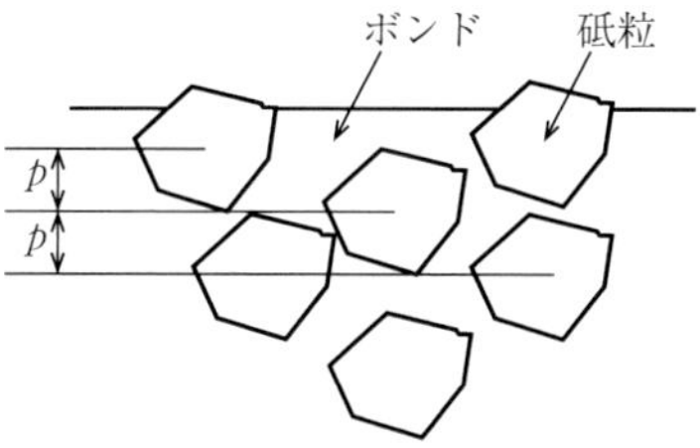

砥粒は図 5.10 のように深さ方向へ多層でかつ一定のピッチで配置されていると仮定する．砥粒の平均径を d とし，砥粒配置ピッチ p はその平均径 d の定数倍 k と考えると以下になる．

$p = k \cdot d [\mathrm{mm}]$ ……①

図 5.10 砥粒配置モデル（深さ方向断面）

次に単位体積当たりの砥粒数を考える．

砥石層中に含まれる砥粒の体積割合は集中度と呼ばれ，砥石層 $1[\mathrm{cm}^3] = 1000[\mathrm{mm}^3]$ 当たり $4.4[\mathrm{ct}]$（カラット）砥粒が存在する場合が集中度 100 ％である．

集中度を C ％，1ct 当たりの砥粒数[個/ct]を n_1 としたとき，砥石層中に含まれる砥粒数 n は，

$n = 4.4/1000 \times C/100 \times n_1 [個/\mathrm{mm}^3]$ ……②

となる．

研削面は多層中の 1 層の面が行うと考えると，その面における砥粒数平均密度 E[個/mm^2]は①，②を乗じればよいので次式で表される．

$E = n \cdot p [個/\mathrm{mm}^2]$ ……③

次に図 5.11 の研削モデルで 1 砥粒による非研削物への切込み深さ g を考える．

砥粒切込み部先端角度を 90°，切込み深さを g と仮定した場合，1 砥粒が除去する被研削物の断面積は図 5.12 のように g^2 となる．

また研削ホイールとガラスの相対速度を v，その移動時間を t，研削ホイール厚みを W とすると研削体積 M は図 5.13 より，

$M = S \cdot W = T \cdot v \cdot t \cdot W [\mathrm{mm}^3]$ ……④

さらに図 5.14 より研削部長さ L は，研削ホイール半径を R とすると次式になる．

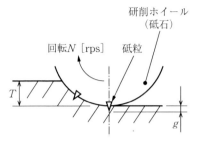

図 5.11 研削モデル

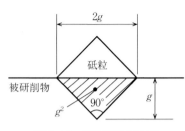

図 5.12 被研削物断面図

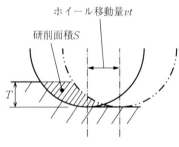

図 5.13 研削代

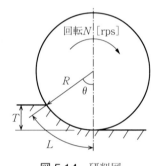

図 5.14 研削図

$$L = R \cos^{-1}\left(\frac{R-T}{R}\right) [\text{mm}] \quad \cdots\cdots ⑤$$

研削ホイールの回転数を $N[\text{rps}]$ とすると砥粒による被研削断面積は $g^2 \cdot L \cdot W \cdot E$,砥粒移動距離は $2\pi R \cdot N \cdot t$ となるので t 秒間での研削体積に関して次式が成り立つ.

$$g^2 \cdot L \cdot W \cdot E \cdot 2\pi R \cdot N \cdot t = T \cdot v \cdot t \cdot W [\text{mm}^3] \cdots\cdots ⑥$$

よって⑥より砥粒切込み深さ g が得られる.

$$g = \sqrt{\frac{T \cdot v}{2\pi R^2 NE \cdot \cos^{-1}\left(\frac{R-T}{R}\right)}} [\text{mm}] \quad \cdots\cdots ⑦$$

ここで事前テスト,技術情報,必要生産能力,また式①,②,③を使って⑦の各変数を求める.

> - 砥粒配置ピッチ $p = k \cdot d = 0.03$ [mm]
>   （研削ホイールメッシュ#170（平均砥粒径 d ＝ $\phi 0.089$ [mm]），砥粒配置 $k = 1/3$）
> - 砥石層中に含まれる砥粒数 $n = 275.22$ [個/mm^3]
>   （砥粒集中度 $C75 = 75$ %，1ct 当たりの砥粒数 $n_1 = 8.34 \times 10^4$ [個/ct]）
> - 砥粒数平均密度 $E = n \cdot p = 8.26$ [個/mm^2]
> - 切込み深さ $T = 0.5$ [mm]，研削速度 $v = 200$ [mm/s]，ホイール半径 $R = 75$ [mm]
>   ホイール回転数 $N = 66.7$ [rps]

これらの数値を式⑦に代入することで1砥粒切込み深さ $g = 6.7$ [μm] を得る．よってワークを研削ホイールに押し付ける駆動の制御分解能は 6.7 [μm] 以下となればよいが，設備仕様は安全率 1.3 を考慮し 5.0 [μm] 以下に決定する．

5.5　設備の設計検証リスト

自動車用ガラス面取り設備に関して，前章 4.4 に記載されている設備製作における製作チェックリスト例を**表 5.2** に，設備試運転段階における試運転計画書の例を**表 5.3** に示す．

[5章　参考文献]
1) 『新版 初歩から学ぶ工作機械　共通な基本構造と仕組みが分かる』，清水伸二，大河出版，2011
2) 株式会社ノリタケカンパニーリミテド，技術資料

第 5 章　差別化された生産システム構築の具体例

表 5.2　面取り設備　製作チェックリストの例

ライン：○○○　　　　　　測定日：yyyy/mm/dd
　　　　　　　　　　　　　測定者：石村

測定項目	目標値	測定値	
・スピンドル軸の振れ （垂直／水平の図） 研削ホイールを取り外し，ホイール当たり面（水平面）とホイール内径面（垂直面）をダイヤルゲージで，回転させて測定	0.02 [mm] 以下	水平	0.01
		判定	OK
	0.01 [mm] 以下	垂直	0.01
		判定	OK
・テーブル繰返し位置決め精度の測定 （図） 面取ヘッドにダイヤルゲージを取り付け，ガラス固定側のテーブルを移動させて測定	±0.05 [mm] 以下	測定回数	
		①	0.03
		②	0.035
		③	0.035
		④	0.035
		⑤	0.03
		Max.	0.035
		Min.	0.03
		Ave.	0.033
		判定	OK
・テーブルとヘッドの直角度 （回転軸／ヘッド（上昇）／テーブルの図） ヘッド下面にダイヤルゲージを取り付けて，旋回直径が 150 [mm] になるようにセットしてダイヤルゲージを回転させる．	0.05/150 [mm] 以内	旋回直径	150
		測定ポイント：	
		0° 位置	0.04
		90° 位置	0.035
		180° 位置	0.035
		270° 位置	0.04
		Max.	0.04
		Min.	0.035
		Ave.	0.038
		判定	OK

5.5 設備の設計検証リスト

表 5.3　面取り設備　試運転計画書の例

試運転計画書		設備引渡先			設備担当	
××××年 ××月××日		G氏	H氏	I氏	D氏 B氏 C氏	石村

名　称：面取り設備試運転

試運転日時	20XX年XX月XX日　～　XX月XX日		
事前打合せ	20XX年XX月XX日　XX:00　～　XX:00		
試運転責任者	石村	操作責任者	D氏
製造立会者	G氏，H氏，I氏		
機械立会者	B氏，C氏		
電気立会者	D氏		

1. 主要危険要因
①. 感電停電作業　2. 感電近接作業　3. 感電活線作業　4. 高所作業　5. 落下・飛散物 6. 酸欠　7. 火気　8. 高圧ガス　9. 危険物　10. 劇物・薬物　⑪. 回転・移動物 12. 高温度　13. 粉塵　⑭. ガラス屑　15. 騒音　その他

2. 特に必要な安全対策	
1. 立会作業	異常時は，非常停止ボタンにて停止措置，および電源遮断を行う．
2. 測定器	テスター，相回転計
3. 器具	なし
4. 作業標示等	試運転中表示
5. 周囲に対する注意	立ち入り禁止の表示，トラテープ，通電中表示
6. 保護具・防具	軍手，ガラスを取り扱う際は手甲
7. 高所作業	なし

3. 作業前の確認	
1. 指示安全項目は十分指示したか？	試運転の進め方，設備動作注意点等説明済．
2. 連絡は確実にできたか？	日々試運転前に連絡事項を共有する．
3. 入講教育・必要資格はよいか？	確認済．
4. 作業者選定は適切か？	確認済．
5. 他設備に影響を与えないか？	周辺に他設備なし．
6. 工程はよいか？	試運転工程の確認実施済．

4. 試運転工程

日程＼工事項目	1		2		3		4		5		6		7		8	
	AM	PM	AM	PM	AM	PM	AM	PM	AM	PM	AM	PM	AM	PM	AM	PM
試運転前打ち合わせ	←→															
設備事前安全確認		←→														
I/Oチェック・単動			←―――→													
連続動作，評価							←――→				予備日					
最終まとめ										←――→						

設備引渡先　コメント	設備担当　コメント
設備が仕様を満たしていることを確認した（G）	サイクルタイムなどの仕様は達成，作業者要望
ガラス屑対策でカバー追加が必要（H）	で一部追加対応が必要（石村）

第5章 差別化された生産システム構築の具体例

表5.3 面取り設備 試運転計画書の例（つづき）

5. 試運転項目，試運転手順，結果	
XX月1日	〈結果〉
・試運転前打ち合わせ	OK
・設備事前安全確認	
①試運転エリアが明確に区分されているか，安全柵の不備がないか確認	OK
②安全カバーの付け忘れ等，設備状態の確認	OK
②非常停止などの動力遮断装置が設置されているか確認	OK
XX月2日～3日AM	
・I/Oチェック&単動	
①非常停止などの動力遮断装置が機能するか確認	OK
②各駆動の縁切りを行い，手回しを行い，異音や干渉をチェック	OK
③各センサーの入力良否チェック	OK
④各アクチュエータ回転方向のチェック	OK
⑤駆動接続し，低速→中速→設計速度で動作，	OK
負荷率が設計値以下であるか確認	測定値：80％以下
	（測定結果の詳細は省略）
XX月3日PM～4日	
・連続動作，評価	
①低速設定で設備連続動作確認	OK
②設計設定の速度で設備連続動作確認	OK
	サイクルタイム：20[s/枚]確認
③異常停止後に自動運転復旧の確認	OK
XX月5日	
・最終まとめ	
①試運転結果の情報共有	済
②試運転で判明した問題点の抽出とその対策の検討	済
③残項目・追加対応項目について対応時期，処理費用の確認	済
④出荷から据付までの日程確認，出荷荷姿，同梱物の確認	済
6. 作業分担と連絡調整	
安全確認：B氏，D氏	
非常停止確認：D氏	
I/Oチェック：D氏	
※試運転は電気担当D氏の指令で行う．設備内調整する場合も必ずD氏に連絡する．	
7. 結果	
仕様のサイクルタイム20［s/枚］を確認，製品品質も良品であることを製造担当者が確認した．一部カバーの追加は発生したが，大きな問題ではなく，出荷前に対応可能．よって据付工事は予定通り行う．	
（注意） 記入内容が多いときは別紙に記入	

第6章 生産設備設計に必要な具体的知識

 ここまで生産システムの構築手順に従い,「企画」「コア生産技術の開発」「生産設備の実現手順」を説明してきた.本章では,4章および5章で学んだ基本設計や詳細設計を行う際,実際に必要となる具体的な知識を紹介,説明する.紙面の制約上,全ての知識を説明することはできないので,**設備設計の際によく必要となる知識**に絞って説明する.

 まず,6.1「駆動系を設計する」では,主にモータを使用して駆動する設備の設計方法を説明する.世の中には様々な駆動方式があり,その特徴に応じて**モータ**,**空気圧**,**油圧**が採用される.**モータ**を使った駆動が最も汎用的で制御性もよく,幅広い必要パワーに対応できる.**空気圧**には簡便で清浄という特徴があり,**油圧**には大きなパワーを出せるという特徴があるが,本書ではモータを使った駆動方式を中心に述べ,空気圧と油圧は他の専門書に譲る.

 6.2「機械要素や機器を選定する」では,設備を設計する際に,頻繁に使用する要素について説明する.なお,生産設備の設計には種々の具体的知識が必要であり,ここで述べる知識だけではもちろん実際の設計はできない.不足している知識については,『改訂新版 実際の設計』,『改訂新版 続・実際の設計』,などを参照願いたい.

 つづく6.3「熱を制御する」では,基本的な伝熱工学および実際の加熱ヒーターの選定方法を説明する.6.4「機械構成部材の選定と構造設計」では基本的な材料力学について説明する.6.5「流体機械や配管を選定する」ではファン,ブロア,ポンプなどを含む配管系について説明する.6.6「機械設計時に電気・システム設計も考慮する」では,機械設備担当者が知っておくと役に立つ電気設

備知識を説明する．

6.1　駆動系を設計する

　駆動系の設計とは，目的とする動作をその対象に行わせるために，駆動源から動力を伝達する設備を計画することである．

　まず，動作対象に要求される運動軌跡，運動範囲，位置精度を実現できる駆動系を設計するために，次の流れに沿って検討を進める．

① **必要な駆動軌跡，運動範囲，位置決め精度を明確にする．**
② **全体の駆動要素と配置を決める．**
③ **動作対象と駆動源の伝達機構を決める．**
④ **動作対象の必要速度と伝達機構からモータに必要な回転数を決める．**
⑤ **モータに必要なトルクを決める．**

　モータに必要なトルクは，「負荷トルク」＋「加速トルク」である（加速トルク計算に必要な慣性モーメントについて，6.1.2で個別に取り上げる）．「負荷トルク」は加工に要するトルクや摩擦などに打ち勝つためのトルクであり，「加速トルク」は，加速・減速させるために必要なトルクである．「必要トルク」は「負荷トルク」と「加速トルク」の最大値を加えたトルクである．

⑥ 上記④と⑤から，モータの必要パワーを決める．
⑦ さらに，その他の条件からモータの種類を決める．
⑧ 全体の制御はどうするのかを考える．

　図6.1は④，⑤，⑥部分のフローである．

　代表的な駆動モデルを例にとって6.1.1で「駆動機構のモデル化と負荷の見積もり方」を述べる．慣性モーメントについては6.1.2，迷いやすいモータの選定については6.1.3，回生の意味と計算について6.1.4で述べる．そして，駆動系を制御するために必要な各種の**検出センサ**について6.1.5で述べる．また，よく使う各伝達要素の選定については，次節6.2で説明する．

6.1 駆動系を設計する

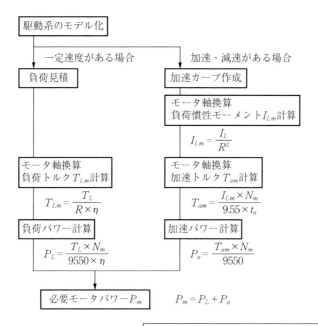

必要モータパワーは，$P_m = P_L + P_a$とは限らない．モータの種類によって異なる．一般的には，$P_m = P_L + P_a$で決めると十分すぎるモータになる．
必要トルクと回転数の関係や運転パターンなどから妥当かどうか検証する．

N_m ：モータ回転数 [rpm]
$1/R$ ：減速機の減速比 [—]
t_a ：加速・減速時間 [s]
T_a ：加速トルク [N·m]
T_{am} ：モータ軸換算加速トルク [N·m]
T_L ：負荷トルク [N·m]
T_{Lm} ：モータ軸換算負荷トルク [N·m]
I_L ：負荷慣性モーメント [kg·m²]
I_{Lm} ：モータ軸換算慣性モーメント [kg·m²]
η ：機械効率 [—]
P_L ：負荷パワー [kW]
P_a ：加速パワー [kW]
P_m ：必要モータパワー [kW]

図 6.1　必要モータパワーの決定フロー

6.1.1　駆動機構のモデル化と負荷の見積もり方

駆動機構の基本モデルを表 6.1 に示す．また，簡単なモデルを使った実際の計算例を図 6.2 に示す．

モデルの基本形は，動作対象，軸継手 1，減速機，軸継手 2 そしてモータの順で並ぶ． モータの「必要トルク」は，動作対象を一定速度で動かす「負荷ト

表 6.1 駆動機構のモデル化

	モータ 軸換算		モータ	軸継手 1	減速機(減 速比:1/R)	軸継手 2	動作対象 軸換算
回転数	$N_m = N_L \cdot R$		N_m		$N_m \to N_m/R$	$N_L = N_m/R$	
負荷トルク	$T_{Lm} = T_L/(R \cdot \eta)$	個別			―(※)		T_L
		各点下 流小計	T_L/R	T_L/R	T_L/R	T_L	T_L
慣性モーメント	$I_{Lm} = (I_0 + I_1 + I_R)$ $+ (I_2 + I_3)/R^2$	個別	I_0	I_1	I_R	I_2	I_3
		各点下 流小計	$I_0 + I_1 + I_R +$ $(I_2 + I_3)/R^2$	$I_1 + I_R + (I_2 +$ $I_3)/R^2$	$I_R + (I_2 + I_3)/$ R^2	$I_2 + I_3$	I_3
加速トルク	$T_{am} = \dfrac{2\pi \cdot I_{Lm} \cdot N_m}{60 t_a}$	個別	$T_{a0} = 2\pi \cdot I_0 \cdot$ $N_m/(60t_a)$	$T_{a1} = 2\pi \cdot I_1 \cdot$ $N_m/(60t_a)$	$T_{aR} = 2\pi \cdot I_R \cdot$ $N_m/(60t_a)$	$T_{a2} = 2\pi \cdot I_2 \cdot$ $N_L/(60t_a)$	$T_a = 2\pi \cdot I_3 \cdot$ $N_L/(60t_a)$
	$T_{am} = (T_{a0} + T_{a1} + T_{aR})$ $+ (T_a + T_{a2})/R$	各点下 流小計	$(T_{a0} + T_{a1} +$ $T_{aR}) + (T_a +$ $T_{a2})/R$	$(T_{a1} + T_{aR}) +$ $(T_a + T_{a2})/R$	$T_R + (T_a +$ $T_{a2})/R$	$T_a + T_{a2}$	T_a
必要トルク	$T_m = T_{Lm} + T_{am}$						
必要パワー	$P_m = 2\pi \cdot T_m \cdot N_m/(60 \times 10^3) = T_m \cdot N_m/9550$ 　　　$=$「負荷パワー」+「加速パワー」 　　　$=$「$T_{Lm} \cdot N_m/(9550\eta)$」$+$「$I_{Lm} \cdot N_m/(9.55 t_a)$」$\cdot N_m/9550$」 　　　$=$「$T_L \cdot N_m/(9550 R \cdot \eta)$」$+$「$I_{Lm} \cdot (N_m/9.55)^2/(10^3 t_a)$」						

T_L：動作対象軸換算　負荷トルク[N·m]，T_{Lm}：モータ軸換算　負荷トルク[N·m]
T_a：動作対象軸換算　加速トルク[N·m]，T_{am}：モータ軸換算　加速トルク[N·m]
$T_{a0} \sim T_{a3}$，T_{aR}：軸継手1・2，減速機の個別加速トルク [N·m]
T_m：モータ軸換算必要モータトルク[N·m]
$I_0 \sim I_3$，I_R：モータ自身，軸継手1・2，減速機，動作対象の慣性モーメント[kg·m²]
I_{Lm}：モータ軸換算　負荷慣性モーメント[kg·m²]
N_m：モータ回転数[rpm]，N_L：動作対象部の回転数[rpm]，t_a：加減速時間[s]
$1/R$：減速機の減速比[―]，P_m：必要モータパワー[kW]
η：機械効率（継手1，減速機，継手2，動作対象までの機械要素の各機械効率の積．0~1.0の値．）
※：通常は，無視しうるケースが多いが，大型の減速機などがある場合，減速機入口無負荷トルクを計算に入れる場合もある．

ルク」と，動作対象を加速する「加速トルク」の合計となる．「加速トルク」は6.1.2で説明する「慣性モーメント」等から求めることができる．「必要トルク」と「モータ回転数」がわかれば，モータの「必要パワー」が計算できる．

多くの設備では，直線運動の組合せで駆動軌跡を実現することが多い．したがって直線駆動を中心に，代表的な歯付きベルト駆動モデル，ラック・アン

6.1 駆動系を設計する

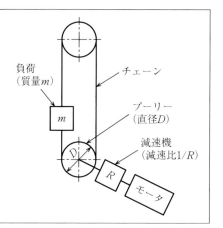

右図において，負荷質量 m の物体を，時間 t_a にて一定速度 v まで加速し，その後一定速度 v で負荷を上昇させるのに必要なモータ容量を求める．

物体質量　　　：$m = 1000$ [kg]
プーリー直径　：$D = 200$ [mm] = 0.2 [m]
速度　　　　　：$v = 18.84$ [m/min.]
加速時間　　　：$t_a = 0.05$ [s]
重力加速度　　：$g = 9.8$ [m/s^2]
減速比　　　　：$1/R = 1/50$ [-]

① 負荷トルクの見積
　モータ軸換算負荷トルク
　　$T_{Lm} = m \cdot g \times D/2 \times 1/R \times 1/\eta = 1000 \times 9.8 \times (0.2/2) \times 1/50 = 19.6$ [N·m]
　（機械効率 η は 1 とした.）
② 加速トルクの見積（負荷 m 以外の慣性モーメントを無視する）
　モータ軸換算　負荷慣性モーメント
　　$I_{Lm} = m \cdot D^2/4 \times (1/R)^2 = 1000 \times 0.2^2/4 \times (1/50)^2 = 0.004$ [kg·m^2]
　速度 v の時のモータ回転数　$N = 1500$ [rpm]
　モータ軸換算加速トルク
　　$T_{am} = I_{Lm} \cdot 2\pi \cdot N/(60 t_a) = 0.004 \times 2 \times \pi \times 1500/(60 \times 0.05) = 12.56$ [N·m]
③ モータ必要トルクの見積
　モータ必要トルク　$T_m = T_L + T_{am} = 32.16$ [N·m]
④ モータ容量の見積
　負荷モータパワー　$P_L = T_{Lm} \cdot N_m/9550 = 3.08$ [kW]
　加速モータパワー　$P_a = T_{am} \cdot N_m/9550 = 1.97$ [kW]
　最終的に必要なモータ定格容量は，モータの種類によって異なる．
　6.1.3　モータの選定で述べるサーボモータの場合，「$P_L + P_a$」とすると十分すぎる容量になることがあるで注意すること．

図 6.2　駆動機構のモデル化

ド・ピニオン駆動モデル，送りねじ駆動モデル，プーリー駆動つり上げモデルを例にとって各種駆動系の機構解説と特長，記号の説明，負荷トルク，慣性モーメント，加速トルク，モータの必要パワー，モータ選択例を表 6.2 に示す．

第6章 生産設備設計に必要な具体的知識

表6.2 代表的な駆動機構の

代表的な駆動モデル	機構解説および特徴	記号の説明
1. 歯付きベルト駆動モデル T_{Lm}, I_{Lm}, N_m T_L, I_L, N_L 歯付きベルトプーリー D, r	【機構】動作対象はリニアガイド上に配置され，歯付きベルトで水平に移動され位置決めされる．モータは減速機を介してベルトプーリーに接続され，モータの回転力により物体は左右に水平移動する． 【特徴】動作対象が比較的軽量な駆動に向き，長ストロークかつ高速での位置決めに好適．ただし，ベルト歯ピッチ誤差や，ベルト歯とプーリー間の多角形運動(6.2.1参照)による速度変動があるので一定速度が必要な場合や，高精度な位置決めはよく検討する必要がある．	・x　変位方向[m] ・M　モータ[—] ・P_L　負荷モータパワー[kW] ・P_a　加速モータパワー[kW] ・P_m　モータパワー[kW] ・g　重力加速度[m/s²] ・m, m_0　動作対象質量[kg] ・m_C　カウンターウェイト質量[kg] ・$m_1 = m_0 - m_C$ 　動作対象質量とカウンターウェイトの質量差[kg] 　(つり上げ力の計算に使用) ・$m_2 = m_0 + m_C$ 　動作対象質量とカウンターウェイトの合計質量[kg] 　(つり上げ時の慣性モーメント計算に使用) ・D　ピッチ円直径[m] ・r　ピッチ円半径[m] ・L　ボールねじのリード[m] ・μ　リニアガイド摩擦係数[—] ・$1/R$　減速機の減速比[—] ・T_L　動作対象軸 　　　負荷トルク[N·m] ・I_L　動作対象軸 　　　慣性モーメント[Kg·m²] ・N_L　動作対象軸 　　　回転数[rpm] ・T_{Lm}　モータ軸換算 　　　負荷トルク[N·m] ・I_{Lm}　モータ軸換算 　　　慣性モーメント[kg·m²] ・N_m　モータ回転数[rpm] ・T_a　加速トルク[N·m] ・T_{am}　モータ軸換算 　　　加速トルク[N·m] ・F　必要水平力 　　または，つり上げ力[N] ・t_a　加減速時間[sec] ・η　機械効率[—]
2. ラックアンドピニオン駆動モデル T_{Lm}, I_{Lm}, N_m ピニオンギア D, r T_L, I_L, N_L ラック	【機構】動作対象はリニアガイドにつり下げ配置され，対象のピニオンギアはラックに勘合される．モータは減速機を介してピニオンに接続され，モータの回転力によりピニオンが回転し，物体は左右に水平移動する． 【特徴】ベルトに比べて，大きな質量を低速で位置決めを行う時に好適．ギア特有のバックラッシ誤差があるので，高精度位置決めは注意を要する．ギアがインボリュート形状であれば，速度変動もない．	
3. 送りねじ駆動モデル T_{Lm}, I_{Lm}, N_m T_L, I_L, N_L ボールねじ リード：l	【機構】動作対象は，リニアガイド上に配置され，ボールねじが接続される．ボールねじは減速機を介してボールねじに接続され，モータの回転力によりねじが回り，物体は左右に水平移動する． 【特徴】ベルト，ラックアンドピニオンに比べて，非常に高精度な位置決めが可能．しかし，長ストロークは難しい．また，ねじが共振による危険速度を持つので，高速移動の際にはカタログ等でよく確認する必要がある．	
4. プーリー駆動つり上げモデル T_{Lm}, I_{Lm}, N_m T_L, I_L, N_L スプロケット D, r m_C　m_0 $m_1 = m_0 - m_C$ $m_2 = m_0 + m_C$	【機構】動作対象とカウンターウェイトは，スプロケットを介してチェーンでつながれてつり合っている．モータと減速機はスプロケットに接続され，モータの回転力により，動作対象は昇降する． 【特徴】比較的重い動作対象の低速昇降に好適．加速トルク計算は，動作対象とカウンターウェイトのケース慣性モーメントを合計すること．	

※ 各モデルにおいて，計算を簡単に示すために，モータ，ベルト，チェーン，プーリー，ピニオン，ボールねじ駆動伝達軸などの慣性モーメント，質量は無視する．

6.1 駆動系を設計する

モデル化とモータパワー計算例

【負荷トルク】 ①必要水平力 　つり上げ力 F ②動作対象軸換算 　負荷トルク T_L ③モータ軸換算 　負荷トルク T_{Lm}	【慣性モーメント】 ④動作対象軸 　慣性モーメント I_L ⑤モータ軸換算 　慣性モーメント I_{Lm}	【加速トルク】 ⑥モータ軸換算 　加速トルク T_{am}	【モータの必要パワー】 ⑦負荷モータパワー P_L ⑧加速モータパワー P_a ⑨必要モータパワー P_m	モータ選択例		
				サーボ	インバータ	誘導
① $F = \mu \cdot m \cdot g$ ② $T_L = F \cdot r$ 　$= \mu \cdot m \cdot g \cdot r$ ③ $T_{Lm} = \left(\dfrac{1}{R}\right) \cdot \dfrac{T_L}{\eta}$ 　$= \dfrac{\mu \cdot m \cdot g \cdot r}{R \cdot \eta}$	④ $I_L = \left(\dfrac{1}{4}\right) \cdot m \cdot D^2$ ⑤ $I_{Lm} = \left(\dfrac{1}{R^2}\right) \cdot I_L$ 　$= \dfrac{m \cdot D^2}{4R^2}$	⑥ $T_{am} = \dfrac{I_{Lm} \cdot N_m}{9.55 t_a}$ 　$= \dfrac{\left(\dfrac{1}{4R^2}\right) \cdot m \cdot D^2 \cdot N_m}{9.55 t_a}$ 　$= \dfrac{m \cdot D^2 \cdot N_m}{38.2 R^2 \cdot t_a}$	⑦ $P_L = \dfrac{T_{Lm} \cdot N_m}{9550}$ 　$= \dfrac{\mu \cdot m \cdot g \cdot r \cdot N_m}{9550 R \cdot \eta}$ ⑧ $P_a = \dfrac{T_{am} \cdot N_m}{9550}$ 　$= \dfrac{m \cdot \left(\dfrac{D \cdot N_m}{R}\right)^2}{36.5 \times 10^4 t_a}$ ⑨ $P_m = P_L + P_a$	◎	○	×
① $F = \mu \cdot m \cdot g$ ② $T_L = F \cdot r$ 　$= \mu \cdot m \cdot g \cdot r$ ③ $T_{Lm} = \left(\dfrac{1}{R}\right) \cdot \dfrac{T_L}{\eta}$ 　$= \dfrac{\mu \cdot m \cdot g \cdot r}{R \cdot \eta}$	④ $I_L = \left(\dfrac{1}{4}\right) \cdot m \cdot D^2$ ⑤ $I_{Lm} = \left(\dfrac{1}{R^2}\right) \cdot I_L$ 　$= \dfrac{mD^2}{4R^2}$	⑥ $T_{am} = \dfrac{I_{Lm} \cdot N_m}{9.55 t_a}$ 　$= \dfrac{\left(\dfrac{1}{4R^2}\right) \cdot m \cdot D^2 \cdot N_m}{9.55 t_a}$ 　$= \dfrac{m \cdot D^2 \cdot N_m}{(38.2 R^2 \cdot t_a)}$	⑦ $P_L = \dfrac{T_{Lm} \cdot N_m}{9550}$ 　$= \dfrac{\mu \cdot m \cdot g \cdot r \cdot N_m}{9550 R \cdot \eta}$ ⑧ $P_a = \dfrac{T_{am} \cdot N_m}{(9550)}$ 　$= \dfrac{m \cdot \left(\dfrac{D \cdot N_m}{R}\right)^2}{36.5 \times 10^4 t_a}$ ⑨ $P_m = P_L + P_a$		◎	
① $F = \mu m g$ ② $T_L = \dfrac{F \cdot l}{2\pi}$ ③ $T_{Lm} = \dfrac{\left(\dfrac{1}{R}\right) \cdot T_L}{\eta}$ 　$= \dfrac{\left(\dfrac{1}{R}\right) \cdot F \cdot l}{2\pi \eta}$ 　$= \dfrac{\mu \cdot m \cdot g \cdot l}{2\pi R \cdot \eta}$	④ $I_L = \left(\dfrac{1}{4}\right) \cdot m \cdot \left(\dfrac{l}{\pi}\right)^2$ ⑤ $I_{Lm} = \left(\dfrac{1}{R^2}\right) \cdot I_L$ 　$= \dfrac{1}{4R^2} \cdot m \cdot \left(\dfrac{l}{\pi}\right)^2$ 　$= m \cdot \left\{\dfrac{l}{2\pi R}\right\}^2$	⑥ $T_{am} = \dfrac{I_{Lm} \cdot N_m}{9.55 t_a}$ 　$= \dfrac{m \cdot \left\{\dfrac{l}{2\pi R}\right\}^2 \cdot N_m}{9.55 t_a}$ 　$= \dfrac{m \cdot l^2 \cdot N_m}{(2\pi R)^2 \cdot 9.55 t_a}$	⑦ $P_L = \dfrac{T_{Lm} \cdot N_m}{9550}$ 　$= \dfrac{\mu \cdot m \cdot g \cdot l \cdot N_m}{6 \times 10^4 R \cdot \eta}$ ⑧ $P_a = \dfrac{T_{am} \cdot N_m}{(9550)}$ 　$= \dfrac{m \cdot \left\{\dfrac{l \cdot N_m}{2 \cdot (9.55 R)}\right\}^2}{10^3 t_a}$ ⑨ $P_m = P_L + P_a$		◎	× 位置決め精度が不適
① $F = m_1 \cdot g$ ② $T_L = F \cdot r$ 　$= m_1 \cdot g \cdot r$ ③ $T_{Lm} = \dfrac{\left(\dfrac{1}{R}\right) \cdot T_L}{\eta}$ 　$= \dfrac{m_1 \cdot g \cdot r}{R \cdot \eta}$	④ $I_L = \left(\dfrac{1}{4}\right) \cdot m_2 \cdot D^2$ ⑤ $I_{Lm} = \left(\dfrac{1}{R^2}\right) \cdot I_L$ 　$= \dfrac{m_2 \cdot D^2}{4R^2}$	⑥ $T_{am} = \dfrac{I_{Lm} \cdot N_m}{9.55 t_a}$ 　$= \dfrac{m_2 \cdot D^2 \cdot N_m}{(4R^2) \cdot (9.55 t_a)}$ 　$= \dfrac{m_2 \cdot D^2 \cdot N_m}{38.2 t_a \cdot R^2}$	⑦ $P_L = \dfrac{T_{Lm} \cdot N_m}{9550}$ 　$= \dfrac{m_1 \cdot g \cdot N_m}{9550 R \cdot \eta}$ ⑧ $P_a = \dfrac{T_{am} \cdot N_m}{9550}$ 　$= \dfrac{m_2 \cdot \left(\dfrac{D \cdot N_m}{R}\right)^2}{36.5 \times 10^4 t_a}$ ⑨ $P_m = P_L + P_a$	○	◎	△

◎：非常に適している，○：適している，△：可能

6.1.2 慣性モーメント I

機械を動かす設計をするとき，慣性モーメント I の計算が必要となる．慣性モーメントとは，回転運動系において回転しにくさの程度を示す．**表 6.3** に単純な形状の慣性モーメントの計算公式を示す．**I が大きいほど，回転を加速させるのに大きなトルクを要する**．（4.2.1　単体設備の基本設計の（8）動特性（表 4.8　回転運動と直線運動の比較）参照の事）加速トルク T_a は慣性モーメント I と回転角加速度 α より算出され，$T_a =$ 慣性モーメント $I \times$ 回転角加速度 α となる．対象駆動軸の回転角速度を ω，加速または減速時間を t_a とすると $\alpha = \Delta\omega/\Delta t$ であるので，$T_a = I \times \alpha = I \times \omega/t_a = I \times \left(\dfrac{2\pi N}{60 t_a}\right)$ と表される（T_a [N・m]，I [kg・m^2]，回転数 N [rpm]，t_a [s]，ω [rad/s]）．なお，駆動系を構成している各機械要素の慣性モーメントは計算で求める必要はなく，機器カタログに示されている．

表 6.3　単純な形状の慣性モーメント

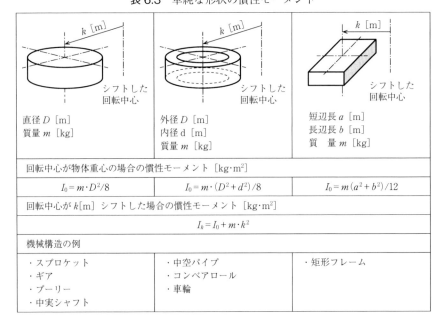

直径 D [m] 質量 m [kg]	外径 D [m] 内径 d [m] 質量 m [kg]	短辺長 a [m] 長辺長 b [m] 質　量 m [kg]
回転中心が物体重心の場合の慣性モーメント [kg・m^2]		
$I_0 = m \cdot D^2/8$	$I_0 = m \cdot (D^2 + d^2)/8$	$I_0 = m(a^2 + b^2)/12$
回転中心が k[m] シフトした場合の慣性モーメント [kg・m^2]		
$I_k = I_0 + m \cdot k^2$		
機械構造の例		
・スプロケット ・ギア ・プーリー ・中実シャフト	・中空パイプ ・コンベアロール ・車輪	・矩形フレーム

6.1.3　モータの選定

　回転駆動要素として一般的な誘導モータ，インバータモータ，サーボモータの選定をする際のポイントを表6.4にまとめた．各モータの特徴と制御方法，適用例を示すので参考にされたい．

　ここで，インバータモータのトルク特性に関して少し補足しておく．図6.3の左図に示すように，一般的なインバータモータは入力周波数を下げると出力トルクも低下してしまう．しかし，図6.3の右図に示すように，インバータ専

表6.4　モータ種類の特徴と適用例

	特徴と制御方法			適用例						
				ポンプやファン		ロボット	工作機械			搬送機器
	回転数制御	位置制御	制御方法	単純運転	流量制御	2軸〜多軸	回転工具	精密プレス	加工テーブル	コンベア
誘導モータ	×	×	制御なし．	◎	×	×	○	×	×	○
インバータモータ	○	×	モータ駆動周波数を制御する．	同下	◎	×	◎	×	○	◎
サーボモータ	◎	◎	エンコーダーがモータ軸に直結され，位置と回転数をフィードバック制御する．	可能だが通常適用しない．		◎	○	◎	◎	○

◎：非常に適している，○：適している，×：推奨しない．

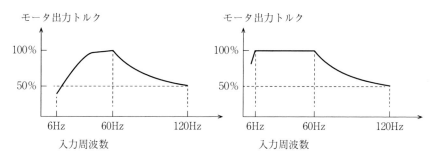

インバータモータの連続運転トルク特性　　インバータ専用定トルクモータの連続運転トルク特性

図6.3　インバータモータのトルク特性

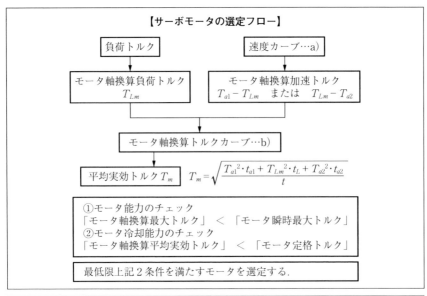

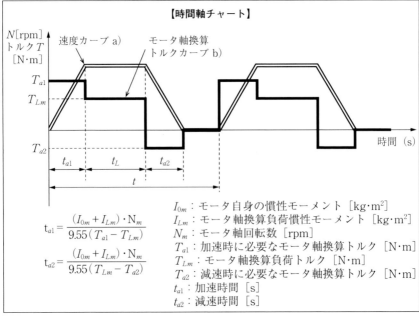

図6.4　サーボモータの選定フローチャート

用定トルクモータを使用すると，広範囲にわたり安定した出力トルクを得ることができるので，低回転領域で使いたい場合に推奨する．

次に，サーボモータの選定方法についても補足する．サーボモータは表 6.2 に従って仮選定した後，使用可否を詳細に検討しなければならない．サーボモータの選定フローチャートを図 6.4 上に示す．サーボモータは，ほぼ一定の速度で動いている誘導モータやインバータモータと異なり，頻繁に加減速を繰り返したり，速度や位置を正確に制御する必要があるときに採用される．図 6.4 下に示す時間軸チャートを作成し，設備に要求される速度カーブから「加速時に必要なモータ軸換算トルク」を求める．「モータ軸換算負荷トルク」に「加速時に必要なモータ軸換算トルク」を加えた値が，その時間に必要なモータ軸換算トルクであり，その時間変化を表したものがモータ軸換算トルクカーブである．その最大値をモータ軸換算最大トルクと呼び 2 乗平均を求めたものをモータ軸換算平均実効トルクと呼ぶ．サーボモータのカタログには必ず定格トルクと瞬時最大トルクが明記してあるので，図 6.4 上のサーボモータの選定フローに従って仮選定したモータのチェックを行う．もし，条件を満たさずに運転した場合，サーボモータは過負荷状態となり，保護機能により停止してしまう．

また，サーボモータの制御性を確保するために，モータ軸換算負荷慣性モーメント I_{Lm} は，モータ自身の慣性モーメント I_{0m} の指定倍率以内で設計する．一般的に I_{Lm}/I_{0m} が 3 倍〜15 倍程度である（メーカーカタログ参照）．この指定倍率を超えると，制御性が著しく低下し，運転中の振動や停止精度の低下を招く場合がある．特にモータ選定後に，モータと減速機の間にある構成部品の変更を行うと，モータ軸換算負荷慣性モーメントが大きく変わることがあるので注意が必要である．

6.1.4 回生の意味と計算

通常，モータに電力を加えることにより，モータは回転する．すなわち，モータに与えられた電気エネルギがモータの出力という運動エネルギに変換されて，出力軸に接続された負荷が動作する．加速時や負荷を上昇させる際にはモ

ータに電気エネルギが付加されるが，逆に減速時や負荷の下降時にはモータが設備負荷に回転させられ，運動エネルギが電気エネルギへ逆変換されることになり，電気エネルギが発生する．これを回生エネルギと呼ぶ．この回生エネルギを回生抵抗器で熱に変えて消費したり，回生コンバータを介して電源側に戻す処理をしたりするが，変換しきれない場合，モータが想定通りに停止しない（停止時間や距離が延びる），あるいはモータの制御装置が異常を検知して停止する等の不具合が起こる．

この項では機械技術者向けに回生エネルギEの簡易的な算出方法を述べ，回生抵抗器の選定方法を示す．回生エネルギの計算は，減速動作時には回転エネルギの式を，一定速動作時は仕事量の式を使って算出する．

減速動作時の回転エネルギE_dを求めると次のようになる．

$E_d = (1/2) \cdot I_{Lm} \cdot \omega_{dm}^2$，$I_{Lm} = T_{dm} \cdot t_d / \omega_{dm}$ から，

$E_d = (1/2) \cdot I_{Lm} \cdot \omega_{dm}^2 = (1/2) \cdot T_{dm} \cdot t_d \cdot \omega_{dm} = \pi \cdot n_d \cdot t_d \cdot T_{dm}$ ……①

（回転エネルギ：E_d[J]，モータ軸換算慣性モーメント：I_{Lm}[kg·m²]，モータ軸回転角速度：$\omega_{dm} = 2\pi n_d$[rad/s]，モータ回転数：n_d[rps]，減速時間t_d[s]，モータ軸換算減速トルク：T_{dm}[N·m]）

一定速動作時の回転エネルギE_Lは仕事量で考え次のようになる．

$E_L = T_{Lm} \cdot \omega_{Lm} \cdot t_L = 2\pi n_L \cdot t_L \cdot T_{Lm}$ ……②

（回転エネルギ：E_L[J]，モータ軸換算負荷トルク：T_{Lm}[N·m]，モータ軸回転角速度：$\omega_{Lm} = 2\pi n_L$[rad/s]，モータ回転数：n_L[rps]，動作時間：t_L[s]）

1サイクル内で発生する負のE_dとE_Lの総和が回生エネルギEである．このEを1サイクル時間で割れば平均回生電力Pを算出できる．回生抵抗器やコンバータはこの容量以上のものを選定すればよい．なおこの簡易方法では10〜15％余裕を見込んだ容量になる．回生電力の計算例を図6.5に示す．

6.1.5 駆動系におけるセンサ

駆動系の動作や停止タイミングを制御するために，駆動系にはセンサが設置されている．一例として送りねじ駆動モデルを制御するときの各種方式による

6.1 駆動系を設計する

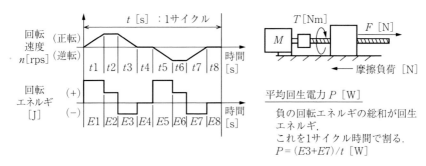

図6.5 回生電力の計算

センサの種類や配置の違いを**表6.5**にまとめ，使用上の注意点を述べる．

表6.5(a)は，一般的によく用いられている方法で，センサによる検知で駆動を停止させる方式である．センサの検出や制御ロジックに時間的なばらつきがあるため，停止センサ検出時の速度に応じて，停止位置に誤差が生じる．この誤差が許容されない場合は**減速センサ**を設置して，このセンサが検知すると動作速度を遅くし，その後，停止センサの検知にて駆動系を停止させる．停止センサ（②，⑤）および減速センサ（③，④）としてしばしば用いられる近接センサ（**表6.6参照**）は，磁界や静電容量の変化を検出する仕組みを用いているため，検出対象の材質と寸法に応じて検出距離が変化するので注意する．また，**ドグ**（機械要素に取り付けられた検出対象）の設置に関しては機械の調整や改造によって検出位置が変化しないような構造であることが望ましい．OT（オーバートラベル）は機械を守るために移動限界の位置に配置するセンサ（①，⑥）である．OTがドグを検出後，最高速度から停止までの減速距離分移動することを考慮してOTの位置を決める．リニアガイドの長さなどの機械構造に関係するので，設計時にセンサの種類や仕様を確認することが重要である．

表6.5(b)のサーボモータは，モータ内部にエンコーダと呼ばれる回転角と角速度を検出するセンサが組み込まれている．サーボモータはこのセンサの回転情報からフィードバック制御を行い，仮想の機械位置を計算しながら目標の停止位置に減速停止させることができる．このため，(a)で述べた誤差の考慮は

第6章　生産設備設計に必要な具体的知識

表 6.5　駆動制御方法の種類と必要なセンサ配置

種類	概略図	センサ配置
(a) 汎用モータとインバータ制御の組み合わせ	戻り／行き／送りねじ／OTドグ／センサドグ／リニアガイド／M　①②③　④⑤　⑥	左から ①戻りOT（オーバートラベル） ②戻り定位置 ③戻り減速開始 ④行き減速開始 ⑤行き定位置 ⑥行きOT
(b) サーボモータ	戻り／行き／エンコーダ／M　①②　⑤　⑥	サーボモータのエンコーダを使用した位置確認を使用するため③④の減速センサは不要となる．②⑤の定位置センサは補助的役割．
(c) サーボモータ＋リニアガイド一体型リニアスケール	戻り／行き／検出器（内蔵）／リニアスケール付リニアガイド／M　①　⑥	リニアスケールを用いることで動作機械の本体の位置を検出しているため，②③④⑤が不要になる．

不要になる．

　表 6.5(c) は，動作する物体の位置を全域で常時検出する方法であるためフルフィードバック制御と呼ばれる．位置検出用センサは不要であり OT（①，⑥）のみでよい．ただし，温度変化によりリニアスケールが熱膨張伸縮すると，誤差となるためクリーンルームのような比較的一定温度の環境下で使用する．使用環境温度に合わせて，リニアスケールの位置補正を行うこともある．

　通常，サーボモータを使用する (b)(c) の場合，動作する物体の原点位置を決めて，サーボモータの制御装置に記憶させる．そのため，原点センサを設置してドグを検出した点を原点とする．原点センサは，OT と兼用することも多い．

6.1 駆動系を設計する

センサには物体，熱，流体，圧力，温度，画像などの変化を検出する様々な種類がある．構造や検出原理を理解することで，目的に応じたセンサを選定する必要がある．

表 6.6 物体を検出対象としたセンサの種類と用途

センサの種類	検出原理	主な用途	注意点
光電センサ 投光器　受光器 赤外線	可視光や赤外光などの光を，投光器から受光器へ投光する．検出体が光路を遮るときの光量変化を受光部が検出する．	非接触式が必要なとき．対象が非透明体のとき．	投光・受光面に「汚れや埃」が付着すると光量変化が発生し，センサが誤検知することがある．特に埃のたい積防止のため，投受光面は上向きに設置しない方がよい．また用途別に多くの機種があり，材質・寿命・設置制限も多様なので，使用する条件を明確にして，カタログをよく確認して選定することが大切である．
ファイバセンサ	光源ユニットと投受光可能なファイバで構成される．光源ユニットが入らないような狭い場所にファイバ先端だけを設置してファイバ先端での受光量変化を検出する．	狭い場所での検出．微小物体の検出．防錆・防水・耐薬品などの耐環境性能を持つセンサが必要なとき．	
レーザーセンサ 投光　受光 レーザー	基本的に光電センサと同じ原理だが，光の代わりにレーザーを使用する．	光軸合わせや，検出物体の位置確認の際にレーザースポットが見えるため，調整が容易．長距離の検出が可能．小型なので狭い場所での設置が可能．距離の計測にも利用できる．	
近接センサ	非接触で検出物体が近づいたことを検出するセンサ．	金属を検出したいときや，耐環境性能を持つセンサが必要なときに使う．	検出体の大きさ，検出体とセンサの距離，必要な検出応答速度によって，形式を決定する．センサ取付部が金属の場合の誤検知防止形式もある．
リミットスイッチ 検出体	検出体が可動接触子を接触動作させると，内部接点が On/Off し検出する．	対象体を確実に検出したいときに使う．駆動系のオーバートラベル検出などに使用する．	接点の電気寿命が数十万回と短いので，繰り返し動作する場所には不向き．

6.2 機械要素や機器を選定する

6.2.1 チェーンとベルト

　チェーンとベルトは回転動力を動作対象へ伝える機械要素である．負荷の大きさ，速度，位置決め精度，環境のクリーン度などに応じて選択する（**表6.7**参照）．チェーンには，ローラーチェーンとサイレントチェーンなどがあり，ベルトには，歯付きベルトとVベルトなどがある．チェーンで最も一般的なのはローラーチェーンである．サイレントチェーンは文字どおり静粛性が求められるときに使用されることが多い．高精度の位置決め機構に用いる場合，チェーンはバックラッシや伸びが大きいため，歯付きベルトが適している．また，チェーンや歯付きベルトは多角形体の回転運動を伴い，速度変動があるので，注意が必要である．

　ローラーチェーンや歯付きベルトを用いた機構例は多くあげられるが，**図6.6**に代表的な6つの構造例およびそれらの選択方法について簡単に示す．

6.2.2 駆動ねじ

　駆動ねじは，ねじ軸とナットの組合せによって，回転運動を軸方向の直線運動に変換する機構である．駆動ねじの種類として代表的な台形ねじやボールねじの特徴を**表6.8**に示す．

　駆動ねじは，直動ガイド（6.2.3項）やモータと組み合わせて，非常に多くの搬送装置や位置決め装置に使われている．ボールねじを用いたテーブル搬送装置の例を**図6.7**に示す．ボールねじの選定では，軸方向への圧縮荷重によって，ねじ軸に座屈が生じないように選定する必要がある．また，回転速度が高くなると，ねじ軸の持つ固有振動数と一致して共振を起こして破損する恐れがある．この回転速度を危険速度と呼び，設計時に十分考慮する必要がある．座屈と危険速度のどちらもボールねじの取付間距離が長く，径が細いときに注意が必要である．

表6.7 チェーンおよびベルト選択時の比較項目

		ローラーチェーン	サイレントチェーン	歯付きベルト	Vベルト
適用速度[*1]	m/s	〜10（中・低速）		〜30（高速）	〜40（高速）
伝達容量[*1]	kW	<30		<15	<75
許容張力[*1]	kN	30	10	10	3
伝達効率	%	95〜98		90〜98	80〜95
減速比[*2]	—	1〜7	1〜5	1〜10	1〜8
静粛性	—	×	△	○	○
衝撃吸収性	—	△		○	◎
耐熱・耐切傷性	—	◎		×	×
速度変動率	%	「チェーンとスプロケット」もしくは「歯付きベルトとプーリー」が噛み合う瞬間，多角形体の回転運動に起因する速度変動が発生する．その変動率は，次の式で示される．{1−cos(180°÷スプロケット歯数)}×100（％）速度変動を小さくしたい時は，チェーンでは歯数15枚以上が推奨され，歯付きベルトでは許容強度を確認し，歯ピッチを小さくする事が推奨される．また，歯付きベルトでは，歯ピッチの製造誤差や，プーリーの加工誤差による変動もあり，総合速度変動が2〜3％になる事もある．速度変動をゼロにしたい時はスチールベルトを使用して，モータからプーリー駆動への駆動伝達系にインボリュート歯車減速機を使うとよい．なおVベルトでは多角形体の回転による速度変動はないが，滑りによる速度変動は大いにあり得るので注意する．			
初期のび	%	0.1〜0.5		0.05〜0.1	1〜2
滑り	%	なし			0.5〜1.5
特長	—	各パーツは，金属（鋼，ステンレス等）で構成され，金属同士の摺動，転動を伴うため，潤滑が必須．		樹脂体（ウレタン，ゴムなど）が，芯材補強（スチール線・ポリイミド繊維等）されており柔軟性が高い．	
油潤滑	—	要		不要	
適用用途（メーカ例）	—	重負荷・低中速運転に好適．位置決め精度は低い．摩耗防止のためのオイル潤滑が必須となる．静粛・クリーン環境では不適．		中負荷・高速に好適．位置決め精度は高い．潤滑も不要．静粛・クリーン環境での位置決め機構に好適．	軽負荷・高速に好適．ベルト滑り大の為，位置決め機構には不適．ファンなどの単純回転機器に好適．
		椿本チェイン	江沼チェイン 千代田交易（海外製）	椿本チェイン，三ツ星ベルト，バンドー化学	椿本チェイン，三ツ星ベルト，ニッタ，バンドー化学

◎：最も優れる，○：良い，△：比較的悪い，×：悪い
注記： *1 適用速度，伝達容量，許容張力例は，一般的なサイズ品を参考とした．さらに高速，大容量，高強度品も各メーカーから発売されているので，詳細はカタログを参照のこと．
　　　 *2 減速比は，各メーカーの標準プーリーとメーカー推奨値ではあるが，一般的な機械としては，1〜3程度に抑え，多段減速とするほうが好ましい．これは摩耗・衝撃を緩和し寿命を向上させるためである．

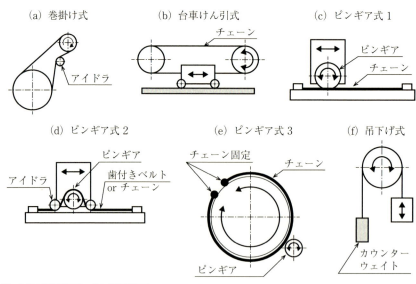

	ローラーチェーン	歯付きベルト	チェーンと歯付きベルトの選択例
(a) 巻掛け式	○	○	負荷・速度・位置決め必要性と精度・環境から選択.
(b) 台車けん引式	○	○	主に位置決め精度で決める. チェーン選択の場合, 台車は車輪程度で良いが, ベルトで停止精度を得たい場合, 直動ガイドを用いる. いずれも, 台車の移動力が小さくなるように工夫する事が大切.
(c) ピンギア式1	○	×	(b)に比べてコンパクトに作ることができる. 樹脂ベルトの使用は, プーリーに対する樹脂歯の掛かりが少なく, 強度不足となり不適.
(d) ピンギア式2	△	○	負荷・速度・位置決め必要性と環境からベルトを採用したい場合, ベルトとピンギアの掛かり量を増やすためにアイドラを用いる.
(e) ピンギア式3	○	×	大型構造体を旋回させたい時に採用する. 歯掛かり部の強度確保のため, チェーンを採用することが多い.
(f) 吊下げ式	○	△	軽負荷な場合, ベルトも選択可能だが, 大きな負荷を吊り上げる場合は, 落下に対する安全配慮のため, 耐切傷性の高いチェーンを選択する.

○：選択可能, △：選択しても良い, ×：選択不可

図6.6 代表的なチェーンおよびベルトの構造と選択方法

表 6.8 駆動ねじの種類と特徴[1),2)]

ねじの種類	特徴	構造図
台形ねじ	・滑りねじとして最も一般的. ・摩擦ロスが大きく効率が悪い（伝達効率 0.2～0.4）. ・摩擦が大きいためセルフロック機能として利用できる（自己位置の保持に使うことが多い）. ・高頻度な摺動部では摩耗が進行するため推奨できない. ・バックラッシが大きい. ・安価で入手が容易.	
ボールねじ	・摩擦抵抗が非常に小さい. ・伝達効率は 0.8 以上と著しく良い ・バックラッシが小さい. （ナットに与圧をかけることでバックラッシをゼロにできる） ・サーボモータを用いた精密位置決め機構などに使われる. ・台形ねじと比較すると高価. ・精密等級は長納期となる.	

軸方向推進力 F は，$F = \eta \dfrac{2\pi T}{L}$ で表される．
F：軸方向推進力[N]，L：リード[m]，T：与えるトルク[N・m]，η：伝達効率[―]

表 6.9 にねじ送り機構を応用したスクリュージャッキの主な種類と構造・特徴などを示す．

6.2.3 直動ガイド

直動ガイドとは，対象物を直線運動させる際に，ガタつきがなくスムーズに運動させる案内機構である．直動ガイドには様々な種類があり，動作速度，動作精度，負荷荷重，使用環境などを考慮して，最適な直動ガイドを選択しなければならない．直動ガイドとして代表的なものを**表 6.10** に示す．

第6章 生産設備設計に必要な具体的知識

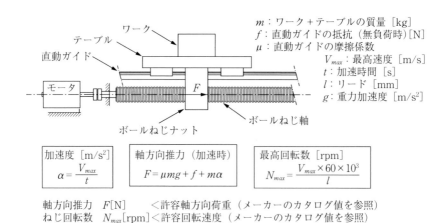

m：ワーク＋テーブルの質量 [kg]
f：直動ガイドの抵抗（無負荷時）[N]
μ：直動ガイドの摩擦係数
V_{max}：最高速度 [m/s]
t：加速時間 [s]
l：リード [mm]
g：重力加速度 [m/s²]

加速度 [m/s²]
$$\alpha = \frac{V_{max}}{t}$$

軸方向推力（加速時）
$$F = \mu m g + f + m\alpha$$

最高回転数 [rpm]
$$N_{max} = \frac{V_{max} \times 60 \times 10^3}{l}$$

軸方向推力 F[N] ＜許容軸方向荷重（メーカーのカタログ値を参照）
ねじ回転数 N_{max}[rpm]＜許容回転速度（メーカーのカタログ値を参照）

図 6.7 ボールねじの使用例（テーブル搬送）[1]

表 6.9 スクリュージャッキの種類と特徴[1),4),5)]

	内 部 構 造 図	特徴と用途	能 力
台形ねじ型	ウォームギア／台形ねじ軸／ウォームシャフト（入力軸）	・台形ねじ軸とウォームギアの組み合わせ，昇降位置の自己保持機能がある． ・ねじと摺動するナット部の摩耗が進行するので高頻度な運転には不向き，低頻度，**高荷重が必要な機構に使う．** ・高精度の位置制御には不向き． ・参考価格：50～90 千円/台（10kN）2018 年現在	基本容量： 2～1,250[kN] 回転数： ～1,800[rpm] ねじリード： 3～20[mm]
ボールねじ型	ボールねじナット／ボールねじ軸／ウォームギア／ウォームシャフト（入力軸）	・ボールねじ軸とナットの組み合わせであり，昇降位置の自己保持機能はない．ねじ軸が自動で回転しながら落下するため，ねじ軸の回り止め機構の要否検討が必要．． ・台形ねじ型に比べ駆動伝達効率が高い（約3倍） ・台形ねじ型より動作頻度が多く，低騒音，繰返し精度が必要な場合に使う． ・潤滑は油浴型とグリース型があり，前者の寿命の方が長い．ただし，オイル漏れに注意が必要． ・参考価格：100～200 千円/台（10kN）2018年現在	基本容量： 5～1,250[kN] 回転数： ～1,800[rpm] ねじリード： 5～32[mm]

メーカー例：日本ギア，マキシンコー

6.2.4　ラック・アンド・ピニオン

ラック・アンド・ピニオンはピニオンの回転力をラックへ伝え，等速回転運動を等速直進運動に変換する機構である．ラック・ピニオンと略称されることもある．ピニオンを固定しラック側を直動させる場合とラックを固定しピニオン側を直動させる二通りの使い方がある．この機構は動力伝達時にピニオンとラックが離れる方向へ反力が発生するので，単体では使用できず，反力を受ける直動ガイドを伴う構造が必要である．また，ピニオンとラックは通常の歯車と同じ材質や表面処理のものを入手することが可能である．

設備でよく使用するラック・アンド・ピニオンのタイプを表 6.11 に示す．

6.2.5　軸　受

軸受とは，相手部品に対し回転運動などを行う軸の荷重を支持し，滑らかな運動の案内をする部品である．軸受は大きく転がり軸受と滑り軸受の 2 種類に分けられる．ただし，具体的に選定しようとすると，軸受は駆動系や各種機構を成り立たせるために必須な機械要素なので，使用される場面に応じた非常に多くの種類があり，迷ってしまうかも知れない．しかし実用的な設備の範囲では，コストの兼ね合いもあり，比較的限定された種類の軸受が使用される．表 6.12 にしばしば使用される軸受の特徴と選定時の注意事項を示す．

この他の軸受けについては各メーカーのカタログを参照されたい．

6.2.6　軸継手（カップリング）

軸継手の役割は，動力を伝達するために軸と軸とを機械的に結合し，軸芯のズレである偏芯（平行誤差），偏角（角度誤差），エンドプレイ（軸方向の移動）を吸収することである．

軸継手は，軸継手が伝達するトルクや軸芯のズレの大きさだけでは選定してはならない．例えば位置決め機構に使う場合はバックラッシの大きさが重要になる．図 6.8，表 6.13 に代表的な軸継手の種類と特徴および構造図を示す．ただし，軸継手には軸芯のズレを許さない固定軸継手（2 つの軸を 1 つの剛体と

表6.10 代表的な直動ガイド

方式	略図	特徴
リニアモーションベアリング（LMB）	（平行が確保された段差）	多品種のものが市販されている．代表的なメーカーTHKの商品名であるLMガイドという名前で呼ばれることも多い．最高速度，耐荷重，走行精度は高いレベルにあり，かつ各メーカーが競い合って日々性能が向上しており，特徴的な商品も増えている．使い方としては，略図に示す様に左右に2本のレールを固定し，それぞれのレールに設計上必要な数量のブロックと呼ばれる走行体を付けることが一般的である．このレール2本の構成はモーメントには強いが，取付面の加工精度や組立精度が求められる．そこで，1本のLMBで構成する方法もある．この場合，許容モーメントには十分注意が必要である．
LMBのその他の使用例		LMBのその他の使用例として，略図に示すようにLMBをレール1本としてその他の直動ガイドと組み合わせる方法もある．ここでは平レールと平車輪を用いた場合を示している．大きな荷重は受けないが走行距離が長いワーク移載機などの場合は，この構造により安定した動きを容易に得ることができる．また，走行体の剛性にもよるが，ベルトやラック・アンド・ピニオンなどの駆動は走行体のセンターではなく，LMBに近い側に取り付ける方が良い．
すべりガイド	⊙進行方向	大きな荷重や衝撃的な力を受ける必要があるときに，V-平型すべりガイドを使う．機械加工精度を上げれば非常に正確な運動が可能になるが，スライド部の摩耗に対する配慮が必要．左右方向の力がさらに大きいときはV-V型も可能だが熱膨張が均一にならない場合，接触面が均等に当たらずに偏摩耗を起こすので注意する．
ボールブッシュ	⊙進行方向（ボールブッシュ）	従来より市販されている直線ガイドであるが，最近はLMBが使われることが多い．シャフトは両端でしか支持できない欠点があり，ストロークが長い場合，シャフトを太くして曲がりを防止する必要がある．
車輪ガイド		V型車輪には周速差による摩耗が起きる．高速走行には向かず，門扉などの走行頻度が低いような機構に使う．簡易的な装置であれば，アングル鋼材を使用してレールとすることも可能．
リンク機構		動作軌跡が上下方向に少々ずれてもよい場合はリンク機構を使うことができる．直線ガイドではなく回転ベアリングを用いるので水や粉塵に対するシールが容易である．

表6.11 主なラック・アンド・ピニオンタイプ[6),7)]

概略図	特徴と用途
平歯車タイプ	・一般的によく使われるラック・アンド・ピニオン，特に制約がない場合はこのタイプを選択する ・平歯車（スパーギア）とラックの組合せ ・位置精度が必要な場合は歯研ラックなどの高精度品を使う ・バックラッシがある 　（$m=2$，歯数 $Z=20$ の場合で角度バックラッシ約 $0.46°$） ・最も安価に購入できる（参考価格：2018年現在） 　（歯研，$m=2$ の場合でピニオン：1万円程度/個，ラック：2万円程度/m） ・駆動伝達効率 98 %，最高速度 5[m/s] 程度
ヘリカルタイプ	・はすば歯車（ヘリカルギア）とヘリカルラックの組合せ ・位置精度が必要な場合は歯研ラックなどの高精度品を使う ・同サイズでは歯の接触面が平歯車より大きく強度が高い ・平歯車タイプより高強度，低振動，低騒音，高速回転が必要な場合に選択する．ただし，回転時に軸方向へ力が発生するので，アンギュラベアリング，スラストベアリングなどで軸方向反力に対応する必要がある． ・価格は平歯車タイプより高価（参考価格：2018年現在） 　（歯研，$m=2$ の場合でピニオン：2万円程度/個，ラック：6万円程度/m） ・駆動伝達効率 98 %，最高速度 7[m/s] 程度
ローラーピニオンタイプ	・ベアリング支持のローラーピンとラックが転がり接触で駆動伝達する機構 ・**トロコイド歯車**によりローラーピン3本が常に接触しながら駆動するのでゼロバックラッシの駆動が可能 ・ラックとピニオンは転がり接触の為，摩耗が少なく低発塵 ・ヘリカルタイプより位置精度，低振動，低騒音を必要とする場合に選択する． ・通常の歯車タイプに比べ高価（参考価格：2018年現在） 　（ピニオン：3〜16万円/個，ラック：3〜9万円/m） ・駆動伝達効率 99 %，最高速 3[m/s] 程度 ・最大使用荷重 14[kN]

メーカー例：（平歯車，ヘリカル）小原歯車工業㈱-KHK，（ローラーピニオン）加茂精工㈱

表6.12 各種軸受の特徴と選定時注意事項[8),9)]

	略図	特徴	選定時の注意事項
転がり軸受 / 深溝玉軸受		・最も一般的で幅広く用いられる軸受. ・ラジアル荷重と両方向のある程度のスラスト荷重を同時に受けることができる. ・低摩擦係数, 高回転, 低騒音, 低振動用途向き. ・公差等級：6等級, 0級が一般品 ・内部すきま：CN（普通）, C2（狭い）, C5（広い） （メーカー例：NTN, 日本精工（NSK））	・最初に採用を考える. ・荷重2倍で寿命は1/8. ・通常の使用条件下では基本動定格荷重を1/10にして選定計算する. ・基本は1軸に2個の軸受支持.
転がり軸受 / アンギュラ玉軸受		・ラジアル荷重とスラスト荷重が掛る時に使用. ・玉と内輪・外輪に接触角があり必ず対で使用. 接触角は15°, 30°, 40°があり, 組合せは下記. 　DB：背面組合, DF：正面組合, DT：並列組合. ・接触角大でスラスト荷重の負荷能力が高いが, 高速回転には不利. 接触角が小さいときは逆. （メーカー例：NTN, 日本精工（NSK））	・ボールねじ駆動など, スラスト方向に荷重がかかるときに使用を検討. ・単列はシール等がない, 組合せで使うときは給脂方法の考慮が必要.
転がり軸受 / スラスト玉軸受		・スラスト方向荷重を負荷するための軸受. ・潤滑材が遠心力で飛び散るので, 高速回転には不向き. ・一方向のスラスト荷重を負荷するのみ, ラジアル荷重は負荷することができない. （メーカー例：NTN, 日本精工（NSK））	・給脂方法を考慮したハウジング設計が必要. ・高精度や高回転を要求される部分には使わない.
滑り軸受 / 滑り軸受		・左図は代表的なタイプ（金属に個体潤滑材を埋め込んだタイプ）. 樹脂や金属材料, 形状, 給油, 無給油と多種多様なタイプがある. ・軸方向と回転方向の両方を受けられるものと, 回転方向だけのものがあるので注意する. （メーカー例：オイレス工業, 大同メタル工業, イグス）	・PV値で選定する. 　（摺動投影面圧×速度） ・高温や低温時は熱膨張と収縮を考慮する. ・摺動面の必要仕上げ精度, 硬度はカタログで確認する.
滑り軸受 / 静圧空気軸受		・圧縮空気（0.5[MPa]程度）を供給し, 回転材を非接触で支持. 軸受摩擦係数は極小, 回転時の発生振動も小さい, 静粛性も高い. ・回転精度が高い（0.05[μm]以下も可能） ・供給空気品質の管理が必要. ・単位面積当たり許容負荷容量は他軸受より低い. （メーカー例：オイレス工業）	・軸材の円筒度公差を厳しくする必要がある. ・供給エア管理が重要, 供給系統にメンブレンドライヤなどを使い除湿する必要あり. ・防錆油の塗布は厳禁.

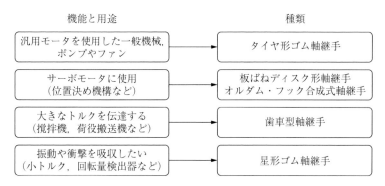

図 6.8　機能や用途に応じた軸継手の種類選択

して結合するもの）もあるが，使用頻度が低いため，本書では取り上げない．

6.2.7　歯車・減速機

（1）歯車

歯車（ギア）は，回転軸の回転の向きや速度，伝達トルクを変換するために用いる機械要素である．歯車の種類・特徴と注意点について**表 6.14**に示す．

（2）減速機

減速機とは，軸の回転速度を歯車など複数の部品を用いて変換する機械要素である．減速機の種類と用途を**表 6.15**に示す．減速機の選定は，まずは必要な伝達トルクと減速比を求めることから始まる．次に主な条件と用途から種類を絞り込む．ここからさらに型式を決めるには，様々な制約条件を満足しなければならないため，カタログを活用して選定していくのが便利である．**図 6.9**に減速機選定のフローチャートを示す．

表 6.13 軸継手の種類と特徴[1),2),10),11),12),13),23),24)]

種類	伝達トルク 許容回転数	①許容偏心 ②偏角 ③エンドプレイ	特　徴	構造図
フランジ形たわみ軸継手	5～15,700[N·m], 1500～6,000[rpm]	① 0.1～0.3mm ② 1/6° ③ ±2.1～±3.5mm	・継手ボルトにゴムブッシュを用い，その変形を利用している． ・JIS B1452 ・メンテナンスが容易で，安価である． ・汎用ポンプやファンによく使われている．	
歯車形軸継手（ギヤカップリング）	196～110,000[N·m], 600～4,000[rpm]	① 0.04～0.14mm ② 0.05° ③ ±2～±4mm	・外筒にある内歯車と内筒にある外歯車のかみ合わせでトルクを伝達する． ・JIS B1453 ・外歯の歯先と歯面にクラウニングを施してある． ・伝達トルクの割に小型で高速回転に適している． ・潤滑が必要で，油漏れに注意が必要． （メーカー例：九州ハセック）	
タイヤ形ゴム軸継手	5～20,000[N·m], 900～5,000[rpm]	① 1 % ② 3° ③ 外径の-2.0～+0 % 以内	・潤滑が不要でメンテナンスフリー． ・簡易に大きい偏差や振動を吸収したい場合に使う． ・高速回転時は遠心力でゴムが変形することでスラスト力が働く． ・ゴムのため高温部や油のかかる場所には不適． （メーカー例：ニッタ化工品）	
板ばねディスク形軸継手	1～176,400[N·m], 14,900[rpm]	① 0.7～1.0mm ② 1.0～1.4° ③ ±1.0～1.8mm	・金属板ばねディスクを用いた摩擦締結軸継手（潤滑は不要）． ・ノンバックラッシである． ・ねじり剛性が高く，Iも小さい． ・サーボモータ用の軸継手としてよく使用される（位置決め機構） ・板ばねディスクの組立には注意が必要． （メーカー例：椿本チエイン，三木プーリ）	
合成式軸継手 オルダム・フック	10～1,600[N·m], 6,000[rpm]	① 0.2mm ② 1° ③ なし	・クロスピンとアームの摺動，回転を利用して偏心・偏角を吸収するオルダム・フック合成式の軸継手． ・ねじり剛性が高く，Iも小さい ・板ばねディスク形と同様にサーボモータ用の軸継手として，停止精度や応答性を求める位置決め機構に使用される． （メーカー例：酒井製作所）	
星形ゴム軸継手	1～450[N·m], 6,000[rpm]	① 0.1～0.3mm ② 1° ③ 0～+2.0mm	・ゴムによる衝撃吸収性が良く，センサの保護に向く． ・回転量検出センサなどの継手に使われることが多い． （メーカー例：三木プーリ）	

表 6.14 歯車の種類と特徴および注意点[1),2),6),10]

分類	種類	特徴と注意点
平行軸	平歯車	・歯すじが直線で軸に平行な円筒歯車. ・製作が容易で，一般的な動力伝達用として最も使われている. ・軸方向の力（スラスト）が発生しないので使いやすい.
平行軸	はすば歯車（ヘリカルギア）	・歯すじが傾いている（つる巻線状）円筒歯車. ・同じ大きさの平歯車に比べて強度が大きい. ・回転がなめらかで高速伝達に適す. ・スラスト分力が発生するため，アンギュラ軸受やスラスト軸受などで受ける必要がある. 【駆動側】斜線は歯すじの傾き方向を示す　スラスト分力方向　スラスト軸受　【従動側】スラスト分力方向　軸の回転方向 ※注意）軸の回転方向や駆動と従動側の関係が逆転するとスラスト分力の方向も逆転する （はすば歯車を2個接着しスラスト分力を打ち消すようにしたやまば歯車がある．ただし，高価である）
交差軸	すぐばかさ歯車（ストレートベベルギア）	・歯すじが直線で円すいの母線と一致するかさ歯車. ・交差軸の回転，動力の伝達にはかさ歯車が一般的に使用される. ・同じ歯数の組み合わせで使うかさ歯車のことをマイタギアと呼ぶ. ・マイタギアは軸の方向を変える用途で使われることが多い. （直交ギヤユニットして購入することが多い）
食い違い軸	ねじ歯車（スパイラルギア）	・平行でもなく，交差もしない2軸の食い違い軸間で使用されるねじれ角が45°のはすば歯車. ・比較的小さな動力の伝達に使われる. ・歯面間の相対的な滑りによって動力を伝達するため，平行軸や公差軸歯車と比較して低効率である（伝達効率 70～95 %）. ・潤滑油切れを起こすと急速に摩耗することがあるため，潤滑には十分注意が必要である.
食い違い軸	ウォームギア（円筒ウォーム／円筒ウォームホイール）	・ねじ状のウォームとウォームホイールを組み合わせたもの. ・小さい容積で大きな減速比（～1/100 程度）が得られる. ・歯面間の相対的な滑りが大きく，騒音は小さいが，伝達効率は悪い.（伝達効率 30～90 %） ・ねじ歯車同様に，潤滑には十分注意が必要である. （ウォーム形状を鼓状にし，ホイールとの接触面積を増やすことによって，接触面圧を減少させ効率を良くした鼓形ウォームギアもある）

表 6.15 減速機の種類と特徴[1), 2), 14), 15), 16]

種類	減速比	一般的な許容入力回転数と効率	特徴	原理図または内部構造図
サイクロ減速機	2段仕様 1/6〜 1/7569	1800 [rpm] 〜2400 [rpm] で 95 % (1段タイプ)	・原理的には遊星歯車減速機と同じであるが歯形が異なる（サイクロイド曲線）. ・同時に多くの歯がかみあうため，遊星歯車減速機よりも衝撃に強い. ・サーボモータと一体化したものが多く販売されており便利である. ・何の制約条件もなければこの減速機の使用をすすめる. ・バックラッシが生じるが，サーボモータ用のローバックラッシタイプもある. （メーカー例：住友重機械工業）	外ピン（入力） 曲線板 偏心体 e（偏心量） 内ピン（出力）
ウォーム減速機	1段仕様 1/10 〜1/60, 2段仕様 〜1/3600	1800 [rpm] で 60〜70 %	・入力軸と出力軸が直交する. ・通常はウォームを駆動側，ウォームホイールを従動側として用いる. ・ウォームギアの特徴そのもので，効率は悪い（潤滑油によって変わる）. ・セルフロック機構の特徴を活かし，昇降機に使われることがある. （メーカー例：青木精密工業，椿本チエイン，マキシンコー）	ウォーム軸（入力軸） ウォームホイール軸（出力軸）
波動歯車減速機	1/50〜 1/320	1000 [rpm] で 70〜80 %, 4000 [rpm] で 40〜60 %	・楕円状カムとその外周にはめられた玉軸受からなる波動発生器，カップ状の歯付金属弾性体，剛体リング状の内歯車の3要素で構成されている. ・歯車部のかみあい機構の特性からノンバックラッシが特徴である. ・軽量でもあり，産業用ロボットアームによく使用されている. ・弾性体の歯車を用いているため，ねじれ剛性（ばね定数）に注意が必要. （メーカー例：ハーモニックドライブシステムズ，日本電産シンポ）	固定歯車剛体 入力軸（楕円状カム，ブラスボールベアリング） 出力軸（薄肉，カップ状，歯付金属弾性体）
遊星歯車減速機	1/9〜 1/1400	1800 [rpm] で 95 % (1段タイプ)	・太陽歯車，遊星歯車，遊星歯車を支持するキャリアと内歯車の4つの要素で基本は構成されている. ・遊星歯車は自転と公転を行って遊星運動をする. ・入出力軸は同軸である. ・高減速比，高効率. （メーカー例：住友重機械工業）	入力軸 太陽歯車 遊星歯車 出力軸 内歯車 キャリア

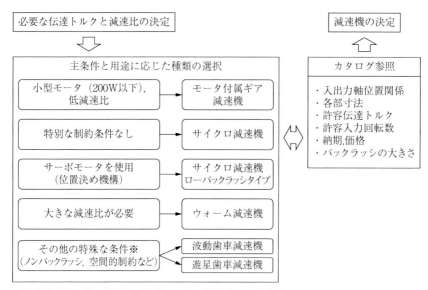

図 6.9　減速機選定のフロー[1]

6.3　熱を制御する

　本節では 6.3.1 で生産設備の設計において重要な基礎知識の 1 つである，熱移動について述べる．次に 6.3.2 で工業的に熱環境を制御する際に用いられるヒーター等の熱源や保温・断熱の概略を説明する．最後に 6.3.3 で，実際に設計するにあたって肝要な点をいくつか記す．それぞれの内容は体系的にまとめられた多くの良書が出版されているので，詳細内容はそちらを参考にしていただきたい．特に『伝熱工学資料（改訂第 5 版）』（2009 日本機械学会）は実際の設計現場でもよく用いられている．

6.3.1 工業的に熱を取り扱ううえでの基礎知識

（1） 熱移動（伝熱）の3つの基本形

熱の取り扱いにあたり基本となるのは熱移動量である．温度差のある2点間の熱移動量は下記式で表すことができる．

$$\text{熱移動量 } Q[\text{W/m}^2] = \text{熱の伝わりやすさ } h[\text{W/(m}^2\cdot\text{K)}] \times \text{温度差 } \Delta T[\text{K}]$$

……（式 6.3.1）

一方，熱の伝わり方には「熱伝導」「熱伝達」「熱放射」の3種類があり生産設備ではこの3つが複合して熱移動（伝熱）することが多い．

系全体の熱の伝わりやすさを表わす係数 h は，「熱伝導」「熱伝達」「熱放射」の3つそれぞれの熱の伝わりやすさを合成したものである．実際の設計にあたっては，各々の熱移動形の寄与度を精査し，熱移動を適切に制御することが重要である．以下に3つの熱移動形について述べる．

（2） 熱伝導

一つの物体の内部に温度差があるとき，熱はその物体内部を高温側から低温側へ移動する．このような熱移動形式を「熱伝導」と呼ぶ．熱伝導の伝わりやすさは**熱伝導率**と呼ばれる．図 6.10 に計算式と主な材料の熱伝導率を示す．右表の通り，**熱伝導率は密度が高い程大きくなる傾向があり，一般的に気体＜液体＜固体という順序で増大**する．

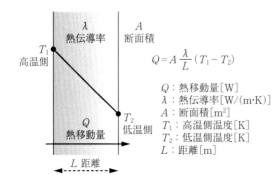

物質名 (20℃, 1atm)	熱伝導率 λ [W/(m·K)]
空気	0.03
水	0.60
ゴム	0.24
石英ガラス	1.35
ステンレス(SUS304)	17
炭素鋼	49
アルミニウム	228

図 6.10 熱伝導に伴う熱移動の計算式と主な材料の熱伝導率

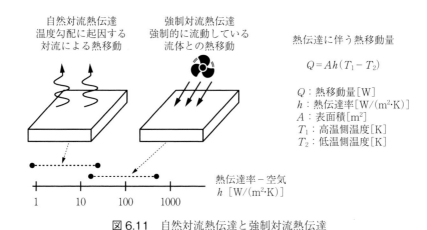

図 6.11 自然対流熱伝達と強制対流熱伝達

（3） 熱伝達

熱伝達は固体と気体，固体と液体など異なる二相の物質間の熱移動である．流れのある流体と固体の間の熱移動の指標となる対流熱伝達率は，流体と界面の状態により大きく値が変わる．例えば温度差によって自然に流動が起こる**「自然対流」**と，外部からエネルギを与えて強制的に対流を起こす**「強制対流」**の状態を比べると，**熱伝達率には桁が異なるほどの大きな差がある**（図6.11）．

（4） 熱放射

熱放射は原子や分子の熱運動のために，放出される電磁波の一種である．絶対零度でない限り，物体は必ず熱放射を行っており，自分自身の熱エネルギを失っていく．そのエネルギは図6.12上段の式で表される．この**熱放射量は絶対温度の4乗に比例するため，高温になればなるほど熱放射の影響が大きくなる**．

また図6.12下段は2物体間の熱放射による熱移動を表しているが，他の熱移動同様に放射熱伝達率を用いて移動熱量が温度差に比例する形で表現できる．式に示す通り，放射熱伝達率は温度に強く依存するため，高温ほど熱移動に占める放射の影響が大きくなることがわかる．

材料はそれぞれ物体固有の**放射率**を持つ．さらに，その性状（表面粗さ，色），

ある物体からの熱放射

T 温度　ε 放射率

放射エネルギ

$E = \sigma \varepsilon T^4$

σ：ステファン・ボルツマン定数
　$\sigma = 5.67 \times 10^{-8} [\text{W}/(\text{m}^2 \cdot \text{K}^4)]$
ε：放射率
T：温度[K]

熱放射による2物体間での熱移動

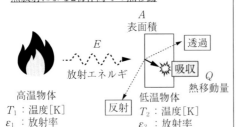

高温物体
T_1：温度[K]
ε_1：放射率

低温物体
T_2：温度[K]
ε_2：放射率

熱放射に伴う熱移動量

$Q = \sigma \dfrac{1}{\dfrac{1}{\varepsilon_1} + \dfrac{1}{\varepsilon_2} - 1} FA(T_1^4 - T_2^4)$

$(T_1 - T_2)$ の形で表すと

$Q = AFh_r(T_1 - T_2)$

この時、放射熱伝達率 $h_r [\text{W}/(\text{m}^2 \cdot \text{K})]$

$h_r = \dfrac{\sigma(T_1^2 + T_2^2)(T_1 + T_2)}{\dfrac{1}{\varepsilon_1} + \dfrac{1}{\varepsilon_2} - 1}$

A：対象の表面積[m²]
F：形態係数

図 6.12　熱放射に伴う熱移動の概念図と計算式

表 6.16　放射率の代表例 －（鋼・アルミ）（室温）

	物質名		放射率	
材料間の差異	鋼	研磨面	0.07	同一材料でも性状による差異
		酸化面	0.8	
	アルミ	研磨面	0.05	
		酸化面	0.2	

　温度によっても放射率は異なるため，設計時には注意が必要である（表 6.16 参照）．また，2物体間の熱放射に伴う熱移動量を求める際には両者の放射率の差異はもちろん，**形態係数**と呼ばれる幾何学的な位置関係についても考慮する必要がある．図 6.13 は二次元の形態係数の算出例である．いくつかの位置関係については形態係数を算出する公式が導出されており，必要に応じて前述の「伝熱工学資料」等を活用していただきたい．

6.3 熱を制御する

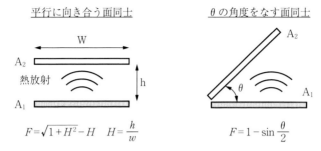

図 6.13　形態係数の算出例（二次元）

6.3.2　熱を制御するためのツール

熱移動の影響を踏まえ，必要に応じて生産設備内の熱移動を適切に制御しなければならない．ここでは使用頻度の高い，「保温・断熱」「ヒーター加熱」について述べる．

（1）保温・断熱

「保温・断熱」は熱源からの熱移動を，熱伝導率の低い層で制御する手法である．断熱というと住宅用壁材などのイメージが一般的だろうが，生産設備でも頻繁に用いられる．断熱時の熱移動量算出方法を図 6.14 に示す．

積層時の熱伝導率は，断熱層の厚み L_1 が増え，断熱層の熱伝導率 λ_1 が小さくなるほど下がる．この厚み/熱伝導率の比は「熱抵抗」と呼ばれ，電流回路と

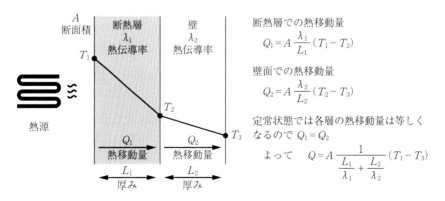

図 6.14　断熱層挿入時の通過熱量計算

表6.17 断熱材の熱伝導率と耐熱温度例

物質名	熱伝導率（20℃）[W/(m·K)]	耐熱温度 [℃]
参考）ステンレス（SUS304）	17	—
参考）空気	0.03	—
発泡樹脂断熱材 ウレタンフォーム	0.02	～100
繊維系断熱材 グラスウール	0.05	～300
多孔構造断熱材 マイクロサーム	0.03	～1200

同様に熱抵抗値を大きくすることが系全体の熱移動量の抑制に繋がる．

また断熱材の選定に際して，工業用途では，熱伝導率の程度に加えて断熱材自身の耐熱温度や扱いやすさの考慮も重要となる．例えば表6.17に示すように常温の熱伝導率を比べると発泡樹脂系が好ましいが，高温には適さない．一方で耐熱性が高く熱伝導率が低いのはマイクロサームだが，成形が難しく，使用する時には他の断熱布でカバーしなければならない等の制約がある．要求仕様や使用環境を想定しつつ，数多くある断熱材料の中から適正な品種を選ぶことが生産技術者には求められる．

（2） ヒーター加熱

一般的な熱源としては，抵抗発熱体，アーク加熱，誘導加熱，マイクロ波加熱，ガス加熱，プラズマ加熱など多くの種類が存在する．抵抗発熱体を用いたヒーターは，電気をエネルギ源としてジュール熱で加熱するものであり，工業的に広く使われている．

生産設備の設計時にはヒーター種類の選定に加えて，適正なヒーター容量の算出が必要となる．図6.15に加熱対象物を目標温度まで目標時間以内に加熱するのに必要な熱量を求める計算式を示す．このように加熱対象物の質量と比熱から定まる熱容量[J/K]から，必要な熱量を算出することが可能である．

実際のヒーターによる加熱設計では，（1）で説明した保温・断熱の検討も含

$$Q = \frac{mC_p \Delta T}{t} = \frac{C \Delta T}{t}$$

Q：加熱のための必要熱量［W］
m：質量［g］
C_p：比熱［J/(g·K)］
ΔT：目標温度までの温度差［K］
t：昇温時間［s］
C：熱容量［J/K］

図 6.15　ヒーター選定時の熱量計算例

めて一連の流れで考えることになる．図 6.16 に仮想の加熱炉を設計する事例を示す．この例は，断熱材厚みの計算，放熱量の計算，加熱対象物と要求仕様からの必要熱量の計算，ヒーター容量の計算，ヒーター発熱体温度の計算から構成されている．ここまでに述べてきた知識の組合せとなっており，この事例を通してどのように実際の設計で活用するかを確認いただきたい．

6.3.3　生産技術者として熱を扱う際のポイント

上記はあくまで基礎知識であり，実際に設計問題を取り扱う際には専門書を参照しながら進めていく．最後に，熱にまつわる設計関係で，実務的に重要な点をいくつか述べる．

（1）各熱移動形式の寄与度のイメージを持つ

各熱移動形式の説明時に述べた通り，「熱伝導」「熱伝達」「熱放射」のそれぞれが系全体に及ぼす影響度合いは，温度帯・材質や周辺環境等でも大きく異なる．例えば，真空中では熱伝達は効かず，熱伝導と熱放射が主な熱移動の手段となる．

各形式の熱移動量を算出し，系全体への寄与度が大きな熱移動形式に対策を打つことがまずは重要となる．

（2）熱が及ぼす影響のイメージをつかむ

熱の出入りの制御に加え，実際に熱が生産機器に及ぼす主な影響を見積もることも重要である．その影響は主に機械的・化学的・電気的側面に分けられる．

・機械的側面：熱膨張と熱応力

物体の温度が上昇すると物体が熱膨張して，生産機器の場合は熱変形が生じ

第6章 生産設備設計に必要な具体的知識

内部を600℃に保ち，加熱対象物を入れて180s以内に600℃まで加熱する炉を設計する．
炉の外壁温度は，火傷防止の為に50℃以下とする．
炉体の熱上げ・熱下げ頻度は非常に低く，今回は考えない．
(炉体の熱上げ・熱下げが頻繁な場合は，設備の稼働率に影響するため，加熱対象物の加熱に必要な熱量の計算と同様に熱容量と目標時間から計算すること)

T_1：炉内温度 600[℃] = 873.15[K]
T_2：外壁表面温度目標 50[℃]以下
T_3：外部雰囲気温度 30[℃] = 303.15[K]
T_h：ヒーター温度 未知[℃]
T_g：ガラス温度 未知[℃]
λ_1：内壁熱伝導率 17[W/(m·K)]
λ_2：断熱材熱伝導率 0.1[W/(m·K)]
λ_3：外壁熱伝導率 56[W/(m·K)]
L_1：内壁厚み 2[mm] = 0.002[m]
L_2：断熱材厚み 未知[mm]
L_3：外壁厚み 2[mm] = 0.002[m]
h：炉外熱伝達率 10[W/(m²·K)]
ε：外壁放射率 0.8（酸化面で大きめに仮定）
ε'：周囲環境放射率 0.7
ε_h：ヒーター放射率 0.7（金属ヒーターで仮定）
ε_g：ガラス放射率 0.75
F：炉壁の形態係数 1
F：ガラスとヒーターの形態係数 1（正対として仮定）
σ：ステファンボルツマン定数
　5.67×10^{-8}[W/(m²·K⁴)]
A_g：ガラスの加熱面積（片面）0.16[m²]
C_p：ガラス比熱 0.84[J/(g·K)]
t：昇温時間 180[s]
ΔT：ガラス目標温度までの温度差 570[K]

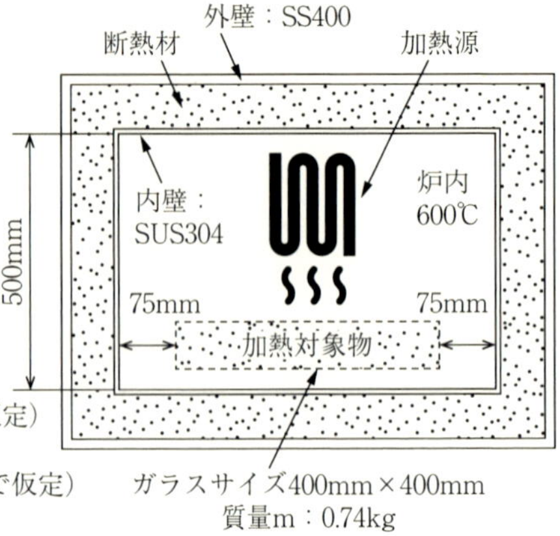

外壁：SS400　　断熱材　　加熱源
内壁：SUS304　　炉内 600℃
500mm
75mm　加熱対象物　75mm
ガラスサイズ 400mm×400mm
質量 m：0.74kg

内壁温度＝炉内温度とする
単位面積当たりの熱移動量 q_c[W/m²]（熱伝達）
単位面積当たりの熱移動量 q_r[W/m²]（熱放射）
単位面積当たりの熱移動量（熱伝導）q[W/m²]
炉外　炉内

1) まず，内部を600℃に保つ定常状態で外壁温度を50℃以下とする断熱材厚みを決定する．
右図の通り，定常状態では内壁＝炉内温度と仮定する．
$q = 1/k \times (T_1 - T_2)$, $k = (L_1/\lambda_1 + L_2/\lambda_2 + L_3/\lambda_3)$ 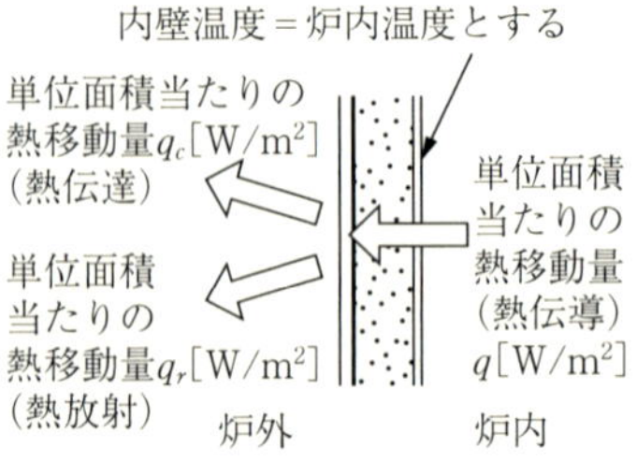
$q_c = h \times (T_2 - T_3)$
$q_r = \sigma \times 1/\{(1/\varepsilon) + (1/\varepsilon') - 1\} \times F \times (T_2^4 - T_3^4)$
外壁面までの熱伝導による熱移動量と,熱伝達と熱放射による熱移動量の和はつり合うので，
$q = q_c + q_r$
$1/k \times (T_1 - T_2) = h \times (T_2 - T_3) + \sigma \times 1/\{(1/\varepsilon) + (1/\varepsilon') - 1\} \times F \times (T_2^4 - T_3^4)$
$1/(L_1/\lambda_1 + L_2/\lambda_2 + L_3/\lambda_3) \times (T_1 - T_2)$
　$= h \times (T_2 - T_3) + \sigma \times 1/\{(1/\varepsilon) + (1/\varepsilon') - 1\} \times F \times (T_2^4 - T_3^4)$
$1/(0.002/17 + L_2/0.1 + 0.002/56) \times (873.15 - T_2)$
　$= 10 \times (T_2 - 303.15) + 5.67 \times 10^{-8} \times 1/\{(1/0.8) + (1/0.7) - 1\} \times 1 \times (T_2^4 - 303.15^4)$
これを，T_2 が50℃以下となる断熱材厚み L_2 について解く．

図6.16　断熱材厚みとヒーター選定の例（1）

断熱材は市販厚み25mmの倍数とし，$L_2 = 225$[mm]，$T_2 \fallingdotseq 320.57$[K] $\fallingdotseq 47.4$[℃]とした．
2) 定常状態での放熱量 Q_1 を求める
下面は断熱された床に設置していると仮定し，床面以外の5面で放熱すると考える．
1) より断熱材厚み L_2 は225[mm]であり，炉体の外寸は1辺が約1000[mm]の立方体となる．
よって，放熱表面積 $A = 5$[m²]となる．
表面からの放熱なので，熱放射と熱伝達による熱移動量の和を求める．
$Q_c = h \times A \times (T_2 - T_3) = 10 \times 5 \times (320.57 - 303.15) = 871$[W]
$Q_r = \sigma \times 1/\{(1/\varepsilon) + (1/\varepsilon') - 1\} \times F \times A \times (T_2^4 - T_3^4)$
　　$= 5.67 \times 10^{-8} \times 1/\{(1/0.8) + (1/0.7) - 1\} \times 1 \times 5 \times (320.57^4 - 303.15^4)$
　　$\fallingdotseq 357.2$[W]
総放熱量 $Q_1 = 871 + 357.2 \fallingdotseq 1228$[W]
3) 次に加熱対象物を目標時間内に目標温度まで加熱する際の必要熱量 Q_2 を計算する
$Q_2 = (m \times C_p \times \Delta T)/t = (0.74 \times 1000 \times 0.84 \times 570)/180 \fallingdotseq 1968$[W]
4) 放熱量 Q_1 と加熱必要熱量 Q_2 の和により必要熱量 Q' を求める
$Q' = Q_1 + Q_2 = 1228 + 1968 = 3196$[W]
5) 必要熱量 Q' からヒーター容量 Q_h を求める
寿命の観点から，ヒーターを定格100%で運転し続ける事は避ける．
また，ここまでの計算で求めた熱量は必要量であり，安全率を見込んでいない．
安全率及び負荷率をまとめて，必要熱量はヒーター容量の0.5～0.6程度とすることが多い．
ここでは0.5を採用する．
$Q_h = Q'/0.5 = 3196/0.5 = 6392$[W] $\fallingdotseq 6.4$[kW]
6) ヒーター発熱体の必要温度を見ておく
加熱対象物を600℃まで目標時間内に加熱するための必要熱量は1968[W]である．
600℃の近辺まで温度が上昇した加熱対象物に対して，前述の単位時間当たりの必要熱量を投入できるヒーター発熱体温度を確認しておかなければヒーター選定はできない．
容量だけでヒーターを見てしまうのは誤りである．
仮に599℃程度まで上昇した際でも，1968[W]以上の熱量を確保できるという前提で発熱体温度に当たりをつける．
熱放射が支配的であるので，熱放射のみで考えて何度の発熱体となるかを考える．
$1968[W] < \sigma \times 1/\{(1/\varepsilon_g) + (1/\varepsilon_h) - 1\} \times F \times A_g \times (T_h^4 - T_g^4)$
$1968[W] < 5.67 \times 10^{-8} \times 1/\{(1/0.75) + (1/0.7) - 1\} \times 1 \times 0.16 \times \{T_h^4 - (599 + 273.15)^4\}$
これを T_h について解いて，
$T_h > 717.6$[℃]
このように，ヒーター容量とあわせてヒーター発熱体の温度を確認する必要がある．
もう一点，ヒーター選定では「ヒーターの表面負荷密度」も重要となる．
これは，設備設計上のヒーターの発熱面積と，ヒーター容量から計算可能であるが，ヒーターの種類によって許容負荷密度は異なる．
実際の設計の場面では，各種ヒーターメーカーと上記で計算した容量，発熱体温度表面負荷密度などの条件を提示しながら摺合せをしていくことになる．

図 6.16　断熱材厚みとヒーター選定の例 (2)

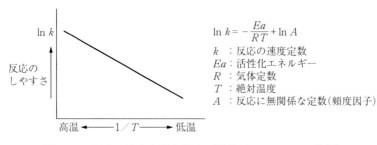

図 6.17　反応の速度定数と温度の関係（アレニウスの法則）

る．物体が拘束された状態で熱膨張が起きると内部に熱応力が生じ，生産機器の場合は熱応力による部品の破損が生じる場合がある．

・化学的側面：反応促進による部材の劣化やプロセスの不安定化

一般的に温度が高いと，物質は活性化し，化学反応を起こしやすくなる．化学反応の温度依存性は「アレニウスの法則（図 6.17）」と呼ばれ，材料の加速度試験など JIS 規格での運用にも広く用いられている．生産システムの環境温度が高温になる場合，機器に対しては化学反応促進に伴う酸化に加え，部材や接着面の強度劣化などの長期運用でのリスクが生じうる．例えばゴム等の一部材料の劣化速度は経験則で「10［℃］　2 倍速」とされ，10［℃］の温度上昇で寿命が半減するとされている．設備劣化で捉えると厄介な要因であるが，生産システム内で時間効率や歩留まりを考えるときに促進させたい化学反応がある場合は逆に温度上昇が必要であり，温度制御が重要なオペレーション要素になる場合が多い．

・電気的側面：素子の動作の妨げ

製造現場でも IoT 化が進み，多くの生産機器に半導体素子が組み込まれるようになったが，半導体も温度が高いと安定動作が難しくなる．具体的には温度が高くなると電気抵抗が減少するため，温度上昇→抵抗値減少→発熱増大→温度上昇というサイクルに陥る．このサイクルは熱暴走とも呼ばれ，この状況が続くと素子が焼き切れてしまう．そのため，半導体素子を生産機器に組み込む際は，温度環境が動作保証温度以下に保たれるような設計が必要となる．

（3）実環境の正確な温度を測定し，改善行動を行う

机上での温度や影響見積もりを経て機器が設計・製作された後に重要となるのが，実温度の正確な温度測定とそれを踏まえた生産システムの改善である．「正確な」という意味は，測定手法の妥当性が検討された上で，温度を測定しなければ信頼できる測定値が得られないということである．

実際の作業現場では測定方法や測定点のばらつきにより，結果が大きく異なるケースもある．測定結果が対象を代表する適切な位置の温度だったのか，測定方法に問題がなかったかを踏まえて，実測結果と設計想定との乖離を評価し改善活動を行うことも生産技術者の重要な役割である．

6.4　機械構成部材の選定と構造設計

これまでに，駆動系や主な機械要素の選定方法について述べてきた．これらの要素をつなぎ合わせたり，保持したりする機械構成部材の寸法や材質を決めていく必要がある．4.2.1 (4)「主要寸法」で，寸法には3種類あると述べた．寸法そのものが制約条件になっている「機能寸法」と「空間的取り合い寸法」，さらに寸法そのものが制約条件になっていない「その他の寸法」である．この三番目の「その他の寸法」は設計者が各種の制約条件を踏まえながら自由に決定し，ほとんどの寸法は設計者の経験と勘によって決められたものである．

しかし，経験や勘では決められない寸法については材料力学的な計算，シミュレーション，試作品の破壊テストを実施する方法が考えられる．後ろ2つの方法は量産品の設計には向くが，設備のように個別設計するものには向かない．したがって，本節ではこの材料力学的な検討に必要な基礎知識について説明する．6.4.1では材料力学利用の基本形について述べ，6.4.2と6.4.3では，機械構成部材の検討の基礎である「はりの曲げ」と「軸のねじり」について，剛性と強度の考え方や基礎知識を示す．また，**剛性や強度**に対する寸法の影響度についても述べる．機械設計者は，**ここに記したような代表的な計算については，諳（そら）んじて言えるようにしておき，各寸法の影響度合いを頭に叩き込んでおいて**

ほしい．

続く6.4.4では材料を選定する際に基本となる考え方と，代表的な金属材料の物性値について述べる．世の中には多くの金属材料が存在するので，その全てを機械設計者が記憶することは現実的ではないが，**本書に記載した材料選定フローと代表的な物性値は記憶し，活用できるようにしておくことが望ましい．**

6.4.1　材料力学利用の基本形

設計者は材料力学的な検討をする前に，まず全ての寸法を仮決めする必要がある．全ての寸法を全く根拠がなくとも一応決めてしまうのである．仮決めした寸法のうち，経験と勘で十分に自信のある寸法については確認をする必要はない．また，過去のデータや種々の標準で決まってくる寸法についても確認をする必要はない．しかし，**過去のデータや経験がなく強度や剛性の点で不安な部分については，材料力学的な検討を行う必要がある．**この検討の際に，まずは仮決めした寸法を用いる．通常はこのように寸法を仮定して強度や剛性を計算し，結果が許容値に入るかどうかを見ながら変数を操作していく．逆算して強度や剛性が許容値に入る寸法を決める方法は変数が多くなりすぎて一般的には難しく，生産設備設計ではあまり用いられない．

仮定した寸法が材料力学的に十分であるかどうかを検討する手順を図6.18に示す．まず，材料力学的な検討を行うにあたり，各部にかかる力を整理する必要がある．そして得られた「各部にかかるモーメント」「各部にかかるせん断力」「各部にかかるねじりトルク」から，**強度**と**剛性**をそれぞれ計算し許容値に収まるように検討しなければならない．

6.4.2　はりの曲げ

6.4.1で述べたように，構造部材を決める際には，「剛性」と「強度」の2つについて考える必要がある．はりの曲げについてもまったく同様である．

まず，剛性に関しては，ある荷重条件下での構造部材の変形量を，許容値内に抑えるように検討していく．この許容値は，機械に求められる精度や安定性

6.4 機械構成部材の選定と構造設計

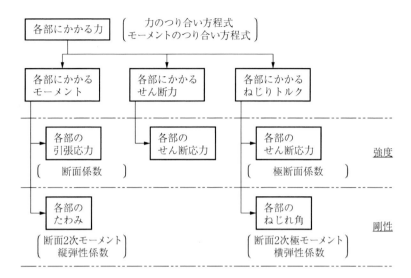

強度　曲げやねじりなどの力に対する壊れにくさを意味する．
　　　強度設計とは，発生する応力によって構成部材が壊れないように
　　　設計をすることである．

剛性　曲げやねじりなどの力に対する変形し難さである．
　　　剛性設計とは，結果的に生じる変形を，機能上（精度や取合い）
　　　問題とならない範囲に抑えるべく設計することをいう．

図 6.18　材料力学的な検討手順と考え方

から決めなければならない．また，クレーンレールのように，構造規格で定まる物もあるため，注意が必要である．はりの曲げによる変形量（たわみ量）は，設計便覧などに様々な公式が載っているが，ここでは実際の設計で使用する頻度の高い片持ちはり，両端支持はりの集中荷重，分布荷重の公式を**表 6.18** に示す．

　表 6.19 には，剛性の検討に必要な断面二次モーメントおよび曲げ応力の計算に必要な断面係数の求め方について，代表的な形状のものを示している．なお，構造部材は，安価かつ短納期であるため形鋼材を選定することが多い．形鋼材の規格表には断面２次モーメントも記してあるので，わざわざ計算する必要はない．

表6.18 各種はりの曲げ計算

はりの種類	反力 R	曲げモーメント M	たわみ量 δ
(片持ちはり・集中荷重)	$R_1 = W$	$M_x = -Wx$ $M_{max} = -Wl$	$\delta_x = \dfrac{Wl^3}{3EI}\left(1 - \dfrac{3x}{2l} + \dfrac{x^3}{2l^3}\right)$ $\delta_{max} = \dfrac{Wl^3}{3EI}$
(片持ちはり・等分布荷重 w 一定)	$R_1 = wl$	$M_x = -\dfrac{wx^2}{2}$ $M_{max} = -\dfrac{wl^2}{2}$	$\delta_x = \dfrac{wl^4}{8EI}\left(1 - \dfrac{4x}{3l} + \dfrac{x^4}{3l^4}\right)$ $\delta_{max} = \dfrac{wl^4}{8EI}$
(両端支持はり・中央集中荷重)	$R_1 = R_2 = \dfrac{W}{2}$	$M_x = \dfrac{Wx}{2}$ $M_{max} = \dfrac{Wl}{4}$	$\delta_x = \dfrac{Wl^3}{48EI}\left(\dfrac{3x}{l} - \dfrac{4x^3}{l^3}\right)$ $\delta_{max} = \dfrac{Wl^3}{48EI}$
(両端支持はり・等分布荷重 w 一定)	$R_1 = R_2 = \dfrac{wl}{2}$	$M_x = \dfrac{wx}{2}(l-x)$ $M_{max} = \dfrac{wl^2}{8}$	$\delta_x = \dfrac{wl^4}{24EI}\left(\dfrac{x}{l} - \dfrac{2x^3}{l^3} + \dfrac{x^4}{l^4}\right)$ $\delta_{max} = \dfrac{5wl^4}{384EI}$

W：荷重[N]　　　　E：縦弾性係数[Pa]　　　　M：曲げモーメント[N·m]
w：分布荷重[N/m]　I：断面二次モーメント[m⁴]　δ：たわみ量[m]
l：長さ[m]　　　　R：反力[N]

　ここで重要なことは，構造部材を検討するにあたって各部の寸法の影響度を理解しておくことである．たわみ量の計算式を見れば一目瞭然であるが，はりのたわみ量は，はりの長さに対して集中荷重で3乗，等分布荷重で4乗に比例する．例えば，**たわみ量を半分にしたい場合，集中荷重であれば約20%，等分布荷重であれば約16%，はりの長さを短くすることで実現できる**．これは極端な例であるが，このようにたわみ量に対するはりの長さの影響は非常に大きい．
　一方で，断面二次モーメントは構造部材の変形のしにくさを表す量である．表6.19から，長方形の断面であれば部材の高さ方向寸法の3乗に比例することがわかる．**はりの長さを変えずにたわみ量を半分にしたい場合，断面二次モー**

表6.19 代表的な形状の断面二次モーメントと断面係数

断面形	断面二次モーメント I	断面係数 Z
長方形（b, h）	$\dfrac{1}{12}bh^3$	$\dfrac{1}{6}bh^2$
中空長方形（b_1, b_2, h_1, h_2）	$\dfrac{1}{12}(b_2 h_2^3 - b_1 h_1^3)$	$\dfrac{1}{6}\left(\dfrac{b_2 h_2^3 - b_1 h_1^3}{h_2}\right)$
円（d）	$\dfrac{\pi}{64}d^4$	$\dfrac{\pi}{32}d^3$
中空円（d_1, d_2）	$\dfrac{\pi}{64}(d_2^4 - d_1^4)$	$\dfrac{\pi}{32}\left(\dfrac{d_2^4 - d_1^4}{d_2}\right)$

メントを2倍にすればよく，長方形断面であれば高さ方向に20％寸法を大きくすると，実現できる．つまり，高さ方向のサイズアップや補強は変形しにくさへの効果が非常に高いことがわかる．

次に，**強度に関しては，ある荷重条件下での発生応力が許容応力を超えないように設計を行う**．許容応力とは，材料が破壊しない基準強さを安全率で除したものであり，安全率の目安および計算式を**表6.20**に示す．

例えば，一般構造用圧延鋼材SS400の曲げ応力の場合は，引張強さが400［MPa］であるため，安全率3で除して，133［MPa］が許容応力となる．

はりの曲げの場合に考慮すべき応力は，曲げ応力とせん断応力である．曲げ応力は曲げモーメントと断面係数から，せん断応力はせん断力と断面積から求めることができる．それぞれの計算を**図6.19**に示す．

ここまで，はりの曲げの基礎知識について述べてきた．最後に，第5章の「自動車用窓ガラスの端部面取り設備」の事例（図5.7参照）を用いて，検討の

表 6.20 安全率と許容応力計算式

安全率目安表

	静荷重	動荷重		
		繰返し	交番	衝撃
鋼	3	5	8	12
鋳鉄	4	6	10	15
鋳鋼	3	5	8	15

$$許容応力 = \frac{基準強さ}{安全率}$$

$$\sigma = \frac{M}{Z} \quad \begin{array}{l} \sigma：曲げ応力\,[\text{Pa}] \\ M：曲げモーメント\,[\text{N·m}] \\ Z：断面係数\,[\text{m}^3] \end{array} \quad \tau = \frac{F}{A} \quad \begin{array}{l} \tau：せん断応力\,[\text{Pa}] \\ F：せん断力\,[\text{N}] \\ A：断面積\,[\text{m}^2] \end{array}$$

図 6.19 曲げ応力とせん断応力の計算式

必要性を示しておく．この事例では加工を行う面取ホイール部分に加工反力が加わる．面取ホイールとスピンドルを支持する柱の強度や剛性が許容値内に収まっていない場合，図 6.20 に示すような問題が発生する．

6.4.3 軸のねじり

軸のねじりについても，曲げと同様に剛性と強度の検討が必要である．**ねじりではねじり剛性は「ねじれ角」から，強度は「ねじり応力」から検討していく．**それぞれには，曲げの検討と同様に，断面形状から定まる値を用いる．これを断面二次極モーメントと極断面係数という（**表 6.21**）．

ここでは紙面の関係上，断面二次極モーメントと極断面係数の詳細な説明は割愛するが，円形断面については，断面二次極モーメントは断面二次モーメントの2分の1，極断面係数は断面二次極モーメントを半径で除したものと覚えるとよい．

ねじれ角，比ねじれ角，ねじり応力の計算式を図 6.21 に示す．

比ねじれ角とは，単位長さ当たりのねじれ角であり，機械に要求される機能および軸の長さなどを考慮すべきだが，一般的に伝動軸の設計において比ねじ

6.4 機械構成部材の選定と構造設計

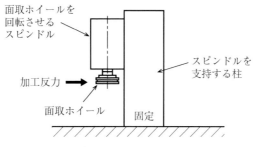

5章のガラス面取設備の事例

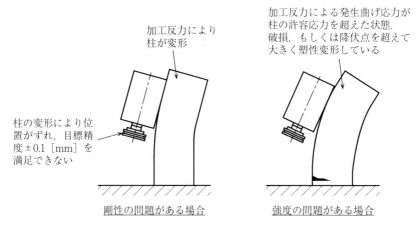

図 6.20 ガラス面取設備における剛性と強度の事例

表 6.21 断面二次極モーメントと極断面係数

断面形	断面二次モーメント I	断面係数 Z	断面二次極モーメント I_p	極断面係数 Z_p
○ (d)	$\dfrac{\pi}{64}d^4$	$\dfrac{\pi}{32}d^3$	$\dfrac{\pi}{32}d^4$	$\dfrac{\pi}{16}d^3$
◎ (d_1, d_2)	$\dfrac{\pi}{64}(d_2^4 - d_1^4)$	$\dfrac{\pi}{32}\left(\dfrac{d_2^4 - d_1^4}{d_2}\right)$	$\dfrac{\pi}{32}(d_2^4 - d_1^4)$	$\dfrac{\pi}{16}\left(\dfrac{d_2^4 - d_1^4}{d_2}\right)$

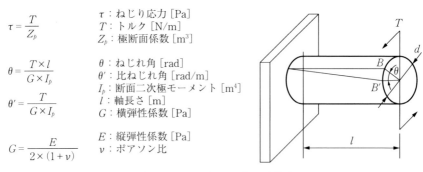

図 6.21　ねじりに関する計算式

れ角は 0.25 [°/m] 以内を目安としておくとよい．ねじり応力の評価は，軸に用いる材料の許容せん断応力との比較で検討していく．材料のせん断強さは明記されていないことが多いが，例えば JIS の圧力容器規格では，許容せん断応力は許容引張応力×0.8 としている．

図 6.21 中の G は横弾性係数であり，縦弾性係数同様に材料固有の数値である．縦弾性係数が引張・圧縮に対する変形のしにくさを示すのに対し，横弾性係数はせん断に対する変形のしにくさを表す．なお，横弾性係数と縦弾性係数は比例関係にあり，ポアソン比がわかれば計算が可能である．物性値については次項の表 6.22 を参照願う．

図 6.21 から，ねじり応力はトルクに比例し極断面係数に反比例する．一方で，極断面係数は軸径の 3 乗に比例するため，軸径を 2 倍にすればねじり応力は 1/8 になることがわかる．

比ねじれ角はトルクに比例し，材料の横弾性係数および断面二次極モーメントに反比例する．さらに，断面二次極モーメントは軸径の 4 乗に比例する．**比ねじれ角を半分にしたい場合は，軸径を 1.2 倍にすることで達成する事が可能である．**

ここまで，軸のねじりの基礎知識について述べてきた．この知識を使って軸がねじりトルクで破損したり，塑性変形したりすることがないように強度的な検討を行って設計する必要がある．一方，強度的には全く問題はないが，剛性，

6.4 機械構成部材の選定と構造設計

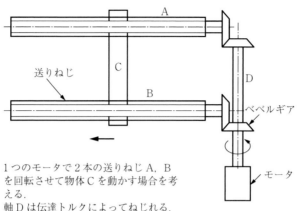

図 6.22　ねじれ角が問題になる事例

ねじれ角が問題になる場合があるので最後に，その事例を図 6.22 に示しておく．

6.4.4　代表的な金属材料の物性値

　機械を構成する部材を決めるうえで，部材の材質は非常に重要な問題である．金属材料，非金属材料共に様々な特徴や特性があり，使用環境や条件に適した選定をしなければ，機能を満足しないだけでなく，腐食や摩耗といった不具合を引き起こす可能性がある．各種材料の特徴や特性の詳細については，『改訂新版 実際の設計』『改訂新版 続・実際の設計』に譲り，本書では一般的な機械装置を検討する際の，金属材料に関する検討のフローを示す（図 6.23）．

　強度や使用環境に関して特に制約がなければ，最上部の一般構造用圧延鋼材 SS400 を使用する．SS400 は炭素含有量が規定されていないが，概ね 0.2 % 程度であり，溶接性は良いが焼入れはできない．耐食性が求められる場合は，ステンレス材を用いる．代表的なものが SUS304 であり，鉄とクロムとニッケルの

247

第6章 生産設備設計に必要な具体的知識

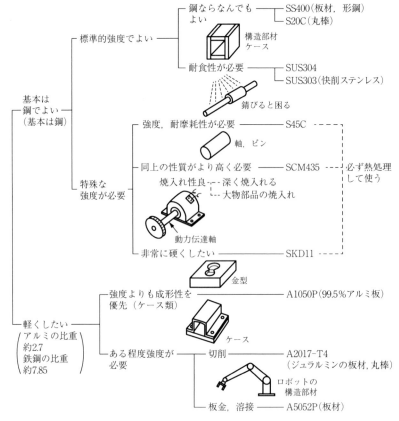

図 6.23　簡単な材料選定のフロー

合金である．

　強度が必要な場合は，機械構造用炭素鋼S45Cやクロムモリブデン鋼SCM435，冷間工具鋼SKD11などを選定する．これらは炭素含有量が多く熱処理して使用する．軽量化を図りたい場合は，アルミニウムを選定する．金属材料としては密度が低く，合金の種類によっては強度を上げることや，溶接性を向上する事が可能である．

　表6.22に代表的な金属材料の物性値を示す．ここでは，鋼，ステンレス，アルミニウムについて記載している．鋼・アルミニウムは合金の種類によって若

表 6.22　代表的な金属材料の物性値

	鋼	ステンレス (SUS304)	アルミニウム
密度[kg/m^3]	7870	7930	2700
縦弾性係数[GPa]	206	193	69
横弾性係数[GPa]	79	74	25
ポアソン比	0.31	0.3 程度	0.33
線膨張係数[10^{-6}/K]	11	17.3	24
引張強さ[MPa]	SS400：400 以上	590	A1050-H24：95〜125 A2017-T4：≧345 A5052-H34：≧235

鋼・アルミニウムは合金の種類により上記の値は異なるが，通常は上記の値で計算すればよい

干数値が異なるが，概ねこの数値で当たりを付けることは問題ない．ステンレスは，代表的な SUS304 の値を示している．

6.5　流体機械や配管を選定する

この節ではファン，ブロア，およびポンプなど動力源を持った流体機械と配管および配管要素を使って流体を動かすことを述べる．それにより，バーナーで燃焼させる，水を汲み上げる，物体を冷やす，空中の塵埃を除去する局所排気（局排）など，様々な機能を発揮できる．6.5.1 流体機械や配管の選定手順で全体の流れを説明し，続いて代表的な流体機械として 6.5.2 送風機と圧縮機，6.5.3 ポンプ，6.5.4 真空ポンプ，について述べる．

6.5.1　流体機械や配管の選定手順

この項では図 6.24 に示すように，共通となる手順とその項目に必要な情報の例を説明する．

（1）必要な流量を決定する

手順の最初は流量 Q [m^3/s] を決めることである．単位時間当たりの揚水量など要求仕様として決まっている場合もあるが，そうでない場合は計算で求め

第6章　生産設備設計に必要な具体的知識

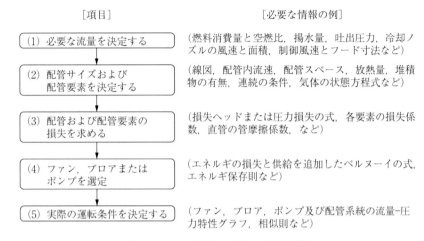

図 6.24　流体機械や配管の選定手順

る．例えばガスバーナーの2次空気であれば燃料消費量に空燃比を乗じて求めることができる．冷却用空気は断面積 $A[\mathrm{m}^2]$ のノズルから平均風速 $V[\mathrm{m/s}]$ で流出させるなら Q は $A \times V$ で求められる．ただし，ノズル風速ではなくノズル手前への吐出圧力が仕様として求められる場合は，ノズル圧力損失計算の逆算で V を求め，Q を $A \times V$ で求める．局所排気を設計する場合，塵埃を捕獲できる制御風速 V を決め，円形吸引フードの断面積を A とすれば，同様に流量 Q は $A \times V$ となる．ただし入口面から法線方向に入口直径と同じ距離だけ離れると，風速は1/10以下へ激減するので注意する．詳細は参考文献[18]の Dalla Valle の式を参照のこと．

（2）　配管サイズおよび配管要素を決定する

流量が決まったら次に配管中の流速を決定する．後述する圧力損失を適切な範囲にしようとすると，液体は通常 1〜3[m/s]，気体は 10〜20[m/s] が目安である．ただし気体の場合，放熱を減らす，あるいはスペースがない等の理由でダクトや配管径を細くせざるを得ない場合があり，上記目安より風速を上げる場合がある．反対に堆積物による閉塞の恐れがなくスペースにも余裕があれば，むやみに流速を上げてエネルギを無駄にしないよう，適切な投資コストの

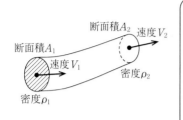

図 6.25 連続の条件と状態方程式[19]

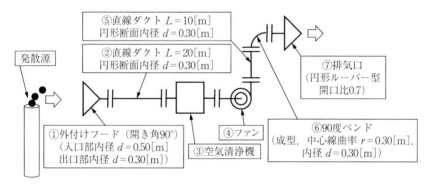

図 6.26 局所排気装置の線図例

範囲内でダクトや配管を太くし流速を抑えることが望ましい．

ここまでの手順に従って流量と流速を決めたら図 6.25 の式を用いて断面積を求め，配管サイズを選定する．圧力損失を避けるためエルボやフィルタ，吸排気口などその他の配管要素は，なるべく流れに沿ってサイズを統一し，管路全体の構成を図 6.26 のような線図に表す．

（3） **配管および配管要素の損失を求める**

次に，一連の配管系でファン，ブロア，およびポンプなどの動力源を除く全ての要素の**損失ヘッド（液体：揚程とも表す），または圧力損失（気体）**を図 6.27 の①または②式を使って求める．

これらの式に代入する値の中で流速，密度，直管の寸法などは既知として，

第6章　生産設備設計に必要な具体的知識

①液体の損失ヘッド　　$h_L = \zeta \times \dfrac{V^2}{2g}$ [m]

②気体の圧力損失　　$p_L = \zeta \times \dfrac{\rho V^2}{2}$ [Pa]

③直管の損失係数　　$\zeta = \lambda \times \dfrac{L}{d}$

④層流と乱流の判定　　Re（レイノルズ数）$= \dfrac{Vd}{\nu}$

　⇒ Re = 2320 以下なら層流，Re = 4000 以上なら乱流

⑤管摩擦係数（乱流の場合←ほとんどがこちら）

$\dfrac{1}{\sqrt{\lambda}} = -2.0 \log_{10}\left(\dfrac{1}{3.71} \times \dfrac{\varepsilon}{d} + \dfrac{2.51}{\left(\dfrac{Vd}{\nu}\right)\sqrt{\lambda}} \right)$　（コールブルックの式）

⑥管摩擦係数（層流の場合）　　$\lambda = \dfrac{64}{Re}$

ζ（ツェータ）：損失係数
V：流速 [m/s]
g：重力加速度 [m/s²]
ρ：密度 [kg/m³]
λ：管摩擦係数
L：直管長さ [m]
d：直管内径 [m]
ε：管内面粗さ [m]
ν（ニュー）：動粘度 [m²/s]

層流でも乱流でもない場合（遷移領域）の λ については，ここでは扱わないので，参考文献 10），21）などを参照願う．

※式の形からかつて電卓で直接 λ は求められなかったが，λ を変数とした関数 $f(\lambda) =$ ⑤式の「左辺－右辺」を作れば，excel のゴールシーク機能で容易に求められる．具体的には次の通り．1）任意のセルに0.01を入力．2）別セルに上記式 $f(\lambda)$ を入力，λ は先に1）で入力したセルに設定する．3）データタブから What-If 分析，続いてゴールシークを選択．4）「数式入力セル」は2）のセルを選択．5）「目標値」は0（ゼロ）を記入．6）「変化させるセル」は1）のセルを選択．7）「OK」を選択し自動計算，結果が求める λ の値になる．

図 6.27　損失を求める式[20)21)]

ここでは**損失係数**について説明する．まず，直管を除いた損失係数は，要素の形状に応じて実験などで求められた定数であり，通常はメーカーカタログや各種の便覧および参考文献などから得ることができる．機器などで損失係数ではなく定格流量と損失が示されている場合は，流量の2乗に損失が比例すると仮定して，使用する流量での損失を換算で直接求める．次に直管の損失係数は，管摩擦係数を図 6.27 の④～⑥式から計算で求め，直管の内径と長さと共に③式に代入して求める．

（4）ファン，ブロアまたはポンプを選定

一連の配管系の全ての損失が計算できたら，図 6.28 において，入口と出口の間にエネルギ保存則（ベルヌーイの式）を適用して求めた図 6.29 の式に，ここまでの手順で得られた数値を入力して，ファン全圧やポンプ全ヘッドを求

6.5 流体機械や配管を選定する

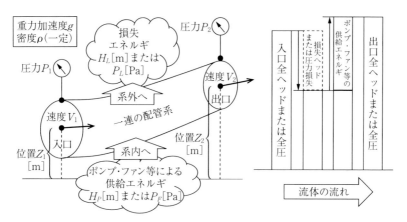

図 6.28　定常流かつ非圧縮性とみなす流体のエネルギ収支概念図

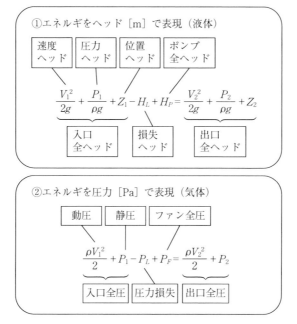

図 6.29　定常流かつ非圧縮性とみなす流体のエネルギ収支の式

める．図6.28ではρ一定としたが，熱交換器等でρが変化する場合でも，図6.25の連続の条件（②）と状態方程式を用いてρやVを求め，エネルギ収支の式を適用することは一部可能である．ただしρが変化する圧縮性気体の取り扱いについては注意が必要であり，参考文献[21)22)]を参照されたい．

最も単純なケースで，入口と出口の全圧または全ヘッドが等しい場合は「損失の合計」＝「必要なファン全圧やポンプ全ヘッド」となる．関連して，常圧環境の出入口を持つ一連の配管系の近似計算として，入口で流体が持つ速度エネルギ（正）と圧力エネルギ（負）の和がゼロ（気体なら全圧がゼロ）で，さらに出口でも流体が持つ速度エネルギを出口要素（排気口）の損失に含めることで，速度および圧力エネルギをゼロ（全圧もゼロ）として扱う場合があるので留意する．

手順（1）で求めた流量に対し，ここで求めた設計値の全圧または全ヘッドに適切な安全率1.2程度を乗じてファン，ブロアまたはポンプをメーカーカタログ等で選定する．

（5）実際の運転条件を決定する

最後のステップでは実際の運転条件を決定する．ファンを例として図6.30のように単体の性能曲線と一連の配管系の損失曲線を同じグラフに表示させる．試運転でA点での動作が確認されたとき，設計値まで2割程度流量を減少させて調整する方法は2つある．1つ目は配管系にダンパがあれば少し閉めるなど，絞りを入れて損失曲線を上にシフトさせB点を実際の運転条件とする方法である．2つ目はファンの回転数をインバータ等で下げ，C点で運転する方法である．

前者の方法でA点とB点の動力を比べると，図6.30の性能曲線を見てわかる通り，流量が多少変化しても大きくは変わらない．一方後者でA点とC点の動力を比較すると，上図右側の相似則により流量が $500/600＝0.83$ 倍のとき，動力は $(500/600)^3＝0.58$ 倍と大きく減少する．**回転数を減らす調整は省エネルギの効果が大きい**ことがわかる．逆に流量が足りないときに回転数を増加させる場合があるが，相似則により動力が大きく増加するのでモータ容量に注意する．

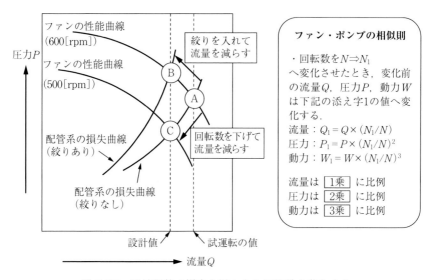

図 6.30　流量調整で損失を増やすか回転数を落とすか

6.5.2　送風機と圧縮機

　気体にエネルギを与えて圧力や速度を増加させる機器が送風機と圧縮機である．基本原理や構造はポンプと同じと考えてよい．送風機は発生圧力が 10kPa 未満であればファンと呼び，10 [kPa] 以上 100 [kPa] 未満をブロワと呼んで区別されている．100 [kPa] 以上の機器を圧縮機と呼ぶ．送風機，圧縮機共に色々な種類があり，それぞれ特徴があるが設備に関わる機械技術者が比較的よく使うものを**表 6.23** に示す．圧縮機は容積形とターボ形があり，容積形は往復式と回転式に，ターボ形は軸流式と遠心式に分かれているが，ここでは容積形を記載した．その他については各メーカーのカタログや資料を参照されたい．

表 6.23 送風機と圧縮機

		略図	性能曲線	風量 [m³/min]	圧力 [kPa]	特徴
送風機	軸流式 軸流ファン		谷 圧力 軸動力 風量	120〜50,000	〜1.6	・効率：70〜90[%] ・乱れのない扁平な高速気流 ・ダクトに直接接続可能 ・低風圧，高風量用途向き
	遠心式 多翼ファン		谷 圧力 軸動力 風量	20〜5,000	〜1.2	・効率：45〜75[%] ・シロッコファン，前向き羽根ファンとも呼ぶ ・風量増加で動力急増化 ・小型，安価
	遠心式 ターボ		圧力 軸動力 風量	ファン：30〜30,000 ブロワ：50〜6,000	ファン：1〜10 ブロワ：10〜100	・効率：65〜85[%] ・後向き羽根ファン，翼形ファンとも呼ぶ ・単段，多段タイプあり ・広範囲な風圧，風量が必要な用途向き

		略図	特徴
圧縮機（容積形）	往復式		・レシプロタイプ ・シリンダ内部を往復するピストンで，圧縮室の空間容積を変化させ圧縮． ・本体吐出にバルブが必要，構造自体トルク変動が大きく低速回転のため音・振動が大きい．吐出圧力は安価な1段圧縮のもので0.1[MPa] 未満，多段圧縮タイプでは4.7[MPa] の高圧も得られる．
	回転式		・スクリュータイプ ・オス・メス一対二本のスクリューロータねじ溝にできる容積変化で圧縮． ・工場エアとして最も普及している．音と振動も小さく，中形クラスでもっとも高効率である．吐出圧は最大で0.9[MPa] 程度． ・給油式や水潤滑などのオイルフリータイプがある，長時間停止する場合，錆に注意が必要．

メーカー例：（ファン）昭和電機㈱，㈱スイデン，（圧縮機）㈱日立産業システム，アネスト岩田㈱

6.5.3 ポンプ

ポンプは，「低所から高所」や「離れた場所」へ送液するための機械要素である．ポンプの能力は全ヘッド（全揚程）と吐出量で示される．全ヘッド（全揚程）は，ポンプが押し上げる事のできる液の高さを示す．必要なヘッド（揚程）

6.5 流体機械や配管を選定する

表6.24 ポンプの種類と特徴

ポンプ種類	全揚程[m]	吐出量[m³/min.]	特徴	用途（メーカー例）	構造
渦巻ポンプ	100	10	・羽根車の遠心力を用いて送液. ・起動前に吸込管とポンプ内部に呼び水という注水が必要. ・吐出圧力と吐出量の組合・多様に選択可. ・液種に応じて，防錆，耐熱など多くの特殊仕様品がある.	・あらゆる生産システムの設備への水供給. （荏原製作所，テラル，川本ポンプ）	『渦巻きポンプ』
多段渦巻ポンプ	300	4	・渦巻ポンプが多列で列数が多いほど高圧送液可能. ・渦巻ポンプと同様に圧力と量の組合が自在に選択可能.	・高圧が必要な生産システムへの水供給. （荏原製作所，グルンドフォスポンプ）	『多段渦巻きポンプ』
自吸ポンプ	50	2	・渦巻ポンプと異なり，ポンプ内部には呼び水必要だが，吸込管内部に呼び水が不要.	・吸込側の液体面がポンプより低い位置関係での使用. （荏原製作所，川本ポンプ）	『自吸ポンプ』
水中ポンプ	40	1	・原理は渦巻ポンプと同様の羽根車の遠心力で送液する. ・液槽の底に沈めて使用可能. ・周囲が液体で満たされるため，呼び水は不要. ・小型なものは樹脂ホースを接続して手軽に持ち運び可能. ・大型なものは，メンテナンスも考えると陸上に設置するタイプの渦巻ポンプの方が適する. ・ピットに沈めて使う事で，ポンプ自体が邪魔にならない使い方が可能.	・工事中のピット内部の雨水，地下水汲出し. ・工場内の側溝の排水汲出し. （荏原製作所，川本ポンプ，日立産機システム，鶴見製作所）	『水中ポンプ』

表6.24 ポンプの種類と特徴（つづき）

ポンプ種類	全揚程* [m]	吐出量* [m³/min.]	特徴	用途（メーカー例）	構造
ダイヤフラムポンプ	150	0.05	・ダイヤフラム（樹脂膜）の往復運動で送液. ・ダイヤフラムと接液面が樹脂製なので，酸性・アルカリ性の腐食液に対して対応可だが，寿命が短い． ・駆動源は圧縮空気の選択可 ・電気工事不要の型式もある.	・腐食性の高い液の送液.（イワキ）	『ダイヤフラムポンプ』
プランジャーポンプ	500	0.1	・プランジャーの往復運動で送液する． ・極めて高圧の液を得たいときに使用する． ・精密な部分が多く，ごみを内部に流さない事が重要.	・ウォータジェット切断，消火栓用の供給水ポンプ（マルヤマエクセル）	『プランジャーポンプ』
モーノポンプ	70	2.5	・極めて粘性の高い液体を送液可能.	・水処理設備からの高粘度スラリー送液．（兵神装備）	『モーノポンプ』

※一般的なポンプの最大容量を示す．これらを超える仕様もあるので，詳しくは，メーカーカタログを参照の事．

と吐出量の組合せを算出し，使い方を決めてポンプの種類を選定する．生産システムの多くの設備では，渦巻ポンプもしくは多段渦巻ポンプが使用される．その他にも用途に応じて，表6.24に示すように様々なポンプがある．詳細は各メーカーのカタログを見ながら選定する．なお，6.5「流体機械や配管を選定する」で，計算方法を紹介しているので，参照してほしい．

6.5.4 真空ポンプ

真空ポンプは，容器内から気体を排出して減圧し真空を得る機械要素である．真空ポンプの能力は到達圧力と排気速度で表される．到達圧力は大別して低真空，中真空，高真空そして超高真空に分類される．設計した生産システムに必

6.5 流体機械や配管を選定する

表6.25 真空ポンプの種類と特徴

種類	区分	到達圧力※ [Pa]	排気速度※ [m³/min]	特徴	構造	用途	メーカー例
エアーエゼクタ	低真空	10^3	0.1	・真空ポンプではないが，圧縮空気を用いて，低い真空度を発生させる事の可能な真空発生装置である．しかし，大量の圧縮空気が必要．	ベンチュリ効果／負圧発生部	・ハンドリング吸着パッドに取付けて使用する．	SMC, 妙徳, CKD
ベーンポンプ	中真空	10	2	・可動ベーンが取り付けられたロータが回転することにより排気される．・小型から大型まで排気速度と到達圧力の組合せが多様である．	偏芯ロータ+可動ベーン	・容器内部の真空排気を行うが，生産システムの到達圧力と排気速度に応じて選択する．	オリオン機械, アルバック
ルーツポンプ	中真空		50	・1対のロータがかみ合いながら排気する．大排気量，中真空を容易に得ることができる．	1対ロータ+噛み合い回転		アンレット, 宇野澤組鐵工所, 神港精機
油拡散ポンプ		10^{-1}	500	・オイルの蒸発によるジェット流を利用する．・極めて大排気量，中真空を容易に得ることが出来る．・補助ポンプが必要．	気体分子／油蒸気ジェット流／油蒸気冷却水管／加熱ヒーター／油		アルバック, 芝浦エレテック
ターボ分子ポンプ	高真空～超高真空	10^{-5} ～ 10^{-7}	1000	・多段の高速回転動翼と固定翼により気体分子を弾いて次段へ送ることで気体分子を除去することで真空度を上げる．・超高真空度まで対応できる機種もある．	気体分子／回転翼／固定翼	・クリーンかつ高真空度を要する生産システムを構成する際に使用．・宇宙産業，半導体産業の生産システムで頻繁に使用．	アルバック, 島津製作所

※ポンプ注記と同じ．

259

要な到達圧力と排気速度を計算したのち，適した真空ポンプを選定する．**表6.25**に真空ポンプの種類と特徴を示す．

製品を簡単に真空吸着してハンドリングしたいときには，圧縮空気が準備できれば**エアエゼクタ**を用いると簡単に吸着機構を実現できる．また，多くの生産システムの設備では**ベーンポンプ**，**ルーツポンプ**などのメカニカルロータリー真空ポンプを排気量に応じて採用する．さらに大きなチャンバー内部を短時間で中真空にしたい場合は，**油拡散ポンプ**を採用する．ただし，このポンプは油が逆流することを防止するためにも補助ポンプが必要となる．なお，さらに高真空を得たい場合は，ターボ分子ポンプを採用する．

6.6　機械設計時に電気・システム設計も考慮する

現在の機械装置は，電気エネルギを使用して動作する．また，機械装置内の多くのセンサにより，ワークや各設備の状態が把握され，制御機器により，設計通りに各設備は動作している．このように機械装置の運転には電気・制御ソフトウェアが必要であり，機械設計時においても電気・制御ソフトウェアを考慮することが大切である．本節では，機械装置の配置を決定する際に考慮すべき**制御機器の配置**および**電気配線**に関して，また，生産システム全体の完成度を高める為に考慮すべき**制御ソフトウェア**に関して簡単に述べる．

6.6.1　制御盤

機械装置に所望の動作をさせる機器類を収容した装置が制御盤である．図6.31(a)に制御盤に収納される制御機器と装置内の駆動用モータとセンサの関係を示す．制御盤の中には，各機械要素へ電気エネルギ（電力）を供給する**電力供給系の機器**（電力遮断器，電力供給制御器，周波数制御器，サーボ制御器等）と各機械要素をタイミングチャート通りに動作させる**制御回路を構成する機器**が収納されている．図6.31(b)に制御盤の外形図と内部配置図を示す．機械装置のアクチュエータの数と制御に必要なコントローラの数，そして緻密に

6.6 機械設計時に電気・システム設計も考慮する

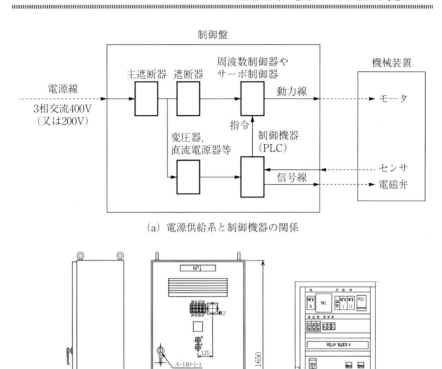

(a) 電源供給系と制御機器の関係

(b) 外形図と内部配置図

図 6.31　制御盤の例

　制御するためのセンサ等の信号受信数などにより，制御盤内の機器の数量が増減するので，制御盤の大きさは変わってくる．サーボ駆動モータ数台，インバータ駆動モータ数台を使用した装置の制御盤の大きさは，巾 600 [mm]〜800 [mm] で高さ 1000 [mm]〜1600 [mm] 程度となる．寸法からわかるように，思いのほか場所を取るので，機械装置を設計する際には，制御盤の配置に留意

する必要がある．

6.6.2 電線・ケーブル

制御盤から各種アクチュエータへ電力を供給するため，あるいは，センサ等から制御盤へ信号を伝えるために，制御盤とアクチュエータやセンサの間は電線やケーブルで接続される．近年では，無線による電力供給や信号伝達の方法もあるが，有線で接続されるのが一般的である．この電線とケーブルの選定について説明する．

電線とケーブルの大きな違いは構造にある．**電線**は電気を通す導体が絶縁物で覆われただけであるのに対して，**ケーブル**は導体が絶縁物と外装（シース）で2重に覆われている（図6.32）．すなわち，電線の場合は導体が単に電気的に保護されているものであり，ケーブルの場合は電気的そして**機械的に保護**されているものとなっている．また，構造的にはケーブルに分類されるが，介在物がなくシースの厚いキャプタイヤケーブルがある．キャプタイヤケーブルは電気を流したまま（通電状態）で移動可能なケーブルである．

電線とケーブルでは，施工方法も異なってくるので注意が必要である．絶縁電線は外装がないために機械的強度が低く，電線管や金属ダクトに保護される配線方法に限定される．一方でケーブルは，密閉空間ではないケーブルトレイ上の敷設や天井裏の転がし（置くだけ）配線なども可能となる．

装置内に使用される電気配線材料は，配線部の環境（温度，雰囲気，可動，等）により，耐熱性，耐候性，耐久性を考慮した選定が必須である．一方で，

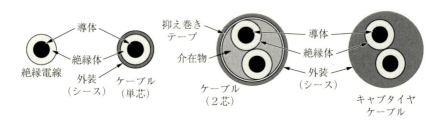

図6.32 電線・ケーブルの構造

6.6 機械設計時に電気・システム設計も考慮する

表6.26 配線材料種別のまとめ

種別		絶縁電線	キャブタイヤケーブル	ケーブル
主な用途		電力供給・信号伝達		
		盤内配線やヒーター配線	移動体向け，制御線	電力送電，制御線
構造	導体	単線または撚り線	単線または撚り線	単線または撚り線
	絶縁物	ビニル混合物 ポリエチレン混合物 天然ゴム混合物 ブチルゴム混合物	ポリエチレン混合物 ポリオレフィン混合物 天然ゴム混合物 ブチルゴム混合物	ビニル混合物 ポリエチレン混合物 天然ゴム混合物 ブチルゴム混合物
	外装	なし	キャブタイヤゴム ビニル混合物 耐燃性ポリオレフィン混合物 クロロプレンゴム混合物	鉛，アルミ，ビニル，ポリエチレン，クロロプレン
製品例		IV電線 HIV電線 耐熱性電線 耐薬品性電線	VCTケーブル 耐熱性CTケーブル	CVケーブル CVTケーブル VVFケーブル
配線方法		がいし引き工事 電線管工事 金属ダクト工事	電線管工事 金属ダクト工事 ケーブル工事	電線管工事 金属ダクト工事 ケーブル工事

選定した配線材料が絶縁電線あるいはケーブルであるかによって，配線方法が変わるので，この点にも注意が必要である（表6.26参照）．

6.6.3 配線敷設における注意点

実際に配線する際には，配線の材質以外にも敷設ルートの検討が必要である．電力を伝達する電線やケーブルは，いくつかの種類があり，信号を伝達する電線やケーブルにはさらに多くの種類がある．信号の伝達には，オンとオフという2値の情報を伝達する場合（デジタル信号）もあれば，電流あるいは電圧の大きさを伝達する場合（アナログ信号）もある．サーボモータ等で使用されているパルス発信器からは，高い周波数のパルス信号が伝達されてくる．近年では，制御機器間でデジタル通信も行われているので，通信の電気信号も伝達されている．このような多くの用途に応じて，使用する電線やケーブルの種類は異なってくる．

表 6.27 ケーブル種類と敷設上の注意点

ケーブル種別		用途	配線上の注意点	
電力ケーブル	一般	電動機及びアクチュエータへの電力送電	機械的特性（曲げ半径）	曲げ半径は外径寸法の6倍.
	キャブタイヤ	電動機及びアクチュエータへの電力送電	ケーブルの固定方法 機械的特性（曲げ半径）	曲げ半径は外径寸法の7.5倍.
信号ケーブル	シールドなし	一般的な弱電信号の伝達		曲げ半径は外径寸法の6倍.
	シールドあり	弱電信号の伝達（静電遮蔽が必要な場合）	機械的特性（曲げ半径） 電磁気的環境（ノイズ）	配線経路を電力ケーブルとは分ける．ノイズの多い環境では，シールドありを使用し，接地する．
	ツイストペア	アナログ信号の伝達		
	同軸ケーブル	周波数の高い交流電源の送電	機械的特性（曲げ半径） 電磁気的環境（ノイズ）	曲げ半径は外径寸法の4倍. 高周波で使用しているときには，配線長を最短にする．
	光ケーブル	長距離のデジタル通信	機械的特性（曲げ半径）	曲げ半径は外径寸法の10倍.
特殊ケーブル	コネクタケーブル	特定機器の付属ケーブル アナログ通信あるいはデジタル通信	機械的特性（強度） コネクタサイズ	ケーブルの外装の強度に応じて，保護する．コネクタサイズに合った配線経路とする．
	エンコーダケーブル	パルスジェネレータからの信号を伝達	機械的特性（強度）電磁気的環境（ノイズ）配線距離制限，コネクタサイズ	専用ケーブルの外装の強度に応じて，保護する．配線経路を電力ケーブルと分ける．配線長は制限距離以下とする．

　主に盤外配線を対象とし，よく使用されるケーブルの種類と配線敷設の注意点を表6.27にまとめた．装置内での配線を設計する場合は，ケーブルの種類による機械的特性（最小曲げ半径，可撓性），配線する場所や外乱による電気

6.6 機械設計時に電気・システム設計も考慮する

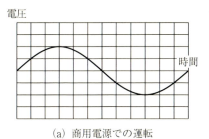
(a) 商用電源での運転

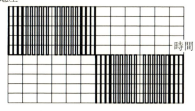
(b) インバータ制御での運転

図 6.33　電動機への印加電圧

的特性（ノイズ特性）などを考慮する．機械設計するときには後戻りがないように電気設計と整合をとりながら進める必要がある．

近年は，高精度に制御するため，あるいは消費エネルギの低減のために，電動機をインバータ制御機器で運転する場合が多い．このインバータ制御は電気的なノイズの発生を伴う．商用電源で電動機を運転している場合とインバータで運転している場合では，電動機への送電電圧の波形が全く異なる．図 6.33 (a)は商用電源の場合で，(b)がインバータ制御機器で運転している場合である．(b)の方は，パルス状の電圧が印加されており，高調波成分が含まれている．このためにノイズが多く発生するのである．そこで，インバータ制御の電動機への電力ケーブルとノイズの影響を受けたくない弱電信号を伝達しているケーブルは配線ルートを分ける方が望ましい．このようにケーブルの種類だけでなく，制御方式によっても電気配線工事の設計は変わってくるので，設備の設計の際には，機械担当者と電気担当者の協力が大切である．

6.6.4　制御システムのソフトウェアについて

4.2.2 の (9) で制御システムについて説明した．本項では，その制御システムの制御機器に組み込むソフトウェアについて説明する．

制御機器として最も多く使用される PLC（Programmable Logic Controller）に組み込むソフトウェアは主に「ラダー」言語で記述される．この言語はリレー回路を PLC 上で実現するために生まれた言語で，構造化言語あるいはオブ

ジェクト指向言語など，文法の習得に時間がかかる言語と異なり，誰もが短時間で習得できるくらいに文法が非常に単純であることが魅力である．その特徴から，プログラマーでなくても例えば機械技術者が少し勉強すれば作成することもできる．ただし，長所の裏返しになるが，訓練の不十分な人が複雑で規模の大きいソフトウェアを作成すると，可読性がなく保守しにくいソフトウェアとなってしまいがちで，検証時の修正に思いのほか時間がかかったりするので注意を要する．

次に，ソフトウェア全般に対して注意点がある．ソフトウェアは机上での完全な事前検証が難しく，生産設備完成後に稼働させながら実施することになる．特に，複雑で規模の大きい生産設備では，この最終段階で検証や手直しがしばしば発生し，完成までに想定以上の時間を要する場合がある．このような事態をできるだけ防ぐために，ソフトウェア設計者が作成するソフトウェア仕様書が完成した段階で，設備設計者がイメージする動きや機能と相違ないか，どのようにソフトウェア検証していくか，密なコミュニケーションを取り相互に理解を深めることが大事である．

6.6.5 生産システム周りの情報システムについて

本項では設備とプロセスが一体となった生産システムに必要な情報システムについて説明する．

工場や製造現場には，SCADA（スキャダ，Supervisory Control And Acquisitionの略称）などの設備監視システム，NCデータを作るCAD/CAMシステムなど様々な情報システムが既に導入されていることが多い．しかしながら，複数のシステムで一部の機能が重複したり，必要な機能が足りなかったりといった場合が見られる．このような状況になるのを防ぐためには，何のシステムを入れるかの検討から始めるではなく，まずどのような機能が必要であるかを網羅的に分析し，優先順を決めてから，それを実現する情報システムを考える．筆者らの経験を元に，最低限考慮すべき機能を**表6.28**へまとめた．メリットは定量的に判断し，必要なものは設備投資額に漏れなく加算すること

表 6.28　生産システム周りに求められる情報システムの機能

機　能	説　明	備　考
1. 生産実績集計機能	・生産計画に対して，生産設備の生産実績（入数，出数，不良数）を集計する機能．	・工程間をまたぐ場合，一時保管の在庫管理も重要．
2. トラッキング機能	・製品ごとに，生産設備の加工情報と検査結果を結びつけ情報を保存する機能．	・品質保証の観点から必須になる場合が多い．
3. 生産設備のモニタリング機能	・作業者が生産設備の生産状態を監視および調整するために，リアルタイムなデータを保存し，設備情報を表示する機能．	・SCADA システムなどが該当する．・ワークの検査結果情報を追加し，品質をモニタリングする場合もあり．
4. 各品種の製造レシピデータ作成および通信機能	・生産設備を駆動する運転データを品種ごとに作成する機能．・運転データを設備との間で送受信する機能．	・複雑な形状をした製品のNC加工設備では，CAD/CAM システムが必須．

が重要である．

［参考文献］

1)『実際の設計　生産システムのFA化設計　生産設備設計の考え方と方法』石村和彦，日刊工業新聞社，1993
2)『続・実際の設計　改訂新版　機械設計に必要な知識とモデル』実際の設計研究会，日刊工業新聞社，2017
3)『三菱電機汎用ACサーボ　汎用インタフェース　MR-J4 サーボアンプ技術資料』三菱電機株式会社，2017
4)『ジャッキ　カタログ』日本ギア工業株式会社
5)『ジャッキ　カタログ JA・JB シリーズ』株式会社マキシンコー
6)『KHK 総合カタログ 3015』『歯車技術資料 3014Vol.1』小原歯車工業株式会社
7)『TCG カタログ』加茂精工株式会社
8)『転がり軸受総合カタログ（Cat. No. 2202/J）』NTN 株式会社
9)『オイレスエアベアリングカタログ（Cat. No. JC-510-08S (0)）』オイレス工業株式会社
10)『機械工学便覧』日本機械学会，2016
11)『トーヨーラブフレックスカップリング　カタログ』ニッタ化工品株式会社
12)『つばきカップリング　カタログ』椿本チエイン株式会社，2018
13)『サカイ精密軸継手シリーズ　総合カタログ（カタログ No. 23)』酒井製作所，

第6章 生産設備設計に必要な具体的知識

  2018
14) 『CYCLO Drive for Servo Motors カタログ』『COMPOWER 遊星歯車減速機 カタログ』住友重機械工業
15) 『ハーモニックドライブ 総合カタログ』株式会社ハーモニックドライブシステムズ
16) 『ウォーム減速機 カタログ』株式会社マキシンコー，2016
17) 『実際の設計 改訂新版』実際の設計研究会，日刊工業新聞社，2014
18) 『新やさしい局排設計教室』沼野雄志 中央労働災害防止協会，2003
19) 日本規格協会，JIS ハンドブック 2002-16　ポンプ
20) 『Excel で学ぶ 配管技術者のための流れ解析』板東修，オーム社，2017
21) 『演習で学ぶ「流体の力学」入門　第2版』西海孝夫，一柳隆義，秀和システム，2018
22) 『わかる！　使える！　配管設計入門』西野悠司，日刊工業新聞社，2018
23) 『総合カタログ 2016』三木プーリ株式会社
24) 『KYUSHU HASEC GEAR COUPLING NS Series カタログ』株式会社九州ハセック

第7章 生産システム構築の周辺

7.1 これが日本の生きる道　Y. H

　明治維新以来，我国のまわりには"こうやればうまくいく"という"お手本"が常にあった．うまくそれを見つけて，それに倣ってやりさえすれば結果は良好だった．この状態が日本の高度成長期まで続いた．ここでできあがった"(顧客や社会の要求を考えるのではなく，提供する側から見た) いいものを作れば売れるハズ"という考えに社会全体が染まってしまい，変化できないまま25年も経ってしまった．

　その間，日本のGDPは5兆ドル（500兆円）に留まったままだったが，アメリカは2.5倍に，中国は20倍に成長した．社会が何を望んでいるかを見ようとせず，誰かがうまくいくものを見つけると，それをトコトン極めることだけをやり続けてきた．それが今のような状況を作り出したのである．

　今，我々がやらなければならないのはこの考え方を変えることだ（図7.1）．

　数年前（2012年），日本の生きる道を探してインドに行き，自動車部品を作っている会社を訪れたときの話である．訪問の目的を話したところ，その会社の社長が次のように話してくれた．「我が社では日本の技術を導入して自動車用のランプを作り，日本に輸出している．技術指導に来ている日本人技術者は"カイゼン"を言うばかりで，"WHY"については何も言わない．杓子定規にカイゼンを言われるのは，たまらない．また，日本人はインドの社会が何を望み，何を実現したいと考えているかを見ようとしない」自動車部品製造会社の

第7章 生産システム構築の周辺

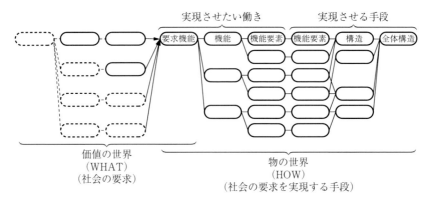

図7.1 今，日本が取り入れるべき価値の世界と物の世界の思考展開図

社長が私たちに伝えたかったことは，日本人は"HOW"ばかりに拘っていて，その前にある"WHAT"すなわち"価値の世界"の大事さに気づいていないということではないかと思う．

自動車部品製造会社の社長の紹介でニューデリーの地下鉄の副総裁に会うことができた．彼は，「地下鉄網の建設資金は日本政府からのODAであるが，日本から買う車両は1編成分だけで十分である．日本は車両も相当数輸出したいと考えているようだが，インドはそうするつもりはない．日本に期待するのは資金と技術である．技術を学ぶには1編成で十分である．実際の営業運転にはインドが培った技術で作った車両を使いたい．これこそが日本の鉄道技術を導入する真の目的である」と話してくれた．

どちらも全く同じである．日本から海外進出を考えるときに，海外の顧客や市場が何を求めているかを見ようとしていないために，このような印象を与えてしまったのである．

"WHAT"すなわち価値の探索では，普段から自分（顧客，周囲の人々）が何となく感じていること，不満に思っていること，あったらいいなと思うことやお金を払ってでも手に入れたいもの，などに着目するとよい．さらに，個人の願望や社会の要求には，文化・生活習慣・社会慣習・自然環境などがその背景にあることも忘れてはならない．こうして何となく見えてきたものを分析・

分解し，社会が真に求めているものは何かをあぶりだしていくことが必要である．

7.2　材料づくりと形づくり　T.Y

　材料を作り込むことと，形を作り込む（加工する）こととは密接に結びついている．機械に使われる部品はいろいろな形をしており，単に良い特性の材料ができても，それを所望の形にできなければ使えない．加工の世界は，材料を目的の形状に作りながら，その材料中で起こる現象（材料の作り込み）を考える面白い分野である．加工と材料の作り込みとが関わる話題をいくつか紹介したい．

　鉄鋼材料の分野では，本書でも紹介されているように，近年高張力鋼を適用する技術の進歩が著しい．自動車の軽量化は，エネルギ消費の削減，言い換えれば，地球温暖化防止のために求められている喫緊の課題である．その方向として，重い鉄の強度を上げて薄肉にして軽くする方向と，軽いが強度のない鉄とは別の材料の強度を上げて適用を広げていく方向の2つがある．

　鉄の強度を上げて薄肉軽量化しようとする方向の1つが高張力鋼の適用である．一定の炭素成分を含む鉄を加熱して急冷すれば炭素原子が閉じ込められて（マルテンサイト変態），鉄原子の転位の移動を妨げて変形抵抗が高くなる．これは，一般的に軸の熱処理や工具鋼などに適用されている．一方，熱処理で強度を上げた板をプレス加工するためには大きな加工荷重が必要となる．また，加工後のスプリングバック（弾性変形による戻り）も大きくなる．そこで高張力鋼の成分を持つ板材を加熱（オーステナイト状態）し，変形抵抗を小さくした状態でプレスして，変形と冷却を同時に行い，変形中にマルテンサイト変態を起させて，強度の高い加工品を得る「ホットスタンピング」が増えてきた．それはこのマルテンサイト変態の過程で生じる歪み（変態塑性）が，変形によって起こる歪みに対抗するように生じ，加工後のスプリングバックがほとんど生じなくなるためである．形を作ることと，その過程で生じる材質変化が加工

第7章 生産システム構築の周辺

精度の向上とも結びついている例である．

軽いが強度のない材料の強度を上げる方向の1つとしてアルミニウム合金の強化がある．アルミニウム合金の強化メカニズムは，材料温度をある温度に保ちながら時間をおくとアルミニウム中に含まれる合金成分が化合物となって析出し，これがアルミニウム原子の転位の移動を妨げて変形抵抗が大きくなって強度が上がる時効硬化である．安定した強度を出す理想的な方法は，まずアルミニウム合金を加熱して材料中の化合物成分を均一に分散させ（溶体化処理），その後急冷してその状態を保った後，所定の温度に一定時間保持して時効硬化させることである．一方で，材料を所定の形状にするためには，アルミニウム合金を加熱して変形抵抗の低い状態で鍛造や押出しなどの加工を行う必要がある．押出しにおいては，ビレット（押出し前の素材）の加熱から押出し，冷却を一連の工程で行うため，その過程の温度管理が重要となる．押出し加工中の発熱によってビレットの温度状態が変わると押出し材各部の冷却過程が変化するので，化合物の析出状態が変わり，押出し材の前方と後方で強度が異なるものになってしまう．そこで，押出し中のビレット温度を一定に保つ「等温押出し」が必要になる．このために加工中の発熱の予測とそれを考慮した温度管理が重要な技術となる．

軽いが強度のない材料としては，プラスチックもある．プラスチックの強化方法として炭素繊維やガラス繊維を混ぜる方法がある．ここではガラス繊維強化プラスチック（GFRP）を紹介する．

プラスチックの射出成形においては，溶融させた樹脂を金型内に流動させる過程で，金型と接触した表面から固化層がだんだんと厚くなり，そのすきまをぬって溶融した樹脂が流動する．GFRPでは樹脂にガラス繊維を混ぜ合わせた後に射出成形を行う．金型内に樹脂を流動させる際に，樹脂の中に混ぜ合わせたガラス繊維は固化層に「足」を取られ，内部で流動する樹脂になびかされる．このように固化と流動の状態に応じて繊維の配向が作られていく．その結果が成形後の剛性となって現れる．成形方法と材料づくりがまさに一体となっている．

近年，筆者は炭素繊維複合材料の成形加工を研究課題としている．加熱によって変形が可能になる熱可塑性樹脂を炭素繊維に浸みこませた板を用い，プレス加工する研究を始めると，従来から炭素繊維複合材料を扱っている方から，「形をつくることを優先していることに違和感がある」とのコメントを受けた．確かに繊維は引っ張られる方向にだけ強さがあるので，まず成形品の形に合わせて繊維方向を決めて貼り付け，そこに樹脂を流し込んで固めるという方法が従来の主な成形方法になっている．金属材料の板材加工と同じように炭素繊維強化プラスチック（CFRP）の板材をプレスして変形させると，せっかくきれいに繊維を配向して作った板材中の繊維方向を変えてしまうことになる．変形させて形をつくることと，成形品の繊維配向を適切に作り上げることとをどう両立させるかが最大の課題である．

共通することは，材料のミクロなメカニズムを考えながら，加工プロセスを考えることである．材料の身になって，「こう押されたらこっちへ行きたいな」というように自分自身がそこにいるミクロな材料の一員になって考えるのである．

7.3 経験不足による苦い経験　M.F

もう30年以上も前の話になるが，私は，ある機械メーカー（以下，当社）で自動化製造機械の事業部門に所属していたが，その頃，ある自動車メーカー（以下，A社）から1つの商談が持ち込まれてきた．それは，当時どの自動車メーカーでも実現していなかった先進的な設備に関するものであった．すなわち，それはハンガーコンベアを約50秒ピッチで車体が流れてくる「最終組立ライン」において，エンジンとサスペンションが一体となった「サブアッセンブリ」を，下から全自動でねじ締め・取付けを行うという設備であった．コンベアに吊り下げられた車体の位置は正確ではなく，下からビジョンセンサで位置を認識し，それに合わせて「サブアッセンブリ」を取付ける必要があった（図7.2）．また，サスペンション部分は，グラグラしていて位置決めが難しいなど，

第7章　生産システム構築の周辺

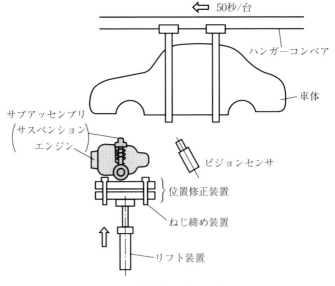

図 7.2　自動組立装置の概要

いくつかの技術的な困難が予想された．

　そのときの私の所属部門は，自動化機械の外販を新事業として始めたばかりの新組織で，その構成メンバーは，私も含め，自動化技術の「研究者」が中心であった．彼らは，要素技術の先端技術者ではあっても，生産現場での実用設備の開発経験はほとんど持っていなかった．そのような「素人」の彼らにとって，持ち込まれた商談の内容は，経験不足の"怖さ知らず"から，技術的に実現不可能なものとは思えず，その商談は間もなく正式に受注する運びとなったのである．そして，実用設備の開発経験のある新戦力も加わって，そのプロジェクトはスタートした．

　しかし，正式受注後，見積もりの甘さは直ぐに露呈してきた．まず，対象となる「車種は1車種」と知らされていたが，同じ車種でも「サブアッセンブリ」には複数の種類があることがわかった．経験のある技術者なら常識であるが，自動化機械では，仮にワークが1種類であればそれほど技術的に難しくはなくても，複数種に対応しようとすると格段に難しくなるものである．当時のA社

274

の担当部門は，正式に受注が決まるまではできるだけ技術上の困難さを表に出さないという，商道徳上やや問題のある体質を持っていたが，泣き言をいっても仕方がなく，最終的な責任がこちらにあることは明らかであった．

次に，設備の試運転段階で思い知らされたことは，ねじを安定的に締めることの難しさであった．締め付け不良率は極めて低い数字に抑える必要があったが，稀に起こる様々な不具合の原因を1つひとつ取り除いていくには，実ラインにおいて膨大な数の実験を要した．

結局，A社の多大な協力も得ながら，多いときは10人以上の技術者を現場に張り付けたまま，信頼性を高めていく作業が1年以上も続いた．その結果，何とか使えるレベルにはなってきたものの，まだ目標を完全にクリアするまでには至っていなかった．

ところがそうした中，A社では，その組立ラインを数年以内に本当の「複数車種を流すライン」へ変更することが決定された．そのため，「1車種対応」の現設備も未だ完成とはいえない状況の中で，さらに技術的な困難が予想される新設備の見積もり作業も並行して行われることとなった．A社としては，次の設備も当社による継続を希望していたはずであるが，現設備での難しさを痛感していた当社とは価格面で折り合わず，新たな商談から当社は降板することになった．その後，取り掛かり中の設備については，完全ではないものの何とかケリをつけることができ，当社としての仕事は終了した．

とはいえ，それ以降ずっと，私は「あの設備はその後どうなったのだろうか」と気になっていた．そして10年以上もたった頃，A社の当時の担当者に接触する機会があり，他社が受注した次の設備も，最終的にはモノにならなかったことを知った．また当時，私としても，次期設備の商談からは逃げ帰ったような後ろめたさも感じていたが，A社の当社に対する評価は決して悪くはなかったとの感触も得られ，少しホッとした気持ちになったことを憶えている．

いずれにせよ，その設備は，当時いきなり通常の商談として受注するには無理があり，取り組むのであれば自動車メーカーとの共同研究のような形をとるべきだったと考えられる．さらに，30年を経過した現在でも，どの車メーカー

においても，その工程の完全自動システムは実用化していないのではないかと推測する．

そのような訳で，携わった多くの技術者が力を付けたとはいえ，中心的な役割を果たしていた一人として，このプロジェクトは経験不足の怖さを思い知らされた苦い経験であった．

7.4 差別化された生産システムを短期間で実現させた事例　S.I

私はAGC(株)で生産システム全般に幅広く携わってきた．これまでの経験の中で，製造業が競争力のある製品を世に送り出すために必要な優れた生産システムを極めて短時間に構築した事例を簡単に紹介する．

通常の生産システム構築の手順は本書に示す通り，まず企画を立て，実際の設計を経てから，設備が製作および据付され，検証終了後に生産活動が開始される．必要に応じてコア生産技術の開発も行う．市場が急激に変化したり，競合が強力な製品を発売した場合など，緊急の対応策として新製品を発売しなければならないことがある．そうしたときには生産システムの高性能化が必要となる場合も少なくない．

AGC(株)では溶解されたガラスを板状にする成形工程にフロート法という成形技術を採用している．この製法は寸法精度や表面平坦度が高くコスト的にも優れているため，様々な製品に採用されている主力製法である．AGC(株)はこの製法を基にした生産システムで，ある事業領域において競争力のある新製品を開発し，発売しようと事業計画を立てていた．このときにこれまで経験したことのないような製品欠点が発生し，顧客に製品を納入できなくなり，事業が存亡の危機に瀕する事態が発生してしまったことがあった．

これはガラスが後工程でそれまでとは異なる新しい加工をされるために成形過程における表面性状に起因する欠点が加工工程で発生してしまうためであることが判明した．このとき我々は適切な表面性状に改質する技術を持ち合わせ

ておらず，緊急にコア生産技術を開発し，新しい生産システムを構築する必要に迫られることとなった．

対応として，まず本技術に関係するプロセス技術者や設備技術者はもとよりガラス材料研究者，製造技術者，品質保証技術者に加え他事業関係の技術者まで，あらゆる技術者が呼び集められ，原因となるメカニズムの解明，解決するための新プロセス探索を始めた．大人数が一堂に会して議論を交わす「技術バラシ」と呼んでいる会議で，様々な角度から検討された．この中でガラス事業からは最も遠く離れたケミカル事業関係の技術者が解決の糸口となる革新的な改質プロセスを提案してきた．早速ラボで試すと効果抜群であり採用することとなった．それまで全く考えたこともない解決策でありガラス関係技術者だけでは思いつかない方法で，「技術バラシ」の威力が発揮された一幕であった．

だが，これを実際の設備として実用化するには数多くの解決すべき課題があった．改質を実施する温度や時間といったプロセス条件の決定や高温環境下で使用可能な精密機械の設置など，1つひとつ開発に時間を要する課題ばかりである．ここからがプロセス技術者と設備技術者の腕の見せ所で，プロセス開発と設備構築が同時進行で始まった．当然，各技術者が自分の担当に固執し壁を作っていたのでは進まないので，「融合」することが極めて重要である．例えば装置を通る液体の流量を決める際も，通常はプロセス技術者が決めてから設備技術者に伝えるが，このときは設備技術者も同時にプロセス量決定に立ち会い，同時に設備仕様を決めて，直ちに手配をかけるといった具合で進めた．

こうした状況は，当然ながら通常と異なる混然一体となった状況であり，どこに致命的なミスが紛れ込むかわからない危険な状況であるとも言える．こうした状況に必要不可欠なのは「優れたリーダー」の存在である．このときも各分野のトップスターとも言える技術者が駆けつけ，短時間にコア技術を纏め，設備を製作し据え付けて見事に立ち上げを成功させた．

極めて短期間に新生産システムを立ち上げ，生産を開始し，事業の消滅はまぬがれた．

こうした事例はAGC(株)でも稀にしか起こらないが，発生した際に迅速か

第7章 生産システム構築の周辺

つ的確に対処することを可能としておくためには，日頃から正しい手順を身に付けておくことが何より重要である．

7.5　ソフトウェアの生産システム　K.F

　製品の設計情報に着目して，生産システムの機能を「設計情報を転写する」と考えることで，ハードウェアだけでなく，ソフトウェアでも生産システムと考えることができる．

　あるソフトウェアをCDやDVDなどの媒体で購入する場合を考えてみる．設計情報の転写は，開発者が設計情報に基づいてプログラムを作成することから始まる．ここで生産設備として使用されているのは，プログラミング言語やプログラミングを支援する開発環境である．できあがったプログラムは検査工程を経て製品となる．そして，出荷のためにプログラムとインストーラをファイルとしてCDやDVDに焼き付ける．ここまでが生産設備（転写機構）であり，大量生産が可能となっている．

　利用者はそれを購入し，インストーラを使ってサーバやPCにインストールする．これも実は転写の一部である．さらに，アイコンのクリック，コマンドの入力などでプログラムを起動する．ここでは，OS（スーパバイザ）がインストールされたファイルを読み出し，メモリに転送し実行権を渡す．そうすることで初めてソフトウェアを利用することができる．ソフトウェアは「コード化されたデータ」なので，媒体を通じて伝達された後，利用時にも相応の転写機構が必要なのである（これを利用設備と呼んでもよいかもしれない）．

　では，クラウドサービスはどうであろうか．昨今，仮想化の技術が浸透してきている．例えば，あるOSがインストールされたサーバに，あるアプリケーションプログラムが搭載されているシステムをクラウドで利用することを考えてみる．OSは，その開発段階で設計情報がプログラムとして予め転写されていると考えられる．つまり既成部品である．アプリケーションプログラムも同様に，開発段階で設計情報が転写される．そして，システム構築に必要なパラ

メータやアプリケーションプログラムの定義などの設計情報は，仮想環境でのシステム構築の際に転写され，システム検査工程へと送られる．こうしてサービスとして利用可能な状態が準備されるのである．

そして，いよいよクラウドサービスの利用者が ID を取得し，このシステムの利用を要求してきたとしよう．そうすると，クラウドサービスの運用管理システムがそれを認識して，仮想環境の制御プログラム（ハイパーバイザ）に命令し，利用者に必要な環境一式を生成する．そのとき，事前に準備されていたシステムが動的にメモリ上に構築され，CPU が割り当てられるのである．その時間は数秒から数分である．ここまでが生産設備（転写機構）であり，これが大量生産の機構にもなっている．クラウドサービスは，要求発生時にシステムを生産するオンデマンド生産である．このとき，利用時の転写機構は PC, OS, Web ブラウザ等である．

ここまでくると，プログラミング言語や開発環境，OS, ハイパーバイザや運用管理システムがソフトウェアの生産設備となって，「設計情報を転写する」という機能が果たされていることがよくわかるであろう（図 7.3 参照）．

現在，よく話題になるスクラムなどのアジャイル型開発は，顧客要求から得た設計情報を，変化に応じて迅速に転写するためのプログラム生産設備であると考えればわかりやすい．クラウドサービスでは，一連の設計情報の転写プロセスを無人化，自動化し，生産原価を低減することで価格競争力を得ている．

しかし一方で，設計情報の転写自体は，ネットワークを介した，あるいはメモリ上のデータ複写であるため，本質的に差異化が図れない．したがって，一

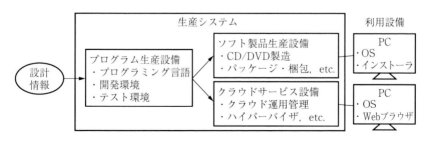

図 7.3　ソフトウェアの生産システム

旦，自動化が実現されてしまえば，生産設備による価値創造が困難であることも事実である．現在，これらの生産設備（転写機構）のほとんどはオープンソースとして公開されているので，唯一のボトルネックである人手によるプログラム開発が，アジャイルなどと称して注目されているのである．一方で，顧客の潜在要求を設計情報として生成する企画・設計が価値創造の主戦場になっていることも容易に理解できるであろう．

7.6　実際の異物対策　M. Y

欠点のない透明なガラスを作りたい．異物（ごみ・塵埃）は，この永遠の課題の大敵である．車体の高級精密塗装，液晶モニタ，半導体チップなども然りである．ここでは，筆者の経験から"中らずといえども遠からず"の異物の挙動を紹介したい．

異物に働く主な力を図7.4に示す．機械的には重力，圧力（気流による力），電気的には静電気力（ローレンツ力の電界成分），クーロン力，物理化学的にはファンデルワールス力（分子間力の一つ）である．生産現場では，ごみゼロを目指す対策をいろいろと講じるが，残念ながらゼロにはできない．したがって，生産現場で発生する静電気力と気流の力の大きさと向きによっては，せっ

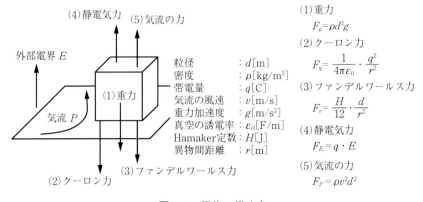

図 7.4　異物に働く力

かく重力，クーロン力，ファンデルワールス力で静止していた異物が動いて，ごみ不良の原因になる．これらの力の中で見積もりが難しいものが，クーロン力とファンデルワールス力である．いずれも理論式はあるものの，実際には異物の形，距離，電荷量を計測することが難しいので，実験的な経験値で見積もられることが多い．異物に働く力は，このように大きさ，距離，電荷量のべき乗関数となり，その大小関係で動きが決まる．

　実際の生産現場で起きるオーダを見積もってみよう．図7.5 に異物の大きさと働く力の関係を示す．ここでは異物は立方体，距離は異物の大きさと等しい，密度は 2.3 [g/cm³]，帯電量は電子 100 個（$1.6 \times 10^{-19} \times 100$ [C]），外部電界強度は 1.0×10^6 [V/m]（人体の摩擦帯電約 10 [kV]，距離 10 [mm]），気流の圧力は 100 [Pa]（風速 10 [m/s]）と仮定している．目に見える大きさの 1 [mm] 程度では重力と気流が支配的であるが，目で見えなくなる μm オーダになるにつれてそれぞれの力が相対的に近くなり，100 [nm] 以下では静電気力とクーロン力，ファンデルワールス力が支配的になる．数式中の重要な物理量に仮定の多い一例ではあるが，それなりに的を射ている（と思っている）．

　異物対策の基本は，静電気除去マットと帯電防止ストラップ，適切な湿度管理と気流の制御であり，正しく運用されていればこれらが害を及ぼすことはな

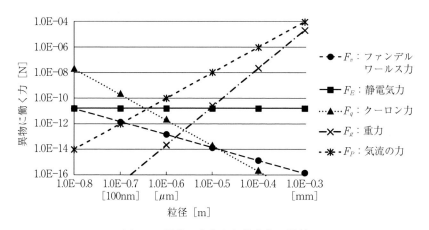

図 7.5　異物の大きさと働く力の関係

い．このほかにダウンフローとフィルタよるトラップ，イオナイザによる帯電除去などが挙げられるが，これらは逆に摩擦帯電，電界，気流を生じる機構にもなり得るので，鵜呑みにせずに適材適所で使用しなければならない．このように実際の異物対策と分析には幅広い知識と経験が必要で，機械屋，電気屋のみならず物理屋，化学屋も交えての総力戦となる．

7.7 生産技術者の心得 ～生産システム開発を成功させるために～　S. M

　私は日本のバブル崩壊直前に旭硝子(株)(現 AGC(株)) に入社した．ちょうどその頃はブラウン管事業が最盛期を迎えており，液晶事業がまさに立ち上がろうとしているときであった．その後20数年の間に様々な事業の黎明期や終焉期に設備技術者として関わった．その間，新しい生産システムを開発し，そのシステムで量産を目指すプロジェクトを多数経験する機会に恵まれた．ブラウン管事業での新商品開発と新生産システム開発，液晶事業参入のための生産システム開発や工場建設，ガラスハードディスク事業への再参入などである．事業が成長していく過程だけでなく，競争に負けて工場閉鎖に追い込まれることも経験した．

　こうした経験を通じて，生産システムを開発し，そのシステムで量産を目指す開発プロジェクトについての考え方や進め方の要点が身に付いた．これはプロジェクトを開始する前に課題や進め方を見極め，事業として成功させるための術である．さらには，立上時に現場で苦労する時間や，事業としての赤字の期間を短くしていくための心構えでもある．

　第1の要点は"開発，量産しようとしている製品（素材）が社会からどのように受け止められるのか"という，ユーザーとしての視点を持つということである．今開発している製品が世の中に必要とされるモノであればこの事業は発展，成長していく可能性がある．一方，開発中の製品が世の中にそれほど必要とされていないならば，いかに生産システムが素晴らしくともその事業は失敗

に終わる可能性が高い．とかく，我々技術屋はプロダクトアウト的な思い込みで，自らが手掛けている製品が世の中に受け入れられると錯覚しがちである．この思い込みが強いと事業の収益性を無視して巨大な生産設備を構築してしまう危険性があることを忘れてはならない．

　第2の要点は，多くの関係者を巻き込んで生産システムを作り上げていく，技術マネジメント力の重要性である．特に，コア生産技術の開発の段階，即ち，試験装置を使って能力検証をしている段階で，プロセスや設備の仕様をそのまま量産時の仕様へ落とし込んで問題がないか，見極めることである．プロセス技術者は，少量のサンプル結果に自信を持ち，量産時の能力やコストのことを十分に検証せず，現実的に達成が難しい目標設定をしてしまうことがある．また，設備技術者はプロセス仕様を十分に検証せず，設備仕様を早々に固めて設備化をしてしまい，能力が発揮できない状況に直面したりする．さらに，製造技術者は設備が具体的になるまでイメージができずに，後から注文をつけ設備技術者が対応に追われることもある．これらの問題は顧客の意向で十分な検討時間がない場合には特に注意が必要である．こうした問題を回避するためには，顧客や競合を見据えて，生産システムが負うべき仕様を関係者で議論し，達成すべき品質やコストを設定することが重要である．場合によっては，客先と交渉することも必要である．筆者は，顧客自身も要求するべき製品仕様を完全には把握しきれないことが多い．電子業界向けの製品を生産する生産システム構築時にこうしたことを多数経験した．

　最後の要点は強い気概を持つということである．多くの課題を乗り越えて，生産設備を立ち上げ，事業として成果を上げて行くためには，技術力だけではなく強い意志が必要である．即ち，プロジェクトや事業に関わる多くの人を束ねて，なんとしても成功させようという強い気概である．また，バブル崩壊後，20年近く日本経済は低迷してきたが，ようやく，回復の兆しが見えてきた．これが本物かどうかは我々企業の力にかかっている．様々な新しい製品を世の中に出していくためには，新製品や新プロセスの開発を実際の事業に結び付けていくことが必要である．社会に貢献するという意識と先を読む力を持ちながら

第7章　生産システム構築の周辺

困難に負けない強い気概を持った生産技術者が必要であり，その果たすべき役割は非常に大きい．

7.8　ITシステムによる生産技術情報の蓄積と活用の考え方　S. F

7.8.1　機能・性能軸で技術情報を蓄積・活用しよう

　設計をする人ならば，納期に追われて時間がないときに過去の技術知見を探すことを諦めたことがあるのではないだろうか．経験豊富なベテラン技術者の

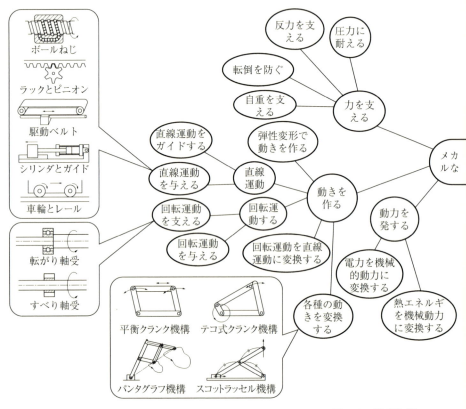

図7.6　技術知識

7.8 ITシステムによる生産技術情報の蓄積と活用の考え方　S.F

定年退職によって，過去の知見が失われることも多くの企業で問題になっている．実現したい機能を表すキーワードや性能を表す数値から，過去の図面や技術検討資料が検索できる仕組みがあったら便利である．図7.6は，機能軸で技術情報を整理する概念を表している．中央の，機械で実現したい機能を階層的に表した「まんだら図」の周辺に，機構の知識が紐づいている．この概念をITシステムに置き換えると，「まんだら図」のデータベース構造に，機構の技術情報が紐づいたものとなる．さらに性能値の情報が紐づいていれば，設計者は実現したい機能と性能値から過去の知見を容易に手に入れることができる．特に生産技術の領域においては，ワークに状態変化を加えることが機能なので，

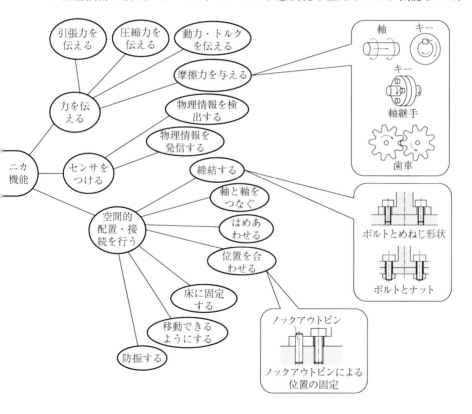

システムの概念

例えば「±0.1mm の精度，1m/s の速度でガラスを切断したい」というときに，「レーザー方式」や「カッター方式」など，過去に様々な原理・方式で挑戦した機構の図面や実機の性能値の情報を検索し，流用することができる．

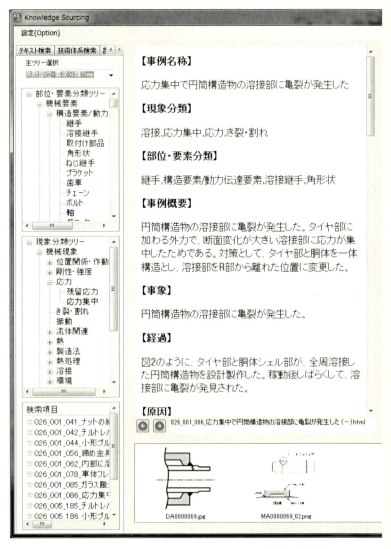

図 7.7　失敗知識情報の

7.8.2 物理現象モデルの視点で失敗知識を蓄積・活用しよう

次に失敗知識，一般的な言葉で言うところの不具合情報や過去トラブル集についての蓄積・活用について述べる．自分が設計した機械で，実際に失敗が起きてしまったとき，原因究明や対策検討の参考として，過去に起こった失敗に関する情報を入手したくても，本来は企業として蓄えてあるはずの失敗知識が探せずに同じような失敗を繰り返している企業は少なくない．

失敗知識に関しても，前節の図7.6の中心のまんだら図と同様の階層的なキーワード体系に，不具合情報や過去トラブル等の失敗知識が記述されたファイルが紐づいたシステムを構築することで，知識の活用が可能となる．

また，企業における実務的な運用を考えると，「歯車」や「ボルト」といった自社で設計する機械の部位名や要素名のキーワード体系に失敗知識を紐づけることが有用である．また，過去に起こった失敗・不具合の物理現象を表すキーワード体系に失敗知識を紐づけることもまた有用である．さらに，当研究会が最も有用だと考えるのが，上述の部位名／要素名と物理現象の両方のキーワード体系から2重の絞り込みをかけることができる失敗知識データベースを整備することである．図7.7に，この考えに基づいて当研究会が中心となって開発したソフトウェアの画面を示す．これは，失敗学会で公開している様々な産業で過去に実際に起こった約1,300件の失敗知識を，上述の考え方で絞り込

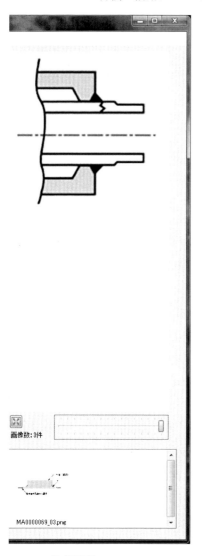

検索画面

んで検索することができるものである．左側上段の「部位・要素分類ツリー」から「溶接継手」を選択すると，「溶接継手」で実際に起こった「残留応力」，「応力集中」等の絞り込まれた現象が左側中段に表示される．その中から，「応力集中」を選択すると，さらに絞り込まれた5件の失敗知識が左側下段に表示され，そのうち1件を選択すると右側に失敗知識の内容が表示され閲覧することができる．特に生産機により状態変化を与える対象のワークの素材がガラスやゴムなどを専業として扱っている企業の生産技術の領域では，それぞれの素材特有の物理現象に起因する失敗知識を自社独自の経験知として蓄積・活用することは，本書で述べてきた品質・コスト・納期において差別化された強い生産システムを実現することに不可欠であると考える．

　ここで大事なことは，一件ずつの失敗情報を「知識化」して捉え，記述しておくことである．具体的には，失敗の現象や原因等を正確に把握し，図7.7の右側にあるような，事象・経過・原因・対策・知識化という小見出しに沿って記述する様式を活用することである．詳しくは，『続々・実際の設計-失敗に学ぶ』（日刊工業新聞社）を参照されたい．

　昨今，AI（Artificial Intelligence；人工知能）によって製造業における技術情報さえも共有・活用できるかのような話も多く聞かれるが，実際には，1件1件の失敗知識の地道な記述と，本節で示した考え方に基づくキーワード体系（本質的には構造化された知識体系）を技術者の意志を持って構築することがAIの活用の前提となることを付記しておく．

7.9　化学屋から見た生産技術　H. K

　私の入社当時（1980年代後半）は，バブル景気後半の時代で，化学産業も需要が旺盛で，生産すれば，全てが売れる時代であった．配属先の工場でもフル生産が継続していた．しかし，足元の市場環境は急速に変化し始めていた．主力商品の塩素系，フッ素系ガス溶剤はモントリオール議定書により，1996年には全廃が決定され，また他の化学製品も新興国に追い越される兆しが出始めて

7.9 化学屋から見た生産技術　H.K

いた．その後，バブルが崩壊し，国内需要は急速に落ち込んだ．さらに，中国からの輸入品も拡大し，国内事業は構造改革の時代に移行し始めた．そのような時代の中で，プロセス技術者の私は，拡大時期には国内外の新規増産プロジェクト，バブル崩壊時期には各種プラントの停止と再活用，その後の失われた20年の初期には将来のための新商品立上げを経験してきた．技術者としては，非常に幸運で，様々な状況を経験することができた．これらの経験から，いずれの環境においても，変化に対応して生産技術を進化させていかないと事業存続は難しいということを学んだ．また，製造業としての事業を進化させていくうえで，プロセス技術者と設備技術者の協業だけでなく製品開発部門との協業も重要であるということも学んだ．

　半導体産業が高成長を遂げているとき，我々は半導体の生産工程で必要な新しい化学製品を開発していた．半導体生産工程の特性上，非常に高純度の化学製品が要求されており，そのような化学製品を生産する技術を開発する必要があった．しかし，急速に立ち上がった需要に対応するため，製品自体がまだ開発段階であるにもかかわらず，新事業として立ち上げることが決まった．もちろん，生産プロセスや生産設備の設計方針はまだ固まっていなかった．当時は製品，プロセス，設備の開発の役割分担が明確に分かれていて，各々の作業が個別に進んでいった．その結果，目標予算は満足しているが，製品の目標品質を達成できない生産システムとなってしまったことがあった．また，部分的には品質は十分または過剰に目標仕様を満たすが，設備予算を大幅に超過してしまったこともあった．これらは，製品開発部隊が製品開発を行い，実験室レベルで検証するタイミングから，プロセス・設備技術者が入り込み，実生産時の問題点等を製品開発にフィードバックしながら試行錯誤を繰り返す手順が欠けていた結果であった．新事業立ち上げプロジェクトは，製品開発の段階から全ての技術者が協業し，最終的に生産システムを仕上げることが重要になる．その際，全体の責任を負うプロジェクトリーダーには，プロセス技術，設備技術両方の勘所を熟知し，さらには製品開発とも協業して生産システムを作り込んでいくことが要求される．また，プロジェクトに参画している若い技術者に

協業の重要性を実感させることも,プロジェクトリーダーの重要なミッションだ.

　最後に若い生産技術者に期待することを述べておく.皆さんが生産技術者として配属された工場で,まずは単位操作の基礎,材料技術,機器の設計,法規制等を徹底的に学ばねばならない.そして,担当するプラントの各装置や配管の中でどのような反応がどのように起こっているのかを,あたかも見てきたかのようにモデル化できるレベルになる必要がある.徹底的に理論を学び,現地・現物を大切にしてほしい.さらに,製品そのものに興味を持ち,製品を愛し,顧客の立場から製品を見ることができる技術者になってもらいたい.トラブルやクレームの発生時には,改善・進化の機会と考え,顧客のところに喜んで足を運び,生の声を聞いてきてほしい.その繰り返しが技術者の能力を高め,生産技術を進化させていくと信じている.プロセス技術者の私は自らの勉強不足のために,何度も設備技術者に迷惑をかけてきた.設備技術者とのコミュニケーション不足のために材質の選定を誤って腐食事故を起こしたこともある.反応速度の見積もりミスにより装置能力が目論見通りに動かなかったこともあった.そんなとき,いつも,親身に相談に乗ってくれたのが仲間の設備技術者たちだった.生産を再開するために,夜通し設備と向かい合い,議論を戦わせ,精一杯の力を出し合って,復旧させたこともあった.また,新しいアイデアを出し合い,生産プロセスや生産設備を革新して生産効率を飛躍的に向上させたこともあった.まさに生産技術者の醍醐味である.是非,皆さんにもそのような経験を持ってもらいたい.

7.10　DRAMの事例に学ぶ差別化ポイント決定の重要性　K.I

　日本メーカーの多くの生産技術者は,営業がもらってきた顧客仕様を上意下達で要求され,NOと言わず,コツコツとクリアしてきた.こうして高い技術ハードルを越えることで鍛えられたが,成熟した日本市場だけでは市場は尻す

ぼみになる．そこで，海外市場に出るが，競合他社になかなか勝てない．日本の製品がグローバル市場で負けないために生産技術者はどう工夫したらいいのだろう？　筆者も今，それを模索している生産技術者の一人である．

　分野が全く違っても他社の失敗事例は参考になる．自社も同じような失敗に向かって突き進んではいないかと当てはめて考え，そこから未来予測し，現在の自社の生産技術の進むべき方向に役立てたいと，日々思っている．

　筆者の参考になった事例として，なぜ，かつて世界シェア80％を誇った日本のDRAMの市場シェアが韓国の後発企業に追い抜かれ撤退するに至ったのかについて考え，その原因を知識化して，予防対策を考えてみる．決して後発企業が日本より先に大型投資したことだけが原因ではない．主原因は，いわゆるイノベーションのジレンマにあったのである．

　DRAM技術の系譜を紐解くと，日本の半導体メーカーはかつて，上位発注者の大型コンピュータメーカーから25年保証の高品質なDRAMを要求され，それは当時，無理難題と思われたが，コスト度外視で製造し見事にクリアした．その後，1990年代に入りPC用DRAMの需要が増加すると，日本の半導体メーカーはその25年保証の高品質DRAMを，製品寿命がずっと短いPC用途にも販売していた．当時の日本の技術者は，大型コンピュータに代わってPCの市場が成長していること，韓国企業がPC用DRAMを製造してシェアを増やしていることも知っていた．わかっていたにもかかわらず過剰品質のDRAMを作り続けた理由は，当時の日本メーカーの主要顧客はまだ大型コンピュータメーカーだったためである．PC用DRAMの競争力の源泉は低コストと大量生産だが，日本のDRAMは最後まで過剰品質に固執しつづけパラダイムシフトに適応できなかった．

　事実，日本がDRAMから撤退する直前の64MDRAMはマスク枚数が韓国の1.5倍，米国の2倍だった．マスク枚数が多いということは，DRAMを製造する際の微細加工の工程回数が比例して多くなり，結果，1台で数億円もする半導体製造装置，検査装置をより多く必要とすることとなり，利益率の低下を招いた（以上，参考文献2）から要約）．

結局,当時の日本の半導体メーカーは「高品質(顧客から見れば無用な過剰品質)/高コスト」から,「品質そこそこ(顧客から見れば満足な品質)/低コスト」へのパラダイムシフトが間に合わなかった.本書の第2章「差別化された生産システムを企画する」で述べられているように,「顧客の真の要求を理解することが生産技術者に求められている」とすると,上記の例は主要な顧客が変化してその真の要求が変化していることを認識できなかった典型的な例であるといえる.

ハイエンド市場を追及して性能でダントツ勝利という品質での差別化はわかりやすく社内の共感も得やすいが,既存製品が新たな顧客用途に対し過剰品質となっている場合,その用途に見合った基準に見直して(求められている機能以下にするという意味ではない),製品歩留まりを上げたり,設備投資を抑える生産プロセスを開発して低コスト・利益率アップを図るという差別化もある.ただでさえ,企業はハイエンド向けの基準に固執する特性がある.これは企業で一度,社内基準が作られると検査基準は最低でも社内基準以上になるためだ.企業にとって社内基準は,経験した不適合やクレームを通して再発防止策として作り込まれることもあり,簡単には基準を緩められない.これを緩めることは価値観を変えることであり,企業はクレームやリコール発生をおそれ,変えることには保守的である.したがって,グローバル市場で競争する設計者,生産技術者は,企業のこういった特性も理解したうえで,品質を高くする差別化だけでなく,経営と一体となり納期(市場参入時期)・コストも含めた視点で差別化ポイントを的確に認識して製品定義を行い,それを実現する生産システムを競合他社に先んじてスピーディに構築することが,より一層,求められる.

[参考文献]
1)『イノベーションのジレンマ』,クレイトン・クリステンセン,翔泳社,2001
2)『日本型モノづくりの敗北』,湯之上隆,文藝春秋,2014
3)『危機の経営』,畑村洋太郎,吉川良三,講談社,2009

7.11　今後の製品開発とモノづくり　Y. H

「日本の産業競争力低下の本質的要因は？」という問いかけは失われた 20 年と言われるように非常に長くなされている．進むべき方向性は未だ明確ではないようである．特に製造業においては 20 世紀型のモノづくりの延長上に解を求める時代が長く続いた．しかし，最近，新たな気付きと取り組みにより変革の兆候が見られ，進むべき日本の製造業の姿が見出されつつあるように感ずる．

市場に求められるものが比較的明確で先行する欧米を追いかけてきた時代とは違い，今，自らが何を創りどのように作るかは日本の産業競争力を考えるうえで非常に重要な点である．市場の変化が加速し不確実性が上がる中，AGC(株)のような素材産業が素材・材料の開発，さらにその事業化をいかに進めるべきかを考えてみる．

AGC(株)では，新規技術，新製品開発において 3 つの視点を重視している．一点目は「マクロトレンドとバックキャスト」である．素材・材料系の開発には 10 年，15 年という長い期間を必要とすることも多い．そのような場合，ニーズが顕在化してから開発をスタートしたのでは全く間に合わない．いかに将来を予見し，そこからのバックキャストにより何を開発し，準備するべきかという長期的視点と目利きが重要となる．二点目は「自社との適合性，適社性」である．自社の技術，生産設備，ビジネスアセットなどを活用できる，もしくは応用できることは必須要件であると考えている．素材・材料系においては特に技術，ビジネス面での継続性，延長性が成功の鍵となるケースが多い．三点目は「主要な顧客との連携」である．AGC(株)のような BtoB 企業においてはこの点は極めて重要である．最終的に社会に変革・イノベーションをもたらす顧客との協働は，そこに必要とされる素材，材料開発の成功確率を上げるとともに，長期の信頼関係にもつながる．

さて，最近の大きな潮流として，スピードの劇的な変化，ICT や AI の急速な進展，あらゆる手法の変革，製品のスタンダード化などが挙げられる．この

ような状況のもとで第一に意識すべき点は,「シームレスな開発・設計」である.基礎研究,商品開発,プロセス開発,設備開発が段階的に行われた過去の方法では変化への対応が極めて難しくなってきている.さらにはこの開発の先にある事業化(事業開拓)もシームレスに結合させることが重要となると考えられる.シームレスなアプローチはスピードだけでなく最終的な製品価値を上げるためにも有効である.例えば,製品開発時に生産システムを同時に考えることは,開発期間の短縮のみならず目標コストの達成という意味でも競争力の源泉となるだろう.第二に意識すべき点は,「オープン&クローズ」である.従来のすべてを自社で完結させようとする一見強いように思われる垂直統合型モデルは,スピードと変化に対する柔軟性に関しては弱いものである.強みを活かし真似されない仕組みを作るには強いクローズ部分(自社)を持つ必要があるが,それをさらに強くしていくにはいかにうまく外とつながるか(オープン)がますます重要となっている.外を知りそれを活用することは自社を補完するだけでなく,自社の強みをさらに伸ばすことにもつながる.強い自社技術に大きなプラスをもたらす他者との連携,協働はこれからの産業競争力を考えるうえで不可欠である.ICT,AIの進化などの先端科学は急速に進歩しており,それらを取り入れるためにも,オープン&クローズの意識の重要性は高まっている.またオープン&クローズのアプローチは標準化という視点からも必須である.せっかく開発した技術・製品がガラパゴス化しないためにも開発初期段階からその意識を持つことは重要となっている.

最後に,これからの技術者に持ってほしいマインドについて触れたい.技術者には自らが課題を設定し展開していく能力と意欲を高めてほしいと思っている.課題が明確であればその解決に科学,技術を手段(HOW)として活用できる.しかし課題が明確でない場合には,社会的要請やマクロトレンドから,自らが課題を設定することが必要となる.成功するかどうかは,この課題設定段階で半分決まっているといっても過言ではないだろう.この設定した課題を具体的に解決につなげるには,その先にあるビジョンを示すことが重要である.どのような開発も事業化も一人で成し遂げられるわけではなく内外のチームに

よる結合である．その推進には具体的なビジョンを共有することが重要であり，方向を束ねるとともにスピードを持った開発にもつながる．様々な論理に裏打ちされた製品のイメージと，それをどのように作るかというモノづくりのイメージを示し共有することは，積み上げ型の開発とは異なるアプローチであり，ビジョンの実現のための重要な手段となる．社会的要請と先端科学に基づいた論理的思考によって広げることのできる範囲はさらに拡大していくだろう．そのような中，将来を予見し，課題設定を自ら行い，ビジョンを示し，そして解決への道筋を提示できる技術者が増え活躍してくれることを期待している．

おわりに

　やっと脱稿までこぎつけることができた．「はじめに」で述べたように本書は「実際の設計選書」の『生産システムシステムのFA化設計』（以下，既刊）の全面改訂を行うという趣旨で執筆が始まった．執筆に際してAGC（株）および実際設計研究会で議論を重ねるうちに，既刊を出版した1993当時に比べ，はるかに進化した考え方が確立してきた．本書はその概念を反映した内容になっており，書名も一新して全く新しい本として出版することになった．本書を含めた「実際の設計選書」の構成を付図に示す．最後になったが執筆に加わってくれたAGC（株）の執筆チームのメンバー，そのチームを組織してくれた平井氏，井上氏をはじめとする技術本部の皆さんに感謝する．また，このチームを裏方として支えてくれた荒木久美氏にチームメンバーを代表して感謝する．生産技術の在り方を含めた，本書の内容に関する議論をこのチームで20回以上行った．最初はメンバー間の認識にギャップがあり，喧々諤々の議論になることもしばしばであった．しかし，本書の執筆を通じて本書で示した考え方が重要であるという強固な共通認識がチームに生まれ，この認識はかけがえのない財産であると思っている．また，実際の設計研究会の皆さんには休日を返上して本書についての議論を行っていただいた．感謝に耐えない．最後に筆者の妻の助力にもこの場を借りて感謝の意を表したい．脱稿直前の研究会でのメンバーの写真を最後に掲載しておく．

　2019年3月

筆者代表　石村和彦

おわりに

[基礎編] 対象：はじめて設計を学ぶ学生や技術者
　＊＊「機械設計の基礎知識」　　　　　　　　　　（既刊）

[本編] 対象：設計に携わるすべての人
　＊「実際の設計」改訂新版〜機械設計の考え方と方法〜　　（既刊）
　＊「続・実際の設計」改訂新版〜機械設計に必要な知識とモデル〜　（既刊）
　「続々・実際の設計」〜失敗に学ぶ〜　　　　　　　（既刊）
　「実際の設計・第4巻」〜こうして決めた〜　　　　（既刊）
　「実際の設計・第5巻」〜こう企画した〜　　　　　（既刊）
　「実際の設計・第6巻」〜技術を伝える〜　　　　　（既刊）
　「実際の設計・第7巻」〜成功の視点〜　　　　　　（既刊）

[総合知識編] 対象：広く技術者一般
　「実際の知的所有権と技術開発」
　　　〜着想の発明化と発明の構造化〜
　　　　　　　　　　　　　　　　（既刊）
　「技術者と海外生産」　　　　　（既刊）
　「アジアへの企業進出と海外赴任」
　　　　　　　　　　　　　　　　（既刊）
　「TRIZ入門」
　　　〜思考の法則性を使ったモノづくり〜
　　　　　　　　　　　　　　　　（既刊）
　「創造的技術者のための研究企画」
　　　　　　　　　　　　　　　　（既刊）
　「設計のナレッジマネジメント」
　　　〜創造設計原理とTRIZ〜（既刊）

[実践編] 対象：各分野ごとの設計者
　「差別化戦略のための生産システム」
　　　〜プロセス技術と設備技術の融合〜
　　　　　　　　　　　　　　　　（本書）
　「生産システムのFA化設計」　（既刊）
　「ロボットを導入した生産システム」
　　　　　　　　　　　　　　　　（既刊）
　「超精密加工のエッセンス」　（既刊）
　「実際の情報機器技術」
　　　〜原理・設計・生産・将来〜
　　　　　　　　　　　　　　　　（既刊）
　「ドアプロジェクトに学ぶ」
　　　〜検証　回転ドア事故〜　（既刊）
　「リコールに学ぶ」
　　　〜なぜオシャカを作ったか〜
　　　　　　　　　　　　　　　　（既刊）

[基礎知識編] 対象：経験や知識の少ない初級設計者
　＊＊「設計者に必要な加工の基礎知識」　　　（既刊）
　＊＊「設計者に必要な材料の基礎知識」　　　（既刊）
　＊＊「設計者に必要なソフトウェアの基礎知識」（既刊）
　＊＊「設計者に必要なお金の基礎知識」　　　（既刊）
　＊＊「設計者に必要なメカトロニクスの基礎知識」（既刊）

＊　本編のうち基軸となるもの
＊＊　基礎知識シリーズ

付図　実際の設計選書の構成

おわりに

写真　実際の設計研究会の様子

索　引
(五十音順)

あ　行

アウトプット	91
圧縮機	255
アレニウスの法則	238
安価な汎用製品	42
安全規格などの法的要求事項	89
安全柵	150, 163
安定稼働	157
異物対策	280
インバータモータ	209
売上高	187
エアエゼクタ	260
オーバートラベル	213

か　行

解決したい課題	86
回生	211
学術誌	69
確認方法の検討	83
加工・仕上げ・塗装	145
加工時間の差	28
加工方法	140
カタログ	70
学会誌	69
カップリング	115, 221
稼働率	25, 132
ガラス繊維強化プラスチック（GFRP）	272
環境制約	130
監視システム	131
慣性モーメント	208
機構	110
機構の簡略図	120
機構の動作図	120
機構要素	65
技術蓄積	35
技術調査	69
機内配線・配管	140
機能	109
機能寸法	110
基本仕様書	124, 176, 183
基本設計	107
基本設計書	176
競合他社を特定	39
強度	239
極断面係数	244
空間的取り合い寸法	110
駆動系	202
駆動源	114
駆動伝達系	115
駆動ねじ	215
組立・分解・調整	142
組立図	143
計画図	138
形状・各部サイズ	144
懸念事項の抽出	82
減価償却費	187

索 引

原材料や一次製品	149
検査技術	38
検出・制御・システム	141
検出センサ	202
減速機	115, 225
減速センサ	213
原理確認	74
コア生産技術	11, 56
コア生産技術の創出	57
剛性	239
工程フロー	126
工程流動シミュレーションソフト	129
購入品の型番・メーカー名	146
顧客が要求している品質	89
固定費	22, 190
コンセプト構築	44

さ 行

サーボモータ	209
サイクルタイムバランス	126
再現性	30
材質	145
最適な配置	148
材料	139
差別化ポイント	10, 34
サンプル製作による検証	164
試運転	161
試運転計画書	160, 197
時間当たりの処理能力	25
軸受	221
軸継手	221
思考展開	58
実機想定	44
実現可能性の確認	83

失敗パターン	88
自働化範囲	134
シミュレーション	77
ジャストインタイム納品	26
修正期間	105
重量	146
出荷製品の搬入・搬出経路	149
出願から20年	92
出力機器	118
出力制御機器	118
主要寸法	110
使用機械要素	140
上限費用	99
詳細設計	137
情報システム	266
処理技術	131
真空ポンプ	258
制御システム	118, 265
制御盤	260
税金	187
製作・購入数量	146
製作チェックリスト	197
生産技術者	43
生産技術の蓄積	45
生産コスト	20
生産コスト力	15
生産システム	7
生産システム概要の構築	36
生産システムの企画	31
生産システムの基本諸元	10, 170
生産システムの決定	39
生産数量	189
生産設備	7
生産設備の故障	28
生産能力	189

生産プロセス	7
製造作業者の操作性	164
製造品質	17, 19
静的強度	111
税引後純増利益	187
製品価格	21, 189
製品企画	31
製品の特性や品質	15, 16
製品の納期	15
設計企画	98
設計企画書	170, 173
設計検証リスト	197
設計品質	16, 18
設置可能スペース	148
設備技術者	43
設備構造と寸法	139
設備周囲環境	150
設備設計確認	160
設備設計検証	159, 161
設備の搬入・搬出経路	151
設備配置計画	130
設備配置計画図	147
センサ	212
センサ技術	131
全体監視・運用システム	131
全体構想図	124
操作盤	118
装置固定方法	140
送風機	255
その他の寸法	110
ソフトウェア	265, 278
ソフト的アウトプット	91
損失係数	252

た 行

代替製品	43
タイミングチャート	120, 142
多品種少量生産システム	29
炭素繊維強化プラスチック（CFRP）	273
単体設備	137
単体設備エリア	149
段取り替え	122
断面二次極モーメント	244
チェーン	215
蓄積技術	10
直動ガイド	219
使いやすさ	157
強い製品	1
停止センサ	213
データ収集	131
データの蓄積	164
適用技術	109
電源遮断部分	163
展示会	70
電線・ケーブル	262
動特性	116
特許調査	70
特許分類	71
トレードオフ	86

な 行

入力機器	118
ねじり剛性	244
熱移動	230
熱伝達	231
熱伝導	230

索　引

熱放射	231
納期	26
ノックアウトファクター	62

は　行

ハード的アウトプット	91
配管	249
配線敷設	263
配置の基準線	151
パイロット設備	83
歯車	225
パスレベル	152
発生費用	22, 24, 187
搬送	130
販売数量	189
ヒーター加熱	234
非常時のスペース	150
人の作業スペース	149
比ねじれ角	246
評価基準	160
ひらめき	85
ファン	249
付加価値	44
物理現象の把握とモデル化	75
部品図	143
ブレーキ	115
ブロア	249
プロセス技術者	43
分岐，合流の動作	164
文献調査	69
ベルト	215
ベルヌーイの式	252
変動費	23, 190
法的制約	150
保温・断熱	233
本質安全	99
本質安全設計	147
ポンチ絵	66
ポンプ	249, 256

ま　行

見積依頼書	124
メーカーが差別化しようとしている品質	89
メーカーの技術資料	71
メンテナンス	142
メンテナンススペース	150
メンテナンス性	158
目標仕様	99
目標スケジュール	104
目標設備調達費用	99

や　行

役割分担	106
優位性	39
ユーティリティ計画図	153
ユーティリティ使用量	164
誘導モータ	209
床の耐荷重	150
溶接	145

ら　行

ライン化	158
ライン化設備	125
ラック・アンド・ピニオン	221
流量	249

量産性検証	57, 82
累積 FCF	187
レベル関係計画図	152
ロジックツリー	85

わ　行

ワークの搬送	163

欧　字

Cash In	187
Cash Out	187
FCF（Free Cash Flow，実際に手元に残るお金）	187
FS 判断	187
IE	134
IoT	5
IRR（Internal Rate of Return：内部収益率）	191
JIS 等の規格表記	146
NPV（Net Present Value，賞味現在価値）	189
PV（Present Value，現在価値）	189

編著者略歴

石村和彦（いしむら　かずひこ）
1977 年　東京大学工学部産業機械工学科卒業
1979 年　東京大学大学院修士課程修了
1979 年　旭硝子（現 AGC）(株)入社．以来，関西工場およびエンジニアリング部にて硝子関係生産設備の設計・開発・保全関係の仕事に従事．
2000 年　液晶用硝子の生産会社である(株)旭硝子ファインテクノ（現 AGC ディスプレイグラス米沢）代表取締役社長
2007 年　旭硝子（現 AGC）(株)エレクトロニクス＆エネルギー事業本部長　上席執行役員
2008 年　同社　代表取締役社長執行役員
2015 年　同社　代表取締役会長
2018 年　同社　取締役会長
著書に，「生産システムのFA化設計」（日刊工業新聞社），「実際の設計」「続・実際の設計」（いずれも共著・日刊工業新聞社），「The Practice of Machine Design」（共著・OXFORD）

実際の設計選書
差別化戦略のための生産システム
プロセス技術と設備技術の融合　　NDC 501

2019 年 3 月 27 日　初版 1 刷発行
2024 年 7 月 26 日　初版 2 刷発行

（定価は，カバーに表示してあります）

　Ⓒ監修者　実　際　の　設　計　研　究　会
　　編著者　石　　村　　和　　彦
　　発行者　井　　水　　治　　博
　　発行所　日　刊　工　業　新　聞　社
〒103-8548　東京都中央区日本橋小網町 14-1
　　　　　　電話　編集部　03（5644）7490
　　　　　　　　　販売部　03（5644）7403
　　　　　　ＦＡＸ　　　03（5644）7400
　　　　　　振替口座　　00190-2-186076
　　　　　　URL　　http://pub.nikkan.co.jp/
　　　　　　e-mail　info_shuppan@nikkan.tech

印刷・製本　美研プリンティング㈱(1)

2019 Printed in Japan　　乱丁，落丁本はお取り替えいたします．
ISBN 978-4-526-07953-5

本書の無断複写は，著作権法上での例外を除き，禁じられています．